深能北方能源控股有限公司
SE Northern Energy Holdings Co.,Ltd.

XINNENGYUAN CHANGZHAN DIANXING YINHUAN
PAICHA TUCE

新能源场站典型隐患排查图册

深能北方能源控股有限公司 编

中国电力出版社
CHINA ELECTRIC POWER PRESS

内 容 提 要

深能北方能源控股有限公司基于安全生产隐患排查治理工作的实践经验，并结合国家、新能源行业的有关法律法规、规章标准，以及风电、光伏各类业务工程建设和运行特点，组织编写了《新能源场站典型隐患排查图册》。

本书共分为六章，分别为隐患排查治理基础知识、基建安全典型隐患、光伏建设典型隐患、风电建设典型隐患、光伏运行典型隐患、风电运行典型隐患。每个典型隐患均通过隐患图片和正确图片进行对比，并配有隐患描述、危害分析、整改要求、整改依据等内容，形象、准确且有针对性地展示新能源场站的各类安全生产隐患。

本书可作为新能源工程建设单位和新能源场站的安全管理、运行维护人员开展隐患排查治理工作的工具书，也可作为开展日常安全管理工作的辅助工具和参考依据。

图书在版编目（CIP）数据

新能源场站典型隐患排查图册 / 深能北方能源控股有限公司编 . —北京：中国电力出版社，2023.9
（2025.5重印）
ISBN 978-7-5198-8064-4

Ⅰ.①新…　Ⅱ.①深…　Ⅲ.①新能源－安全隐患－安全管理－图集　Ⅳ.① TK018-64

中国国家版本馆 CIP 数据核字（2023）第 153568 号

出版发行：中国电力出版社
地　　址：北京市东城区北京站西街19号（邮政编码100005）
网　　址：http://www.cepp.sgcc.com.cn
责任编辑：赵鸣志　（010-63412385）
责任校对：黄　蓓　朱丽芳　常燕昆
装帧设计：王红柳
责任印制：吴　迪

印　　刷：三河市万龙印装有限公司
版　　次：2023年9月第一版
印　　次：2025年5月北京第二次印刷
开　　本：889毫米×1194毫米　16开本
印　　张：20.75
字　　数：627千字
印　　数：2001－3000册
定　　价：135.00元

前　言

为进一步强化和指导基层单位开展安全生产隐患排查工作，树立"查不出隐患就是最大的隐患"的理念，实现"岗位无隐患、班组无事故"的目标，深能北方能源控股有限公司基于安全生产隐患排查治理工作实践，组织编写了《新能源场站典型隐患排查图册》。

本图册在编写过程中结合了国家、新能源行业有关法律法规、标准规范，以及风电、光伏各类业务工程建设和运行特点，共分为六章，主要包括隐患排查治理基础知识、基建安全典型隐患、光伏建设典型隐患、风电建设典型隐患、光伏运行典型隐患、风电运行典型隐患，每个典型隐患不仅有隐患示例图片和正确示例图片，还包括隐患描述、危害分析、整改要求、整改依据等内容。

本图册图文并茂，通俗易懂，具有较强的针对性、实用性和操作性，既可帮助光伏工程、风电工程建设单位和光伏发电站、风电场的安全管理人员、一线人员开展隐患排查治理工作，也可作为日常开展安全管理工作的辅助工具和参考依据。

由于编写水平有限，书中难免会有疏漏和不当之处，恳请广大读者批评指正。

编者

2023 年 2 月

前言

第一篇　通用篇

第二篇　建设篇

目录

第三篇　运行篇

新能源场站典型隐患排查图册

第一篇　通用篇

第一章　隐患排查治理基础知识

第一节　基本概念

一、危险源、隐患、安全风险与事故

（一）危险源

危险源是指可能导致职业疾病、不健康和死亡的来源。在 GB/T 45001—2020《职业健康安全管理体系　要求及使用指南》中，危险源的定义为可能导致人的生理、心理或认知状况的不利影响的来源。危险源可包括可能导致伤害或危险状态的来源，或可能因暴露而导致伤害和健康损害的环境。危险源应具有三个要素：潜在危险性、存在条件、触发因素，只有同时具备这三个基本因素，才能成为发生事故的危险源。光伏电站的光伏组件及支架、汇流箱、配电柜等可能导致触电、火灾、物体打击等事故，因此光伏组件及支架、汇流箱、配电柜都是危险源。

根据危险源在事故发生、发展中的作用，把危险源划分为两大类。其中，在生产过程中，可能发生意外释放的能量或危险物质的，称为第一类危险源。导致能量或危险物质约束或限制措施破坏或失效、故障的各种因素，称为第二类危险源。第二类危险源主要包括物的故障、人的失误和环境因素。

（二）隐患

生产安全事故隐患（简称隐患），是指生产经营单位违反安全生产法律、法规、规章、标准、规程和安全生产管理制度的规定，或者因其他因素在生产经营活动中存在可能导致事故发生的物的危险状态、人的不安全行为和管理上的缺陷。物的危险状态是指生产过程或生产区域内的物质条件（如材料、工具、设备、设施、成品、半成品）处于危险状态。人的不安全行为是指人在工作过程中的操作、指示或其他具体行为不符合安全规定。管理上的缺陷是指在开展各种生产活动中所必需的各种组织、协调等活动存在缺陷。

国家能源局对电力安全隐患做了特别规定，如图 1-1 所示。

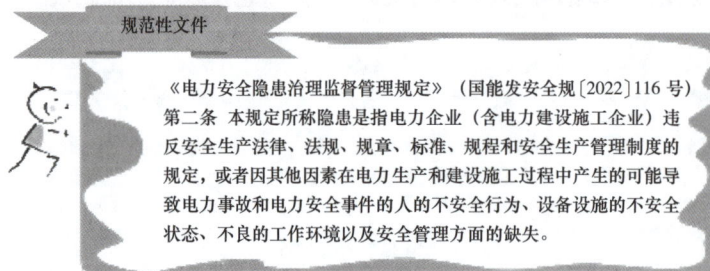

规范性文件

《电力安全隐患治理监督管理规定》（国能发安全规〔2022〕116 号）第二条　本规定所称隐患是指电力企业（含电力建设施工企业）违反安全生产法律、法规、规章、标准、规程和安全生产管理制度的规定，或者因其他因素在电力生产和建设施工过程中产生的可能导致电力事故和电力安全事件的人的不安全行为、设备设施的不安全状态、不良的工作环境以及安全管理方面的缺失。

图 1-1　电力安全隐患的定义

（三）安全风险

安全风险定义为"某一特定危害事件发生的可能性和后果的组合"。安全风险强调的是损失的不确定性，包括发生与否的不确定、发生时间的不确定和导致结果的不确定等。安全风险的程度可以量化为可能性与严重程度的乘积。

第一类危险源决定着后果的严重程度，第二类危险源决定着发生的可能性，两类危险源一起决定了安全风险的大小。如果某一危险源具有的能量或有害物质量值很高（后果严重），同时对其管控也比较宽松（发生的可能性高），那么该危险源的风险程度就会很高，反之亦然。

（四）事故

事故是个人或集体在为实现某一意图而进行活动的过程中，突然发生的、违反人的意志的、迫使行动暂时或永久停止的事件。事故有生产事故和非生产事故之分，由于生产活动是人类一切其他活动的基础，因此本书着重讨论生产事故。《生产安全事故报告和调查处理条例》（国务院令第493号）将"生产事故"定义为"生产经营活动中发生的造成人身伤亡或者直接经济损失的事件"。

（五）危险源与隐患的关系

（1）隐患是现实型危险源。按照危险源的存在状态，可把危险源分为现实型危险源与潜在型危险源两种。例如，采用螺栓固定的部件在辨识时被认为可能会出现螺栓松动、脱落，若在生产活动前辨识出来，其就是潜在型危险源，可通过采取相应的预防措施，防止因其导致的事故。相反，若在生产活动过程中发现的螺栓松动或脱落，则属于现实型危险源，也就是隐患，如图1-2所示。

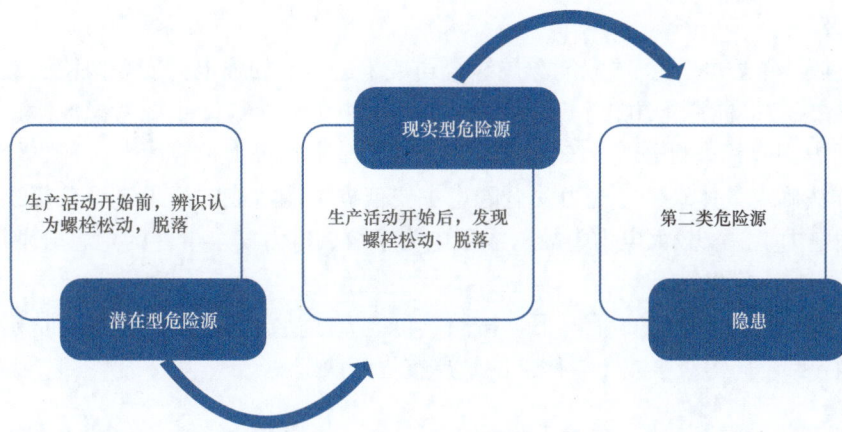

图1-2 危险源与隐患的关系

（2）隐患是第二类危险源。隐患是危险源的一种类型，表现为防止能量或有害物质失控的屏障上的缺陷或漏洞，是诱发能量或有害物质失控的外部因素，是一种应直接进行管控的危险源。隐患的定义也明确了它是第二类危险源。因为第一类危险源表现为各种能量或有害物质，它们本身不会动作，只有对它们管理不当才会违反相关规定，而对它们的管理不当及造成的问题就是第二类危险源。

（六）隐患与安全风险的关系

隐患与安全风险的最大区别在于，隐患是不以人的意志为转移的客观存在，而安全风险则是人们对隐患导致事故发生的可能性及其后果严重程度的主观评价。对于隐患而言，关键在于能否及时发现并对其进行排除，因此要发动全员参与隐患的辨识；相反，安全风险是对事故发生可能性及其后果严重程度的主观评价，需要尽可能客观、公正地评价其危险程度，以决定是否防控及如何防控，因此对安全风险的评价并不需要全员参与，而是要求有一定经验、训练有素的专业人士进行客观、公正地评价。

（七）危险源、事故隐患与事故的关系

危险源不等于事故隐患，但两者之间可以相互转化。如果危险源和事故隐患没有有效的控制措施，最终将导致事故。一般而言，危险源可能存在事故隐患，也可能不存在事故隐患。危险源、事故隐患、事故间的关系如图1-3所示。例如，某风力发电场储存有1000kg润滑油。润滑油是易燃易爆化学品，属于危险源；润滑油用储罐盛装，装有润滑油的储罐同样也是危险源；而在生产过程中发现储罐未接地、被腐蚀、变形、被阳光直射等，则可以说存在事故隐患。

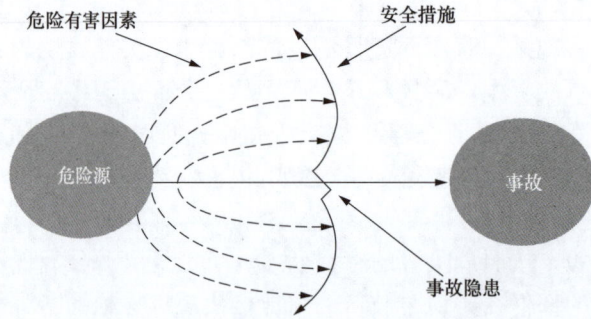

图 1-3 危险源、事故隐患、事故间的关系

二、事故隐患的分级与分类

（一）隐患分级

按照《国家发展改革委办公厅 国家能源局综合司关于进一步加强电力安全风险分级管控和隐患排查治理工作的通知》（发改办能源〔2021〕641号）的要求，电力安全风险主要考虑风险造成危害的可能性和危害严重程度两方面因素进行分级。安全风险分为特别重大、重大、较大、一般、较小五级，宜采用专业的风险评价方法确定具体级别。电力安全隐患主要依据可能造成的后果进行分级，可能造成特别重大电力事故、重大电力事故、较大电力事故、一般电力事故、电力安全事件的隐患分别认定为特别重大、重大、较大、一般、较小隐患。

隐患等级应在客观因素最不利的情况下，按照其可能直接造成的最严重后果来认定。不同类型的隐患，应按照其可能导致不同等级事故（事件）的最严重程度认定。

（二）隐患分类

根据隐患的产生原因和可能导致电力事故事件类型，隐患可分为人身安全隐患、电力安全事故隐患、设备设施事故隐患、大坝安全隐患、安全管理隐患和其他事故隐患等六类。本图册内容范围仅限于光伏电站和陆上风电场，不涉及大坝安全隐患。

人身安全隐患是指可能导致人员死亡、重伤、轻伤事故的隐患。

电力安全事故隐患是指可能导致发生《电力安全事故应急处置和调查处理条例》（国务院第599号令）规定的电力安全事故的隐患，如图 1-4 所示。

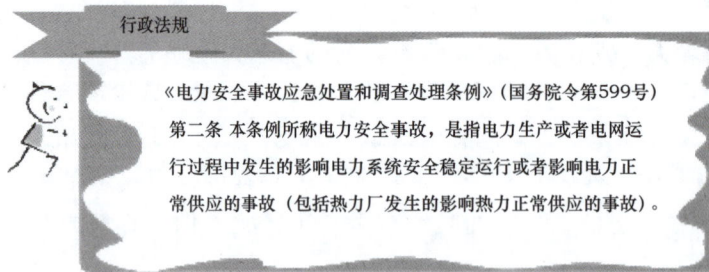

行政法规

《电力安全事故应急处置和调查处理条例》（国务院令第599号）第二条 本条例所称电力安全事故，是指电力生产或者电网运行过程中发生的影响电力系统安全稳定运行或者影响电力正常供应的事故（包括热力厂发生的影响热力正常供应的事故）。

图 1-4 电力安全事故的规定

设备设施事故隐患是指可能造成设备事故的隐患。

安全管理隐患是指企业在建章立制、体系建设、工作实施等方面可能导致事故的隐患，如未成立安全监督管理机构，未建立安全责任制，安全管理制度、应急预案严重缺失，安全培训不到位，未定期开展发电机组（风电场）并网安全性评价等。

其他事故隐患主要是指可能导致火灾事故的隐患和环境污染事故的隐患。

第二节　事故隐患排查

一、事故隐患的排查范围

（一）事故隐患的排查范围

生产经营单位事故隐患排查的范围应包括所有与生产活动相关的场所、环境、人员、设施设备和活动，主要有基础设施、技术装备、作业环境和防控手段等方面存在的事故隐患，以及安全生产体制、制度建设、安全管理组织体系、责任落实、劳动纪律、现场管理、事故查处等方面存在的薄弱环节，具体包括：

（1）生产安全法律法规、规章制度、规程标准的贯彻执行情况，以及安全生产责任制的建立和落实情况；

（2）安全生产费用提取和使用、安全生产风险抵押金交纳等经济政策的执行情况；

（3）安全生产重要设施和特种设备的日常运行、维护管理及检测检验情况，劳动防护用品的配备和使用情况；

（4）生产经营场所及重点部位、环节、重大危险源普查建档、风险辨识、监控预警制度的建设及措施落实情况；

（5）安全基础工作及教育培训情况，特别是生产经营单位主要负责人、安全管理人员和特种作业人员的持证上岗情况，以及生产一线员工的教育培训情况、劳动组织、用工等情况；

（6）应急预案制订、演练和应急救援物资、设备配备及维护情况；

（7）新建、改建、扩建项目的安全"三同时"（安全设施与主体工程同时设计、同时施工、同时投产和使用）执行情况；

（8）对生产经营单位周边或作业过程中存在的，易由自然灾害引发事故灾难的危险点的排查、防范和治理等情况。

（二）开展事故隐患排查的情况

当发生下列情况时，应及时组织开展事故隐患排查：

（1）法律法规、标准规范发生变更或有新文件公布；

（2）组织机构发生大的调整；

（3）企业操作条件或工艺改变；

（4）新建、改建、扩建项目建设；

（5）相关方进入、撤出或改变；

（6）对事故、实践或其他信息有新的认识。

二、事故隐患排查的主要方法

（一）作业危害（安全）分析法

作业危害（安全）分析法是一种定性风险分析方法。实施作业危害分析，能够识别作业中潜在的危害，明确相应的安全技术措施，提供适当的个体防护装置，以防止事故发生，防止人员受到伤害。此方法适用于涉及手工操作的各种作业。

作业危害（安全）分析法的主要实施步骤如图1-5所示。

选定（或选择）待分析的作业 ➡ 将作业划分为一系列的步骤 ➡ 辨识每一步骤的潜在危害 ➡ 确定相应的预防措施

图1-5　作业危害（安全）分析法主要实施步骤

值得注意的是，所谓的"作业"（有时也称为任务、操作）是指特定的工作安排，如操作研磨机、使用高压水灭火器、电气倒闸操作等。作业的概念不宜过大，也不能过细。

（二）安全检查表法

根据系统工程分解和综合的原理，事先把检查对象加以剖析，把大系统分割成若干个小的子系统，然后确定检查项目，查出不安全因素所在。以正面提问的方式，将检查项目按系统或子系统的顺序编制成表，以便进行检查和避免漏检查，这种表就是安全检查表。

安全检查表法就是将一系列项目列出安全检查表进行分析，以确定系统、场所的状态是否符合安全要求，通过检查发现系统中存在的安全隐患，提出改进措施的一种方法。检查项目可以包括场地、周边环境、设施、设备、操作、管理等各方面。安全检查表是为检查某些系统的安全状况而事先制定的问题清单。

安全检查表法示例见表1-1。

表1-1 变压器（示例）

序号	检查项目	检查内容	检查依据	检查情况	结果（符合或不符合）
1	变压器	变压器应有铭牌，并标明运行编号和相位标志	DL/T 572—2021《电力变压器运行规程》		
2	变压器	变压器室的门向采用阻燃或不燃材料，开门方向应向外侧，门上应标明变压器的名称和运行编号，门外同挂"止步，高压危险"标志牌，并应上锁			

（三）直观经验分析法

直观经验分析法主要是利用同行业以往的事故教训和专家的经验判断，对系统存在的事故隐患进行辨识，主要有经验法和类比法两种形式。经验法是对照有关标准、法规进行检查，依靠人员的经验进行现场观察、分析和判断，发现系统中存在的事故隐患。类比法是利用工程系统、作业条件的经验及劳动安全卫生的统计资料的相同或者相似信息来进行类推、分析、评价，发现系统中存在的事故隐患。

（四）事故隐患提示表法

事故隐患提示表法是针对某一作业场所或装置的人、机、环境和管理状况，事先编制好事故隐患提示表，按表中的每项内容对系统存在的事故隐患进行全面辨识的一种方法。

事故隐患提示表示例见表1-2。

（五）安全标准化法

安全标准化法是遵循法律法规、标准、条例和操作规程等的要求和规定，通过逐一对比检查，凡不符合要求和规定的都是事故隐患，以此来进行事故隐患排查的方法。根据隐患的分类原则，结合隐患排查实际工作情况，从现场操作方面对隐患进行分类，将隐患划分为基础管理和现场管理两大类。其中，基础管理包括资质证照、安全生产管理机构及人员、安全生产管理制度、教育培训、安全生产投入、应急管理等，现场管理包括生产设施及工艺、场所环境、从业人员操作行为、职业卫生现场安全、相关方现场管理等。

三、事故隐患排查的主要方式

事故隐患排查的方式主要有综合检查、专业检查、季节性检查、节假日检查和日常检查等。

综合检查一般是由上级主管部门或地方政府负有安全生产监督管理职责的部门，组织对企业进行的

表1-2　风力发电机组安装工程作业活动类隐患排查清单（示例）

风险点				序号	作业步骤	检查内容与排查标准		日常检查		定期检查			综合检查	
编号	类型	名称	风险点等级				管控措施	岗位巡回检查	班组巡回检查	施工单位专业检查	项目部专项检查	项目部	部门	公司
								每天	每周	每月	每月	每月	每季度	每半年
1	作业活动	风机设备运输	二级	2	转场运输	工程技术	（1）新修道路逐层碾压，分层夯实，坡度及转弯半径经严格按照图纸要求进行施工；（2）提前安排专业人员对通行道路进行实地踏勘，避开不符合通行要求的桥梁或者涵洞，或提前采取相应措施，确保通行顺畅；（3）车辆驾驶员严格遵守交通规则并按照大件运输方案中规定的驾驶要求安全驾驶；（4）大件设备通行过程中安排开道车辆及监护人员全程跟踪，随时处理各种突发状况；（5）对参与运输的所有车辆及工器具进行提前检查，确保性能状况良好							
						管理措施	（1）制订大件设备运输专项安全方案，按照危大项目做好方案管控；（2）参与大件设备运输的人员必须持证上岗，并具备丰富的驾驶经验；（3）对新修道路压实度进行检测，并提供合格报告；（4）制订大件设备运输应急预案							
						培训教育	（1）对所有参与设备运输的人员开展岗前教育培训；（2）带领所有施工人员提前熟悉途经道路；（3）开展每日班前会，每周安全活动							
						个体防护	所有参与设备运输的人员必须规范穿戴安全帽及反光背心							

安全检查。它是以落实岗位安全生产责任制为重点，各专业共同参与的全面检查，企业至少每年组织检查一次，基础单位、班组可以增加综合检查的频次。

专业检查主要是针对某一专业设施及工种的专门检查，如电气设备、施工机械、机务设备、安全设备、检测仪器、危险物品、特种作业人员等分别进行的专业检查，以及在装置开、停机前，新装置安装完成和试运转等情况下进行的专项安全检查。

季节性检查是根据各季节特点开展的专项检查。春季安全大检查以防雷、防静电、防解冻、防设备跑漏为重点；夏季安全大检查以防暑降温、防食物中毒、防台风、防洪防汛、防淹溺为重点；秋季安全大检查以防火、防大风、防冻保温为重点；冬季安全大检查以防火、防爆、防煤气中毒、防冻防滑为重点。

节假日检查主要是防止节假日（特别是重大节日）前后，员工纪律松懈、思想麻痹等，一般由企业领导组织有关部门人员进行检查，主要检查对象有安全、保卫、消防、生产设备、备用设备、应急预案等，特别是对节假日期间干部、检维修队伍的值班安排和原辅料、备品备件、应急预案的落实情况等应进行重点检查。

日常检查是普遍的、全员性的安全检查活动，包括班组、岗位员工的自检、互检、交接班检查、班中巡回检查，以及基层单位领导和工艺、设备、安全等专业技术人员的经常性检查。各岗位应严格履行日常检查制度，特别是对关键装置、要害部位的危险点、危险源应进行重点检查和巡查。

生产经营单位应根据生产的需要和特点，针对不同的检查人员、检查时间、检查内容、检查要求等，采用适宜的方式、方法进行事故隐患排查。排查方法可以采用以上事故隐患排查方式中的一种，也可以是几种方式的组合应用。

第三节　事故隐患治理

一、事故隐患治理的基本要求

隐患治理就是指消除或控制隐患的活动或过程。排查出的事故隐患应当按照事故隐患的等级进行登记，建立事故隐患信息档案，并按照职责分工实施监控治理。生产经营单位应保证隐患排查治理所需的各类资源。

对于较大、一般、较小事故隐患，由于其危害和整改难度较小，发现后应当由生产经营单位相关责任人员立即组织整改。对于重大、特别重大事故隐患，由生产经营单位主要负责人或分管负责人组织制订并实施事故隐患治理方案。事故隐患治理方案应包括目标、任务、方法、措施、机构、人员、经费、物资、时限、要求等。重大、特别重大事故隐患治理前，应采取临时控制措施并制订应急预案。

二、事故隐患治理的措施

事故隐患治理的方式方法是多种多样的，生产经营单位必须考虑成本投入，以最小的代价取得最适当的结果。事故隐患治理措施包括安全技术措施、安全管理措施、安全教育措施、安全防护措施和应急措施。

（一）安全技术措施

安全技术措施的实施等级顺序是直接安全技术措施、间接安全技术措施、指示性安全技术措施等。安全技术措施应符合国家有关法规、标准和规范的规定，且应具有针对性、可操作性和经济合理性。安全技术措施的选择及顺序如图1-6所示。

消除	
从根本上消除除危险、有害因素	如采用无害化工艺技术、自动化作业、遥控技术等

预防	
当消除危险、有害因素有困难或成本过高时，可采取预防性技术措施预防危险、危害的发生	如使用安全阀、安全屏、漏电保护装置、熔断器、防爆膜等

减弱	
在无法消除危险、有害因素和难以预防的情况下，可采取减少危险、危害的措施	如使用局部通风排毒装置，以低毒性物质代替高毒性物质及使用避雷装置、减振装置等

隔离	
在无法消除、预防、减弱的情况下，应将人员与危险、有害因素隔离开	如设置隔离操作室、规定安全距离、事故发生时使用自救装置（如防护服、防毒面具）等

联锁	
当操作者失误或设备运行达到危险状态时，应通过联锁装置终止危险、危害发生	如使用电气操作安全联锁装置、液压操作安全联锁装置、联合操作安全联锁装置等

警告	
在危险性较大或危险、危害易发的地方，配置安全色、安全标志，必要时设置报警装置	如设置表示禁止的红色标识，表示警告的黄色标识，声、光或声光组合报警装置

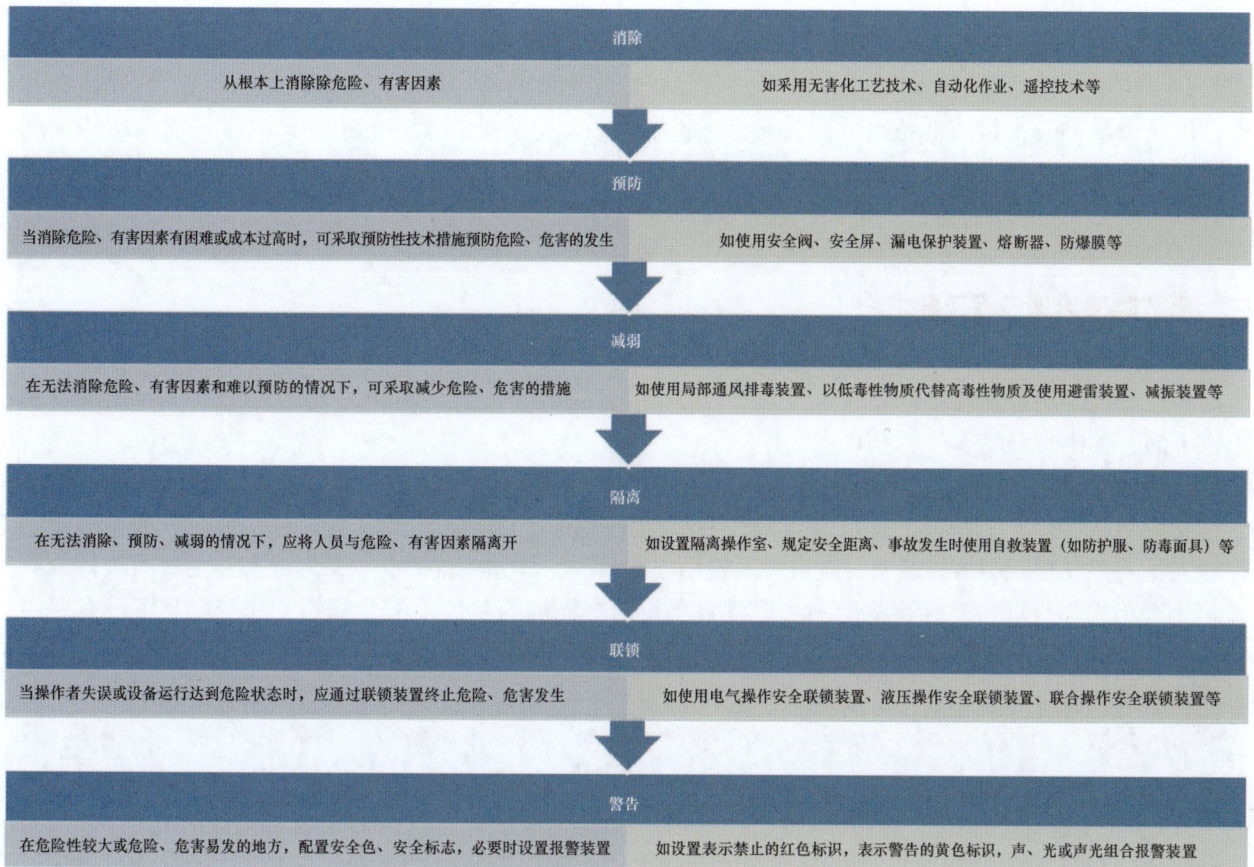

图 1-6 安全技术措施的选择及顺序

（二）安全管理措施

安全管理措施能系统地解决很多普遍和长期存在的事故隐患，但往往在事故隐患治理工作中受到忽视，如提高安全意识、加强培训教育、加强安全检查等大多流于表面，甚至只是喊口号而已。这就需要在治理事故隐患时主动、有意识地分析导致事故隐患产生的管理因素，发现并掌握其管理规律，通过修订有关规章制度和操作规程并贯彻执行，从管理层面解决问题。

（三）安全教育措施

安全教育措施是为了提高员工安全意识、安全技术水平和防范事故能力而进行的教育培训工作，内容一般包括安全生产思想教育、安全生产知识和安全技术知识教育、安全管理理论及方法教育。有计划地向企业干部员工进行安全教育，灌输劳动保护方针政策和安全知识，以及典型经验和事故教训教育，促使广大员工不断提高安全素质，是企业实现安全文明生产，进行智力投资，全面提高企业素质的一个根本性的重要工作。

（四）安全防护措施

安全防护措施是指从人的安全需要出发，采用特定技术手段，防止仅通过本质安全设计措施不足以减小或充分限制各种危险的安全措施，包括防护装置、保护装置及其他补充保护措施。

（1）防护装置是通过设置物理屏障将人与危险隔离的专门用于安全防护的装置，通常以壳、罩、屏、门、盖、栅栏等形式出现，具有隔离、阻挡、容纳和其他保护作用，可分为固定式防护装置、活动式防护装置和联锁防护装置。常见的有防护罩，负荷限制器，行程限制器，制动、限速、防雷、防渗漏等设施，传动设备安全锁闭设施，电气过载保护设施，静电接地设施等。

（2）保护装置是通过自身的结构功能限制或防止机器的某种危险，从而消除或减小风险的装置。常见种类包括联锁装置、能动装置、敏感保护装置、双手操作式装置、限制装置等。

（五）应急措施

应急措施是指面对突发事件时采取的紧急处理办法，也称为应急预案，包括自然灾害、事故灾难或者公共卫生事件发生时的应急措施，如组织营救和救治受害人员，疏散、撤离并妥善安置受到威胁的人员，以及采取的其他措施；还包括社会安全事件发生后，组织处置工作的机构针对事件的性质和特点，依照有关法律、法规和国家其他有关规定，采取的一项或多项应急处置措施，如强制隔离使用器械对抗或者参与冲突的有暴力行为的当事人，以妥善解决现场纠纷和争端，控制事态发展。

三、事故隐患治理流程及要求

（一）较大、一般、较小事故隐患治理

为更好地、有针对性地治理较大、一般、较小事故隐患，针对不同隐患的整改难度，隐患整改的要求也不同，具体要求如下。

1. 现场立即整改

有些事故隐患，如明显的违反操作规程和劳动纪律的行为，属于人的不安全行为的一般事故隐患。排查人员一旦发现此类事故隐患，应当要求现场立即整改，并如实记录，以备对此类行为进行统计分析，确定是否为习惯性或群体性事故隐患。有些设备设施方面的简单的不安全状态，如安全装置没有启用、现场混乱等物的不安全状态等一般事故隐患，也可以要求现场立即整改。

2. 限期整改

有些事故隐患难以立即整改，但也属于较大、一般、较小事故隐患的，则应限期整改。限期整改通常由排查人员或排查主管部门对事故隐患责任单位发出"事故隐患整改通知"，明确列出事故隐患的发现时间和地点（部位）、事故隐患的详细描述、事故隐患发生原因的分析、整改责任的认定、整改负责人、整改的方法和要求、整改完毕的时间要求等。限期整改需要全过程监督管理，除对整改结果进行闭环确认以外，要在整改工作实施期间进行监督，以发现和解决可能临时出现的问题，防止拖延。

（二）特别重大、重大事故隐患治理

国家发展改革委、国家能源局进一步强化了隐患挂牌督办力度。按照隐患等级越高，督办力度越大的原则，加强对重大以上等级电力事故隐患的挂牌督办。对排查发现的特别重大事故隐患，由隐患所属企业的生产经营单位主要负责人及国家能源局相关派出机构和省级政府电力管理部门主要负责人挂牌治理，国家发展改革委、国家能源局进行督办；对排查发现的重大事故隐患，由隐患所属企业的生产经营单位分管安全生产的负责人挂牌治理，国家能源局派出机构和省级政府电力管理部门联合督办，其中，国家发展改革委、国家能源局认为有必要的，可以提级督办。特别重大、重大事故隐患依据相关管理部门或机构下发的"整改指令书"进行限期整改。

针对重大以上等级事故隐患，需要为每个事故隐患制订专门的治理方案。由于重大以上等级事故隐患治理的复杂性和较长的周期性，在治理完成前，还要制订临时性的措施和应急预案。治理完成后，还要进行书面申请和接受审查等工作。

1. 制订重大以上等级事故隐患治理方案

特别重大事故隐患，由隐患所属企业的集团总部主要负责人组织制订并实施特别重大事故隐患治理方案。重大事故隐患，由隐患所属企业的集团总部分管安全生产的负责人组织制订并实施重大事故隐患治理方案。重大以上等级事故隐患治理方案的主要内容包括治理的目标和任务、采取的方法和措施、经费和物资的落实、负责治理的人员和机构、治理的时限和要求、安全措施和应急预案。隐患所属企业的集团总部在制订重大以上等级事故隐患治理方案时，还必须考虑国家能源局相关派出机构和省级政府电力管理部门下达的"整改指令书"和国家发展改革委、国家能源局挂牌督办的有关内容的指示，要将这些指示的要求体现在治理方案中。

2. 治理过程中的安全防范措施

《安全生产事故隐患排查治理暂行规定》（安全监管总局令第 16 号）第十六条要求，"生产经营单位在事故隐患治理过程中，应当采取相应的安全防范措施，防止事故发生。事故隐患排除前或者排除过程中无法保证安全的，应当从危险区域内撤出作业人员，并疏散可能危及的其他人员，设置警戒标志，暂时停产停业或者停止使用；对暂时难以停产或者停止使用的相关生产储存装置、设施、设备，应当加强维护和保养，防止事故发生。"重大事故隐患治理方案中的"安全措施和应急预案"也是安全防范措施里的重要内容。

3. 重大事故隐患的治理过程

生产经营单位在重大事故隐患治理过程中，要随时接受和配合安全生产监管部门的重点监督检查。如果重大事故隐患属于重点行业领域的安全专项整治的范围，就更应该落实相应的整改治理的主体责任。

4. 重大事故隐患治理情况评估

对地方人民政府或者安全生产监管部门及有关部门挂牌督办并责令全部或者局部停产停业治理的重大事故隐患，在治理工作结束后，有条件的生产经营单位应当组织本单位的技术人员和专家对重大事故隐患的治理情况进行评估，不具备条件的生产经营单位应当委托具备相应资质的安全评价机构对重大事故隐患的治理情况进行评估。

评估主要针对治理结果的效果进行，应确认其措施的合理性和有效性，确认对隐患及其可能导致的事故的预防效果。

5. 重大事故隐患治理后的工作

重大事故隐患治理后并经过评估，符合安全生产条件的，生产经营单位应当向安全生产监管部门和有关部门提出恢复生产的书面申请，经安全生产监管部门和有关部门审查同意后，方可恢复生产经营。申请报告应当包括治理方案的内容和治理情况评估报告。

四、事故隐患治理效果评价

事故隐患治理完成后，必须进行效果评价，以实现闭环管理。对于现场整改的隐患，现场整改并验收；对于限期整改的隐患，应在规定期限内整改完成并组织验收。对整改效果的验收，由对应层级的安全管理部门实行分级评价。评价等级一般分为 a、b、c、d、e 五级，实行闭合回路式循环评价。分级评价结果纳入安全绩效考核中，以推进事故隐患整改工作的开展。

a 级为最优，表示事故隐患得到了及时、正确地处理，且针对该类隐患采取了预防措施，以预防类似隐患重复出现，按计划纳入治理的事故隐患全部处于受控状态。

b 级次之，表示事故隐患得到了及时、正确地处理，按计划纳入治理的隐患全部处于受控状态。

c 级为合格，表示事故隐患得到了及时地处理，按计划纳入治理的事故隐患基本处于受控状态，但需进一步自查。

d 级为不合格，表示事故隐患治理措施没有针对性或者效果不明显，需制定针对该隐患的后续防范措施或制度。

e 级为最差，表示未正常开展事故隐患治理，隐患治理工作处于失控状态。

第四节　事故隐患统计分析

一、事故隐患统计分析的基本任务

事故隐患统计分析就是运用事故隐患指标和统计分析方法，分析事故隐患的特点与规律，制定预防对策和措施。事故隐患统计分析有以下三个基本任务：

（1）对事故隐患进行调查，弄清其发生情况和原因；

（2）对一定时间内、一定范围内存在事故隐患的情况进行统计；

（3）根据大量统计资料，借助数理统计手段，对事故隐患的发生情况、趋势及隐患参数的分布进行分析、归纳和推断，预测安全形势。

二、事故隐患统计分析的目的

合理地收集与事故隐患有关的资料、数据，并运用科学的统计方法，对事故隐患进行分类、统计、总结，掌握特定时间和空间范围内隐患存在的总体面貌和分布情况，进一步推断事故隐患存在的客观规律，分析其形成原因，为生产经营单位制定安全生产管理制度，加强工作决策，采取预防措施，防止事故发生，起到重要指导作用。

第二章　基建安全典型隐患

第一节　基础管理

一、安全生产责任书未经责任人签字确认

隐患描述　安全生产责任书未经责任人签字确认。

危害分析　安全生产责任书没有有效性，导致贯彻落实难以到位。

整改要求　安全生产责任书应经责任人签字确认。

整改依据　GB 50656—2011《施工企业安全生产管理规范》 5.0.4　建筑施工企业各管理层、职能部门、岗位的安全生产责任应形成责任书，并经责任部门或责任人确认。责任书的内容应包括安全生产职责、目标、考核奖惩规定等。

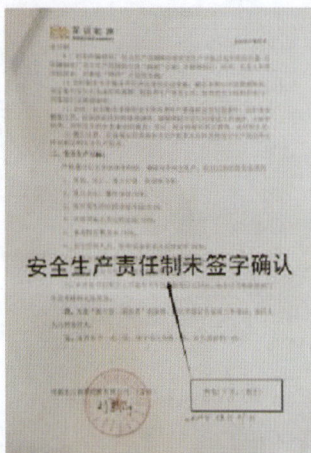

图 2-1　隐患示例　　　　　　图 2-2　正确示例

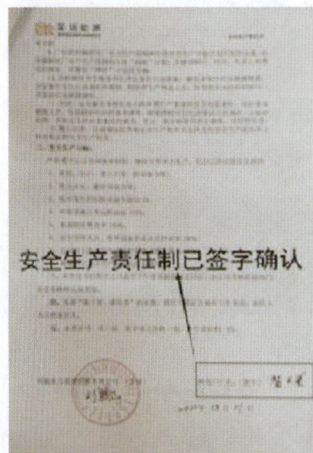

二、作业人员进行"四新"作业前或者变换工种后，未及时进行安全教育培训

图 2-3　隐患示例　　　　　　图 2-4　正确示例

隐患描述　作业人员进行"四新"作业前或者变换工种后，未及时进行安全教育培训。

危害分析　安全教育培训未跟上，易造成误操作、误检修、误维修，可能导致安全事故发生。

整改要求　作业人员变换工种后或采用新技术、新工艺、新设备、新材料施工前，必须进行新工种和"四新"安全教育培训，使其了解、掌握其安全技术特性，并采取有效的安全防护措施防止事故发生。

整改依据　《安全生产法》（中华人民共和国主席令第八十八号）　第二十九条　生产经营单位采用新工艺、新技术、新材料或者使用新设备，必须了解、掌握其安全技术特性，采取有效的安全防护措施，并对从业人员进行专门的安全生产教育和培训。

《建设工程安全生产管理条例》（国务院令第 393 号）　第三十七条　作业人员进入新的岗位或者新的施工现场前，应当接受安全生产教育培训。未经教育培训或者教育培训考核不合格的人员，不得上岗作业。施工单位在采用新技术、新工艺、新设备、新材料时，应当对作业人员进行相应的安全生产教育培训。

三、项目部缺少各工种安全技术操作规程

隐患描述　项目部缺少各工种安全技术操作规程。

危害分析　作业人员误操作，发生安全事故。

整改要求　工程项目部应制定各工种安全技术操作规程。

整改依据　JGJ 59—2011《建筑施工安全检查标准》3.1.3　工程项目部应有各工种安全技术操作规程。

图 2-5　隐患示例

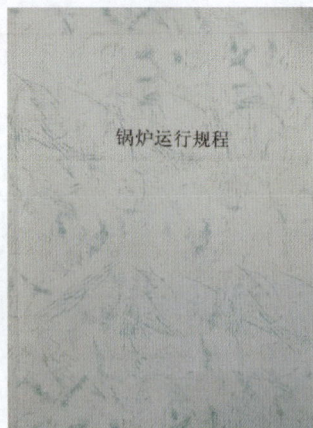

图 2-6　正确示例

四、工程项目部未按规定配备专职安全员，或安全员配置人数不足

隐患描述　工程项目部未按规定配备专职安全员，或安全员配置人数不足。

危害分析　导致现场安全监管难以到位，安全事故隐患、违章指挥、违章作业等不能被及时发现和制止，易发生安全事故。

整改要求　工程项目部应按规定配备专职安全员。专职安全员的配置应当符合《建筑施工企业安全生产管理机构设置及专职安全生产管理人员配备办法》（建质〔2008〕91号）的要求。

整改依据　《安全生产法》（中华人民共和国主席令第八十八号）第二十四条　矿山、金属冶炼、建筑施工、运输单位和危险

图 2-7　隐患示例

图 2-8　正确示例

物品的生产、经营、储存、装卸单位，应当设置安全生产管理机构或者配备专职安全生产管理人员。前款规定以外的其他生产经营单位，从业人员超过一百人的，应当设置安全生产管理机构或者配备专职安全生产管理人员；从业人员在一百人以下的，应当配备专职或者兼职的安全生产管理人员。

《建设工程安全生产管理条例》（国务院令第393号）第二十三条　施工单位应当设立安全生产管理机构，配备专职安全生产管理人员。

《关于印发〈建筑施工企业安全生产管理机构设置及专职安全生产管理人员配备办法〉的通知》（建质〔2008〕91号）第十三条　总承包单位配备项目专职安全生产管理人员应当满足下列要求。

（1）建筑工程、装修工程安装建筑面积配备。

1）1万平方米以下的工程不少于1人；

2）1万~5万平方米的工程不少于2人；

3）5万平方米及以上的工程不少于3人，且按专业配备专职安全生产管理人员。

（2）土木工程、线路管道、设备安装工程按照合同价配备。

1）5000万元以下的工程不少于1人；

2）5000万~1亿元的工程不少于2人；

3）1亿元及以上的工程不少于3人，且按专业配备专职安全生产管理人员。

五、项目部未编制安全施工组织设计

隐患描述　项目部未编制安全施工组织设计。

危害分析　安全施工组织设计缺失，易导致工程无统一的安全管理目标、管理范围划分、工作标准，以及安全监督和管理尺度，而发生安全事故。

整改要求　工程项目部在施工前应编制施工组织设计。施工组织设计应涵盖安全施工组织设计，并针对工程特点、施工工艺制定安全技术措施。专业性较强的工程项目应编制专项质量、安全施工组织设计，并按照规定办理工程质量、安全监督手续。

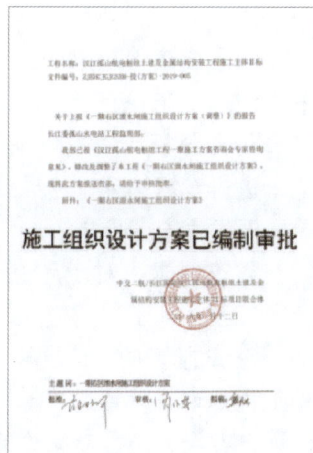

图 2-9　隐患示例　　　　图 2-10　正确示例

整改依据　《建筑工程施工许可管理办法》（住房和城乡建设部令第 18 号）第四条　建设单位申请领取施工许可证，应当具备下列条件，并提交相应的证明文件：

有保证工程质量和安全的具体措施。施工企业编制的施工组织设计中有根据建筑工程特点制定的相应质量、安全技术措施。建立工程质量安全责任制并落实到人。专业性较强的工程项目编制了专项质量、安全施工组织设计，并按照规定办理了工程质量、安全监督手续。

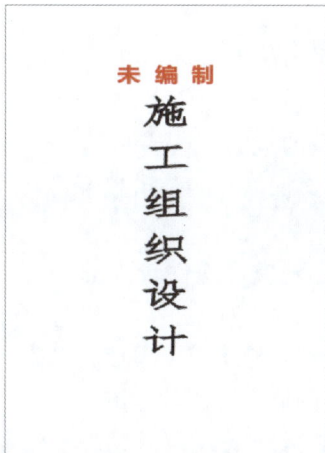

六、危险性较大的分部分项工程未编制专项施工方案

图 2-11　隐患示例　　　　图 2-12　正确示例

隐患描述　危险性较大的分部分项工程（以下简称危大工程）未编制专项施工方案。

危害分析　危大工程施工时无专项施工方案，易造成方案不细、针对性不强、管理和监督不到位等问题，而发生安全事故。

整改要求　危大工程应按规定编制安全专项施工方案。安全专项施工方案应有针对性，并按有关规定进行设计计算。危大工程的范围和专项施工方案内容要求见《住房和城乡建设部办公厅关于实施〈危险性较大的分部分项工程安全管理规定〉有关问题的通知》（建办质〔2018〕31 号）。

整改依据　《危险性较大的分部分项工程安全管理规定》（住房和城乡建设部令第 37 号）　第十条　施工单位应当在危大工程施工前组织工程技术人员编制专项施工方案。实行施工总承包的，专项施工方案应当由施工总承包单位组织编制。危大工程实行分包的，专项施工方案可以由相关专业分包单位组织编制。

七、超过一定规模的危大工程专项施工方案未组织专家论证

隐患描述 超过一定规模的危大工程专项施工方案未组织专家论证。

危害分析 超过一定规模的危大工程专项施工方案未进行专家论证，易导致方案深度和防范措施不够完善，而发生安全事故。

整改要求 对于超过一定规模危险性较大的分部分项工程，施工单位应组织专家对专项施工方案进行论证。论证前专项施工方案应当通过施工单位审核和总监理工程师审查。超过一定规模的危大工程的范围、专家论证会参会人员、专家论证内容等要求见《住房城乡建设部办公厅关于实施〈危险性较大的分部分项工程安全管理规定〉有关问题的通知》（建办质〔2018〕31号）。

整改依据 《危险性较大的分部分项工程安全管理规定》（住房和城乡建设部令第37号）第十二条 对于超过一定规模的危大工程，施工单位应当组织召开专家论证会对专项施工方案进行论证。实行施工总承包的，由施工总承包单位组织召开专家论证会。专家论证前专项施工方案应当通过施工单位审核和总监理工程师审查。

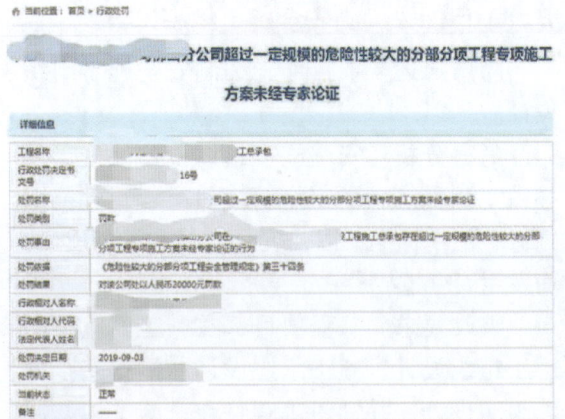

图 2-13 隐患示例

图 2-14 正确示例

八、未对相关管理人员、作业人员进行书面安全技术交底

图 2-15 隐患示例

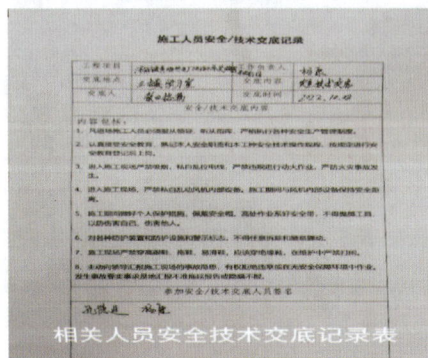

图 2-16 正确示例

隐患描述 未对相关管理人员、作业人员进行书面安全技术交底。

危害分析 相关管理人员、作业人员对施工方案内容不了解、不清楚，施工过程中易发生安全事故。

整改要求 施工负责人在分派生产任务时，应对相关管理人员、施工作业人员进行书面安全技术交底。安全技术交底应按施工工序、施工部位、施工栋号分部分项进行，且应结合施工作业场所状况、特点、工序，对危险因素、施工方案、规范标准、操作规程和应急措施进行交底。

整改依据 JGJ 59—2011《建筑施工安全检查标准》3.1.3 施工负责人在分派生产任务时，应对相关管理人员、施工作业人员进行书面安全技术交底；安全技术交底应按施工工序、施工部位、施工栋号分部分项进行；安全技术交底应结合施工作业场所状况、特点、工序，对危险因素、施工方案、规范标准、操作规程和应急措施进行交底。

九、项目部未建立安全检查制度

隐患描述　项目部未建立安全检查制度。

危害分析　未建立安全检查制度，不能规范指导单位开展隐患查找、整改、验证闭环管理工作，可能会导致一般隐患演变为重大隐患或者事故发生。

整改要求　工程项目部应建立安全检查制度。安全检查制度由项目负责人组织制定，项目各级人员按照制度要求参加，定期进行安全检查并填写检查记录。

整改依据　《安全生产法》（中华人民共和国主席令第八十八号）第二十一

图 2-17　隐患示例

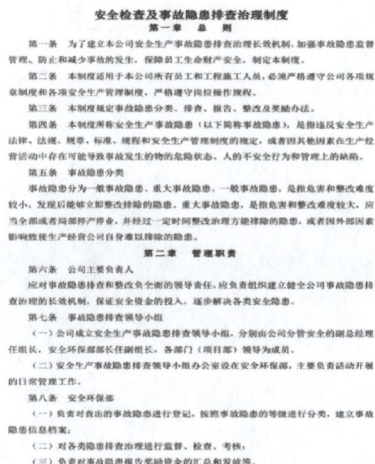

图 2-18　正确示例

条　生产经营单位的主要负责人对本单位安全生产工作负有下列职责：

（二）组织制定并实施本单位安全生产规章制度和操作规程；

（五）组织建立并落实安全风险分级管控和隐患排查治理双重预防工作机制，督促、检查本单位的安全生产工作，及时消除生产安全事故隐患。

JGJ 59—2011《建筑施工安全检查标准》3.1.3　工程项目部应建立安全检查制度；安全检查应由项目负责人组织，专职安全员及相关专业人员参加，定期进行并填写检查记录。

十、重大事故隐患整改完成后未进行复查

图 2-19　隐患示例

图 2-20　正确示例

隐患描述　重大事故隐患整改完成后未进行复查。

危害分析　重大事故隐患整改不到位，极易发生安全事故。

整改要求　重大事故隐患整改后，应由相关部门组织复查。经检查符合要求后方可恢复施工和生产。重大事故隐患判定标准见《电力生产安全隐患监督管理规定（修订稿）》（2021）、《房屋市政工程生产安全重大事故隐患判定标准（2022年版）》（建质规〔2022〕2号）。

整改依据　JGJ 59—2011《建筑施工安全检查标准》3.1.3　对检查中发现的事故隐患应下达隐患整改通知单，定人、定时间、定措施进行整改。重大事故隐患整改后，应由相关部门组织复查。

《电力生产安全隐患监督管理规定（修订稿）》（2021年）第二十八条【评估审查】重大级以上隐患治理工作结束后，电力企业应当组织技术人员和专家对隐患的治理情况进行评估或者委托依法设立的为安全生产提供技术、管理服务的机构对重大级以上隐患的治理情况进行评估。对国家能源局派出机构、地方电力管理部门检查发现并提出整改要求的重大级以上隐患，符合安全生产条件的，需经提出隐患整改要求的部门审查同意方可恢复施工和生产。

十一、施工现场易发生重大安全事故的部位和环节，未制定专项应急预案

图 2-21　隐患示例

图 2-22　正确示例

隐患描述　施工现场易发生重大安全事故的部位和环节，未制定专项应急预案。

危害分析　专项应急预案缺失，易导致事故扩大。

整改要求　工程项目部应针对工程特点，进行重大危险源的辨识。应制定防触电、防坍塌、防高处坠落、防受限空间伤害、防火灾、防起重及机械伤害等主要内容的专项应急救援预案，并对施工现场易发生重大安全事故的部位、环节进行监控。

整改依据　《安全生产法》（中华人民共和国主席令第八十八号）　第八十一条　生产经营单位应当制定本单位生产安全事故应急救援预案，与所在地县级以上地方人民政府组织制定的生产安全事故应急救援预案相衔接，并定期组织演练。

JGJ 59—2011《建筑施工安全检查标准》　3.1.3　工程项目部应针对工程特点，进行重大危险源的辨识。应制定防触电、防坍塌、防高处坠落、防起重及机械伤害、防火灾、防物体打击等主要内容的专项应急救援预案，并对施工现场易发生重大安全事故的部位、环节进行监控。

十二、未定期组织应急救援演练

图 2-23　隐患示例

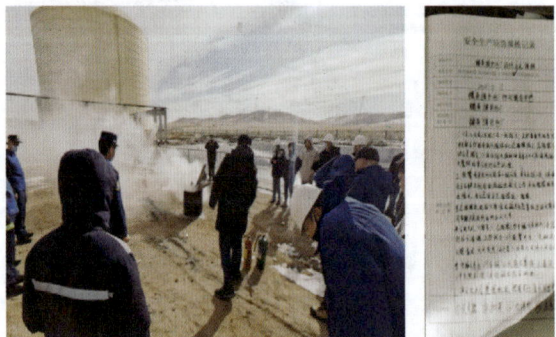

图 2-24　正确示例

隐患描述　未定期组织应急救援演练。

危害分析　不能及时发现应急救援预案的不足之处，应急救援人员对流程不熟悉，导致事故扩大。

整改要求　施工现场应建立应急救援组织，培训、配备应急救援人员，定期组织员工进行应急救援演练。

整改依据　《安全生产法》（中华人民共和国主席令第八十八号）　第八十一条　生产经营单位应当制定本单位生产安全事故应急救援预案，与所在地县级以上地方人民政府组织制定的生产安全事故应急救援预案相衔接，并定期组织演练。

JGJ 59—2011《建筑施工安全检查标准》　3.1.3　施工现场应建立应急救援组织，培训、配备应急救援人员，定期组织员工进行应急救援演练。

十三、项目部未按规定配置消防器材和设备

图 2-25 隐患示例

图 2-26 正确示例

隐患描述 项目部未按规定配置消防器材和设备。

危害分析 消防器材和设备设施不足或配置不当，无法及时扑灭火灾，导致事故扩大。

整改要求 项目部应当建立消防安全责任制度，确定消防安全责任人，制定用火、用电、使用易燃易爆材料等各项消防安全管理制度和操作规程，设置消防通道、消防水源，配备消防设施和灭火器材，并在施工现场入口设置明显标志。

整改依据 《建设工程安全生产管理条例》（国务院令第 393 号） 第三十一条 施工单位应当在施工现场建立消防安全责任制度，确定消防安全责任人，制定用火、用电、使用易燃易爆材料等各项消防安全管理制度和操作规程，设置消防通道、消防水源，配备消防设施和灭火器材，并在施工现场入口设置明显标志。

十四、项目总包单位与分包单位未签订安全生产协议书

图 2-27 隐患示例

图 2-28 正确示例

隐患描述 项目有分包的，总包单位与分包单位未签订安全生产协议书。

危害分析 总、分包单位安全管理责任不明，管理混乱。

整改要求 当总包单位与分包单位签订分包合同时，应签订安全生产协议书，明确双方的安全责任。总承包单位和分包单位对分包工程的安全生产承担连带责任。

整改依据 《建设工程安全生产管理条例》（国务院令第 393 号） 第二十四条 总承包单位依法将建设工程分包给其他单位的，分包合同中应当明确各自的安全生产方面的权利、义务。总承包单位和分包单位对分包工程的安全生产承担连带责任。分包单位应当服从总承包单位的安全生产管理，分包单位不服从管理导致生产安全事故的，由分包单位承担主要责任。

十五、未给全部施工作业人员办理保险

图 2-29　隐患示例

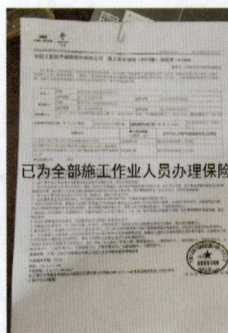

图 2-30　正确示例

隐患描述　未给全部施工作业人员办理保险。

危害分析　发生生产安全事故后，施工作业人员的合法权益得不到保障。

整改要求　施工单位应依法为全部施工作业人员办理工伤保险，且应当为施工现场从事危险作业的人员办理意外伤害保险。意外伤害保险期限自建设工程开工之日起至竣工验收合格止。

整改依据　《安全生产法》（中华人民共和国主席令第八十八号）　第五十一条　生产经营单位必须依法参加工伤保险，为从业人员缴纳保险费。《建设工程安全生产管理条例》（国务院令第393号）　第三十八条　施工单位应当为施工现场从事危险作业的人员办理意外伤害保险。意外伤害保险费由施工单位支付。实行施工总承包的，由总承包单位支付意外伤害保险费。意外伤害保险期限自建设工程开工之日起至竣工验收合格止。

十六、施工现场入口处、主要施工区域、危险部位等未设置相应的安全警示标志牌

图 2-31　隐患示例

图 2-32　正确示例

隐患描述　施工现场入口处、主要施工区域、危险部位等未设置相应的安全警示标志牌。

危害分析　安全警示标志牌缺失，易导致人员误入危险区域，发生安全事故。

整改要求　施工单位应当在施工现场入口处、施工起重机械、临时用电设施、脚手架、出入通道口等危险部位，设置明显的安全警示标志。安全警示标志必须符合国家标准。

整改依据　《建设工程安全生产管理条例》（国务院令第393号）　第二十八条　施工单位应当在施工现场入口处、施工起重机械、临时用电设施、脚手架、出入通道口、楼梯口、电梯井口、孔洞口、桥梁口、隧道口、基坑边沿、爆破物及有害危险气体和液体存放处等危险部位，设置明显的安全警示标志。安全警示标志必须符合国家标准。

GB 50794—2012《光伏发电站施工规范》9.3.1　进入施工现场人员应自觉遵守现场安全文明施工纪律规定，各施工项目作业时应严格按照现行行业标准 DL 5009《电力建设安全工程规程》的相关规定执行。

DL 5009.1—2014《电力建设安全工作规程　第1部分：火力发电》4.1.12　建设、施工、调试单位应对施工现场各区域安全标志的布置进行策划并实施，包括安全标志布置图、安全标志布置清单等。安全标识及使用应符合国家现行标准。施工环境、作业工序发生变化时，应对现场危险和有害因素重新进行辨识，动态布置安全标志。

十七、施工现场未设置重大危险源公示牌

图 2-33 隐患示例

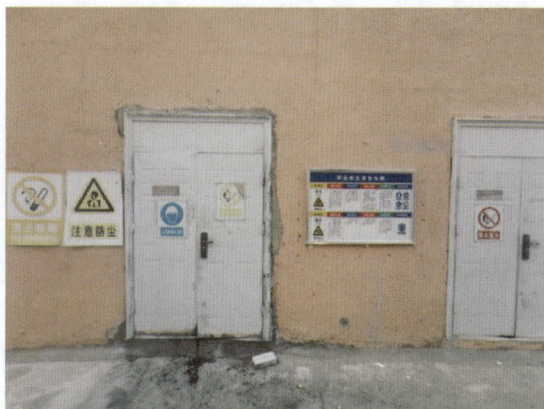

图 2-34 正确示例

隐患描述 施工现场未设置重大危险源公示牌。

危害分析 重大危险源公示牌缺失，易导致人员误入危险区域，发生安全事故。

整改要求 重大危险源公示牌应设置在施工现场显目位置。公示牌内容包括：重大危险源的名称、地点、性质、可能造成的危害及有关安全技术措施、应急预案等。

整改依据 《安全生产法》 第四十条 生产经营单位对重大危险源应当登记建档，进行定期检测、评估、监控，并制定应急预案，告知从业人员和相关人员在紧急情况下应当采取的应急措施。

JGJ 59—2011 《建筑施工安全检查标准》 3.1.4 施工现场应设置重大危险源公示牌。

第二节　文明施工

一、施工现场未采取封闭管理

图 2-35 隐患示例

图 2-36 正确示例

隐患描述 施工现场未采取封闭管理。

危害分析 施工现场未实现封闭管理，易导致非工作人员进入，或跑错位置等安全隐患。

整改要求 风电场按功能区域进行封闭管理，并悬挂安全警示标志。光伏现场按片区进行封闭管理，并在四周悬挂安全警示标志。封闭区域内应设置排水设施，且排水通畅，无积水。

整改依据 NB/T 31106—2016 《陆上风电场工程安全文明施工规范》 2.0.5 施工作业现场宜采取封闭管理。

二、施工现场尘土飞扬、噪声与振动较大

图 2-37　隐患示例

图 2-38　正确示例

隐患描述　施工现场尘土飞扬、噪声与振动较大。

危害分析　危害作业人员身体健康和环境卫生。

整改要求　施工过程中应采取渣土覆盖、洒水等措施降尘，作业时控制噪声与振动。作业人员应穿戴劳动防护用品。

整改依据　NB/T 31106—2016《陆上风电场工程安全文明施工规范》2.0.11　施工过程中应采取措施降尘、控制噪声与振动，污水应经处理后达标排放，减少环境影响。

三、在建工程建构筑物、设备设施和钢结构缺少防雷接地装置

图 2-39　隐患示例

图 2-40　正确示例

隐患描述　在建工程建构筑物、设备设施和钢结构缺少防雷接地装置。

危害分析　雷电天气时，无法将雷击后雷电传递到大地，造成雷击事故，严重的可能导致生命财产安全。

整改要求　按 GB 50169—2016《电气装置安装工程　接地装置施工及验收规范》要求做好施工场地防雷接地装置或设施。

整改依据　NB/T 31106—2016《陆上风电场工程安全文明施工规范》2.0.12　施工场地及设备材料堆放区应采取防雷接地装置。

GB 50169—2016《电气装置安装工程　接地装置施工及验收规范》4.5.1　风力发电机组的雷电保护接地应符合下列规定：1）应充分利用风力发电机组基础钢筋作为雷电保护接地的自然接地极。风力发电机组雷电保护接地的冲击接地电阻不宜超过 10Ω。2）高土壤电阻率地区单台风力发电机组接地装置利用基础钢筋不能满足要求时，可再敷设以放射形水平接地极为主、以垂直接地极为辅的人工接地装置，或环形人工接地极与其相连接。水平接地极长度不宜超过 100m。

4.5.2　光伏方阵的防雷接地应与其保护接地、系统接地以及汇流箱、逆变器、升压变压器等配电设施的接地系统共用同一接地装置；共用接地装置的接地电阻，应符合其中最小值的要求。

四、施工现场道路堆放材料、建筑垃圾等，道路不通畅

图 2-41　隐患示例

图 2-42　正确示例

隐患描述　施工现场道路堆放材料、建筑垃圾等，道路不通畅。

危害分析　施工现场场内交通受阻，易发生车辆、大型设备碰撞。发生安全事故时交通受阻，导致救援不及时。

整改要求　应及时清理施工现场道路障碍物，保持道路畅通。

整改依据　JGJ 59—2011 《建筑施工安全检查标准》 3.2.3　施工现场道路应畅通，路面应平整坚实。

第三节　安全防护设施和个体防护装备

一、基坑临边未设置防护栏杆

图 2-43　隐患示例

图 2-44　正确示例

隐患描述　基坑临边未设置防护栏杆。

危害分析　发生坠落事故，造成人身伤害。

整改要求　深度 1.0m 及以上的沟、坑周边，屋面、楼面、平台、料台周边，尚未安装栏杆或栏板的阳台、窗台，高度 2.0m 及以上的作业层周边，应设置防护栏杆。分层施工的建（构）筑物楼梯口和梯段边应安装临时护栏。各种垂直运输接料平台、施工升降机，除两侧应设防护栏杆外，平台口应设置安全门或活动防护栏杆。

整改依据　NB/T 10208—2019 《陆上风电场工程施工安全技术规范》 4.11.2　深度 1.0m 及以上的沟、坑周边，屋面、楼面、平台、料台周边，尚未安装栏杆或栏板的阳台、窗台，高度 2.0m 及以上的作业层周边，应设置防护栏杆。分层施工的建（构）筑物楼梯口和梯段边应安装临时护栏。顶层楼梯口应随工程结构进度安装正式防护栏杆。

二、防护栏杆的设置或材质不符合要求

图 2-45　隐患示例

图 2-46　正确示例

隐患描述　防护栏杆的设置或材质不符合要求。

危害分析　发生坠落事故，造成人身伤害。

整改要求　防护栏杆材质宜选用外径为 48mm，壁厚不小于 2mm 的钢管。防护栏杆应由上、下两道横杆及立杆柱组成，上杆离基准面高度为 1.2m，立杆间距不得大于 2.0m。安全通道的防护栏杆宜采用安全立网封闭。

整改依据　NB/T 10208—2019《陆上风电场工程施工安全技术规范》 4.11.3　防护栏杆材质宜选用外径为 48mm，壁厚不小于 2mm 的钢管。当选用其他材质材料时，防护栏杆应进行承载力试验。防护栏杆应由上、下两道横杆及立杆柱组成，上杆离基准面高度为 1.2m，立杆间距不得大于 2.0m。坡度大于 1∶2.2 的屋面，防护栏杆应设三道横杆，上杆离基准面不得低于 1.5m，中间横杆离基准面高度为 1.0m，并加挂安全立网。

三、安全通道未用安全立网封闭

图 2-47　隐患示例

图 2-48　正确示例

隐患描述　安全通道未用安全立网封闭。

危害分析　发生落物打击、坠落事故，造成人身伤害。

整改要求　安全通道的防护栏杆宜用安全立网封闭。

整改依据　NB/T 10208—2019《陆上风电场工程施工安全技术规范》 4.11.3　安全通道的防护栏杆宜采用安全立网封闭。

四、有坠落危险的孔、洞口未设置防护设施

图 2-49　隐患示例

图 2-50　正确示例

隐患描述　有坠落危险的孔、洞口未设置防护设施。

危害分析　作业人员跌入坑洞，造成伤害。

整改要求　人与物有坠落危险的孔、洞，应设置有效防护设施。直径大于 1.0m 或短边大于 0.5m 的各类洞口，四周应设防护栏杆，装设挡脚板，洞口下装设安全平网。

整改依据　NB/T 10208—2019 《陆上风电场工程施工安全技术规范》 4.11.4　人与物有坠落危险的孔、洞，应设置有效防护设施。直径大于 1.0m 或短边大于 0.5m 的各类洞口，四周应设防护栏杆，装设挡脚板，洞口下装设安全平网。

五、施工现场通道附近的孔、洞未设置夜间警示红灯

图 2-51　隐患示例

图 2-52　正确示例

隐患描述　施工现场通道附近的孔、洞未设置夜间警示红灯。

危害分析　作业人员跌入坑洞，造成伤害。

整改要求　施工现场通道附近的各类孔、洞，除设置防护设施和安全标识外，还应设夜间警示红灯。

整改依据　NB/T 10208—2019 《陆上风电场工程施工安全技术规范》 4.11.4　施工现场通道附近的各类孔、洞，除设置防护设施和安全标志外，尚应设夜间警示红灯。

六、建筑物、升降机出入口及物料提升机地面进料口未设置防护棚

图 2-53 隐患示例

图 2-54 正确示例

隐患描述 建筑、升降机出入口及物料提升机地面进料口未设置防护棚。

危害分析 发生物体打击事故。

整改要求 出入口应设置防护棚。防护棚应采用型钢材质搭设，顶层加设双层防护。

整改依据 NB/T 10208—2019《陆上风电场工程施工安全技术规范》 4.11.5 建（构）筑物、升降机出入口及物料提升机地面进料口，应设置防护棚。防护棚应采用扣件式钢管脚手架或其他型钢材料搭设。防护棚顶层应使用脚手板铺设双层防护，当坠落高度大于 20m 时，应加设厚度不小于 5mm 的钢板防护。

七、风电机组作业人员配置的个体防护装备不满足现行标准的要求

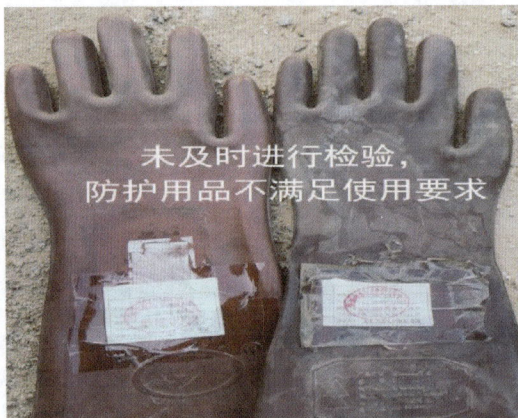

图 2-55 隐患示例

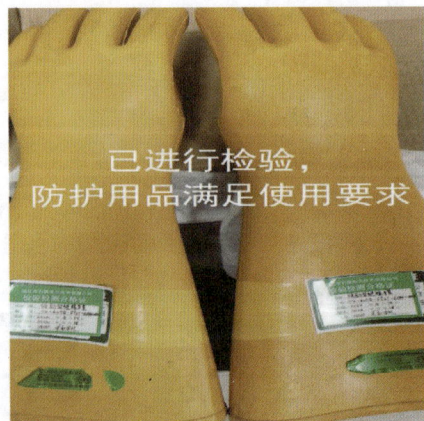

图 2-56 正确示例

隐患描述 风电机组作业人员配置的个体防护装备不满足现行标准的要求。

危害分析 个体防护用品失效，危险作业时无法起到防护作用，造成伤害。

整改要求 风电机组作业人员按照 GB/T 35204—2017《风力发电机组 安全手册》的有关规定，配置个体防护装备。

整改依据 NB/T 10208—2019《陆上风电场工程施工安全技术规范》 4.11.6 风电机组作业人员应按现行国家标准 GB/T 35204《风力发电机组 安全手册》的有关规定配置个体防护装备。

个体防护装备应符合现行国家标准 GB 39800.1—2020《个体防护装备配备规范 第 1 部分：总则》的有关规定。

八、无专人负责个体防护装备的采购、检验、发放、使用等

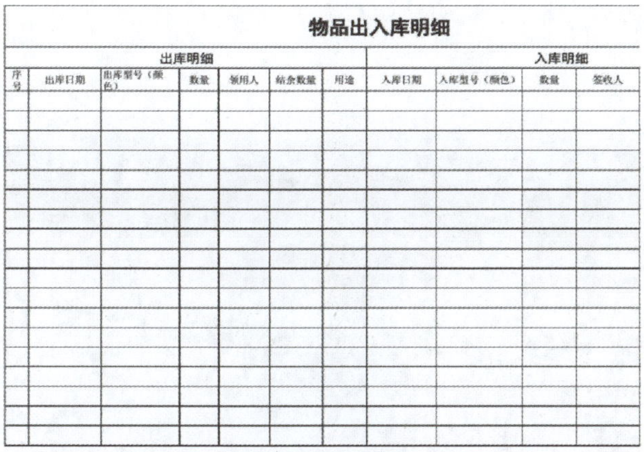
物品出入库明细

出库明细							入库明细			
序号	出库日期	出库型号（颜色）	数量	领用人	结余数量	用途	入库日期	入库型号（颜色）	数量	签收人

图 2-57　隐患示例

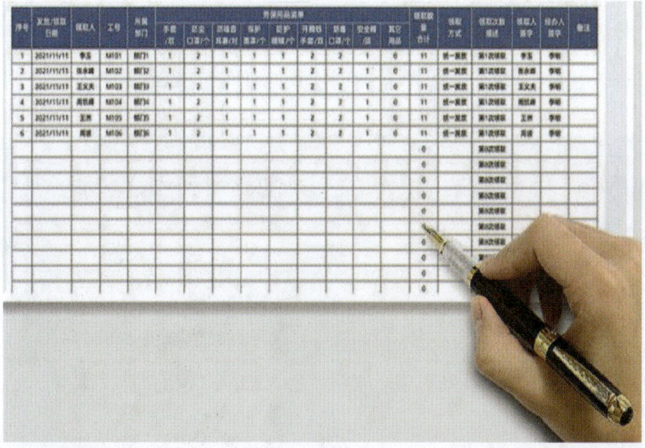

图 2-58　正确示例

隐患描述　无专人负责个体防护装备的采购、检验、发放、使用等。

危害分析　易造成防护装备管理混乱（如报废品与合格品不区分等），个体防护装备管理不善，导致发生安全事故。

整改要求　个体防护装备的采购、检验、发放、使用等，应有专人负责，制定管理制度并建立台账。

整改依据　NB/T 10208—2019《陆上风电场工程施工安全技术规范》4.11.7　个体防护装备的采购、检验、发放、使用、监督、保管等应有专人负责，并建立台账。

九、现场作业人员未正确使用个体防护装备

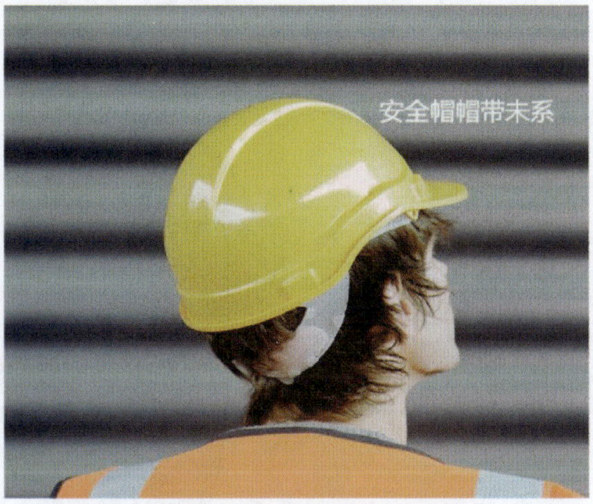

图 2-59　隐患示例

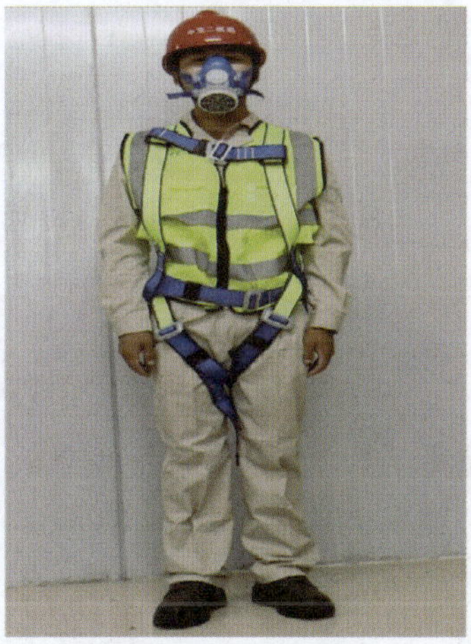

图 2-60　正确示例

隐患描述　现场作业人员未正确使用个体防护装备。

危害分析　易发生人身伤害安全事故。

整改要求　现场作业人员应正确使用个体防护装备，使用前应对其防护功能进行检查。

整改依据　NB/T 10208—2019《陆上风电场工程施工安全技术规范》4.11.8　进入施工现场人员应正确使用个体防护装备，使用前应对其防护功能进行检查。

第四节　施工用电

一、施工用电管理

（一）施工用电设施投入使用前未验收

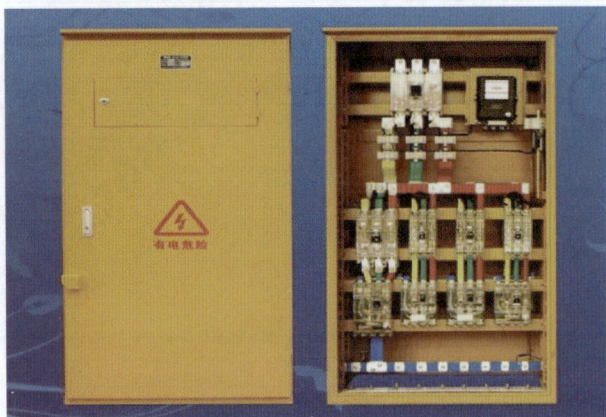

图 2-61　隐患示例

图 2-62　正确示例

隐患描述　施工用电设施投入使用前未验收。

危害分析　设备未验收，可能不符合使用要求。易发生漏电、触电事故。

整改要求　施工用电设施投入使用前应按照相关规程和技术规范要求进行验收合格。

整改依据　NB/T 10208—2019 《陆上风电场工程施工安全技术规范》 4.2.1　施工用电设施投入使用前应验收合格。

（二）电气安装、维修作业人员未持证

图 2-63　隐患示例

图 2-64　正确示例

隐患描述　电气安装、维修作业人员未持证。

危害分析　非电工及无证人员从事电气作业，易违章操作和误操作，发生安全事故。

整改要求　电气安装、维修作业人员应持证上岗，非电工及无证人员不应从事电气工作。

整改依据　NB/T 10208—2019 《陆上风电场工程施工安全技术规范》 4.2.1　从事电气安装、维修作业人员应持证上岗。非电工及无证人员不应从事电气工作。

（三）施工用电设施检查记录不全

图 2-65 隐患示例

图 2-66 正确示例

隐患描述 施工用电设施检查记录不全。

危害分析 未定期检查检测，施工用电设施故障不能被及时发现并维修，易导致用电设施损坏和安全事故。

整改要求 施工用电设施应定期检查并记录，对用电设施的绝缘电阻及接地电阻应进行定期检测并记录。

整改依据 NB/T 10208—2019《陆上风电场工程施工安全技术规范》4.2.1 施工用电设施应定期检查并记录，对用电设施的绝缘电阻及接地电阻应进行定期检测并记录。

二、变压器及配电设备

（一）10kV 及以下变压器安装时，平台和栅栏等设置不符合规定

隐患描述 10kV 及以下变压器安装时，平台和栅栏等设置不符合规定。

危害分析 人员意外接近高压带电设备，造成触电伤害事故。

整改要求 10kV 及以下变压器安装于地面时，应设有不低于 0.5m 的平台，平台的周围应装设栅栏和带锁的门，栅栏高度不应低于 1.7m，栅栏与变压器外廓的距离不应小于 1.0m；栏杆结构平台上变压器安装的高度不应低于 2.5m，并悬挂"止步、高压危险"的警示牌。

图 2-67 隐患示例

图 2-68 正确示例

整改依据 NB/T 10208—2019《陆上风电场工程施工安全技术规范》4.2.2 变压器及配电设备的安装使用应符合下列规定：

110kV 及以下变压器安装于地面时，应设有不低于 0.5m 的平台，平台的周围应装设栅栏和带锁的门，栅栏高度不应低于 1.7m，栅栏与变压器外廓的距离不应小于 1.0m；栏杆结构平台上变压器安装的高度不应低于 2.5m，并悬挂"止步、高压危险"的警示牌。

（二）低压配电系统未采用三级配电

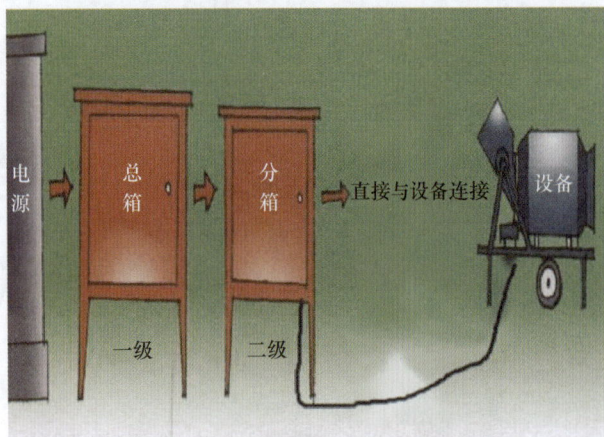

图 2-69　隐患示例

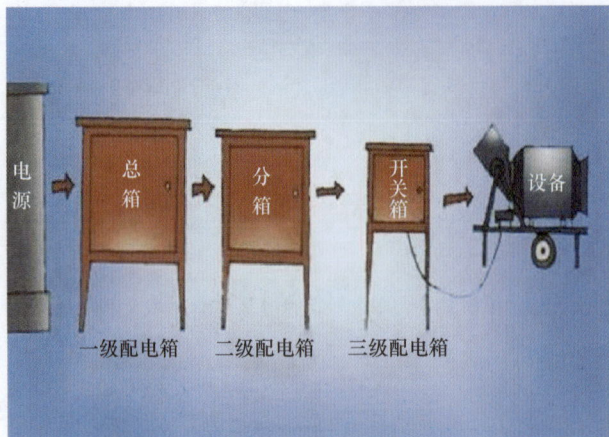

图 2-70　正确示例

隐患描述　低压配电系统未采用三级配电。

危害分析　设备损坏、漏电，导致人员触电。

整改要求　低压配电系统宜采用三级配电，设置总配电箱、分配电箱、末级配电箱。

整改依据　NB/T 10208—2019 《陆上风电场工程施工安全技术规范》 4.2.2　低压配电系统宜采用三级配电，设置总配电箱、分配电箱、末级配电箱。

　　JGJ 46—2005 《施工现场临时用电安全技术规范》 8.1.1　配电系统应设置配电柜或总配电箱、分配电箱、开关箱，实行三级配电。配电系统宜使三相负荷平衡。220V 或 380V 单相用电设备宜接入 220/380V 三相四线系统；当单相照明线路电流大于 30A 时，宜采用 220/380V 三相四线制供电。

（三）配电系统未执行"一机一箱一闸一漏"的配电原则

图 2-71　隐患示例

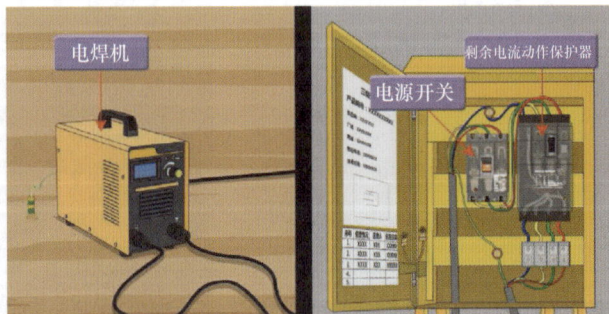

图 2-72　正确示例

隐患描述　配电系统未执行"一机一箱一闸一漏"的配电原则。

危害分析　设备损坏、漏电，导致人员触电。

整改要求　配电箱、开关箱及剩余电流动作保护器的配置应严格执行"一机一箱一闸一漏"的配电原则。

整改依据　NB/T 10208—2019 《陆上风电场工程施工安全技术规范》 4.2.2　配电箱、开关箱及漏电保护开关的配置应严格执行"一机一箱一闸一漏"的配电原则。

三、线路敷设

（一）架空线路与道路、电缆、管道、建筑物之间的最小距离不满足要求

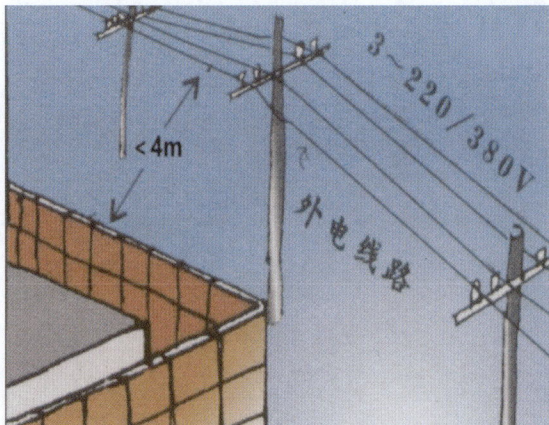

图 2-73　隐患示例

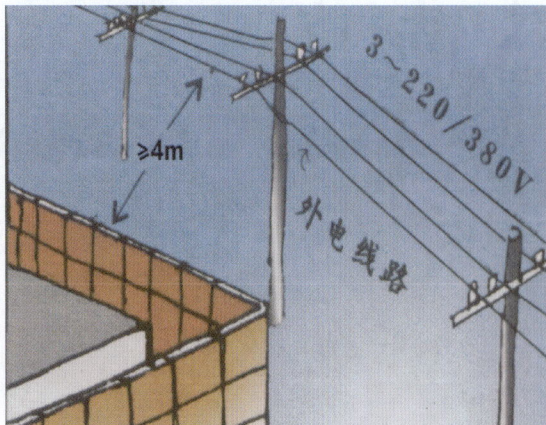

图 2-74　正确示例

隐患描述　架空线路与道路、电缆、管道、建筑物之间的最小距离不满足要求。

危害分析　与架空线路安全距离不足，造成临近设施、建筑带电，导致漏电、触电事故。

整改要求　架空线路与道路的最小距离，电缆之间及电缆与管道、道路、建筑物之间平行和交叉时的最小距离应符合有关规定。

整改依据　NB/T 10208—2019 《陆上风电场工程施工安全技术规范》 4.2.3　架空线路与道路的最小距离，电缆之间及电缆与管道、道路、建筑物之间平行和交叉时的最小距离应符合现行国家标准 GB 50194 《建设工程施工现场供用电安全规范》的有关规定。

（二）以支架方式敷设的电缆线路，金属支架未接地

图 2-75　隐患示例

图 2-76　正确示例

隐患描述　以支架方式敷设的电缆线路，金属支架未接地。

危害分析　电缆破损无法将漏电电能引导到大地，造成金属支架带电，严重的可能导致人员触电。

整改要求　以支架方式敷设的电缆线路，当电缆线路敷设在金属支架上时，金属支架应可靠接地。

整改依据　NB/T 10208—2019 《陆上风电场工程施工安全技术规范》 4.2.3　以支架方式敷设的电缆线路，当电缆线路敷设在金属支架上时，金属支架应可靠接地。

四、接地（接零）与防雷

（一）保护零线未重复接地

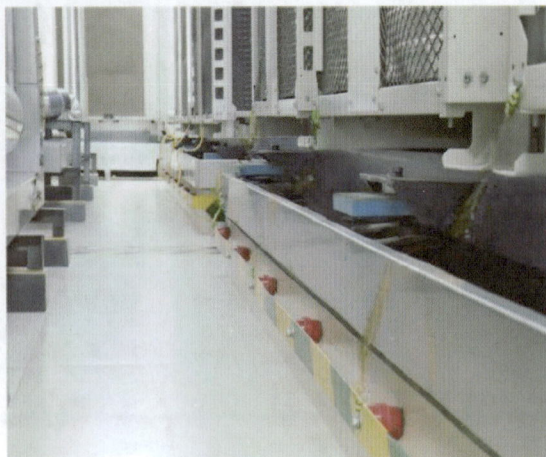

图 2-77　隐患示例

图 2-78　正确示例

隐患描述　保护零线未重复接地。

危害分析　发生人身触电事故。

整改要求　配电线路的保护零线应在中间处和末端处重复接地。

整改依据　NB/T 10208—2019《陆上风电场工程施工安全技术规范》 4.2.4　保护零线除应在配电室或总配电箱处作重复接地外，还应在配电线路的中间处和末端处作重复接地。保护零线每一重复接地装置的接地电阻不应大于 10Ω。

（二）防雷装置损坏

图 2-79　隐患示例

图 2-80　正确示例

隐患描述　防雷装置损坏。

危害分析　易发生雷击事故。

整改要求　及时维修或更换防雷装置。

整改依据　NB/T 10208—2019《陆上风电场工程施工安全技术规范》 4.2.4　位于山区或多雷地区的变电所、箱式变电站、配电室，信号放大器、天线等架空设备应装设防雷装置。高压架空线路及变压器高压侧应装设避雷器。

第五节　交通运输

一、施工现场道路不坚实、不平整

图 2-81　隐患示例

图 2-82　正确示例

隐患描述　施工现场道路不坚实、不平整。

危害分析　易发生交通事故、设备损坏等。

整改要求　重新施做现场道路，压实整平，使压实度、弯沉值等满足施工现场通行要求。

整改依据　NB/T 10208—2019《陆上风电场工程施工安全技术规范》 4.3.1　施工现场道路路基应坚实，路面应平坦，车道宽度和转弯半径应结合现场实际设计，并兼顾施工和重大件运输要求。

二、施工现场道路宽度和转弯半径不满足重大件运输要求

图 2-83　隐患示例

图 2-84　正确示例

隐患描述　施工现场道路宽度和转弯半径不满足重大件运输要求。

危害分析　重大件运输困难。

整改要求　车道宽度和转弯半径应结合现场实际设计，并兼顾施工和重大件运输要求。

整改依据　NB/T 10208—2019《陆上风电场工程施工安全技术规范》 4.3.1　施工现场道路路基应坚实，路面应平坦，车道宽度和转弯半径应结合现场实际设计，并兼顾施工和重大件运输要求。

三、道路沿途交通指示标识、安全标识、夜间行车警示标识等未按要求设置

图 2-85　隐患示例

图 2-86　正确示例

隐患描述　道路沿途交通指示标识、安全标识、夜间行车警示标识等未按要求设置。

危害分析　易发生交通事故。

整改要求　道路沿途应设交通指示标识，危险区段应设"危险"或"禁止通行"等安全标识，应设夜间行车警示标识。

整改依据　NB/T 10208—2019《陆上风电场工程施工安全技术规范》 4.3.1　机动车辆行驶沿途应设交通指示标识，危险区段应设"危险"或"禁止通行"等安全标识，应设夜间行车警示标识。

四、危险路段、悬崖陡坡、路边临空边缘未设置安全墩或挡墙

图 2-87　隐患示例

图 2-88　正确示例

隐患描述　危险路段、悬崖陡坡、路边临空边缘未设置安全墩或挡墙。

危害分析　易发生车辆相撞、冲坡、坠崖等交通事故。

整改要求　道路沿途应设交通指示标志，危险区段应设"危险"或"禁止通行"等安全标志，应设夜间行车警示标志。危险路段、悬崖陡坡、路边临空边缘应设置安全墩或挡墙。

整改依据　NB/T 10208—2019《陆上风电场工程施工安全技术规范》 4.3.1　急弯、陡坡等危险路段，以及岔路、涵洞口应设相应警示标志。悬崖陡坡、路边临空边缘除应设警示标志外还应设安全墩、挡墙等安全防护设施。

五、人行通道护栏破损

图 2-89　隐患示例

图 2-90　正确示例

隐患描述　人行通道护栏破损。

危害分析　易发生安全事故。

整改要求　人行通道护栏破损或私自移动的，应及时修复、放回原位。

整改依据　NB/T 10208—2019《陆上风电场工程施工安全技术规范》4.3.1　施工现场道路施工作业面、固定生产设备及设施处所等应设置人行通道，基础应牢固、通道无障碍、有防滑措施并设置护栏，无积水；宽度不应小于 0.6m；危险地段应设置警示标志或警戒线。

六、人行通道危险地段未设置警示标志或警戒线

人行通道未设置警示标志

图 2-91　隐患示例

设置有警示标志

图 2-92　正确示例

隐患描述　人行通道危险地段未设置警示标志或警戒线。

危害分析　易发生安全事故。

整改要求　人行通道危险地段增设警示标志或警戒线。

整改依据　NB/T 10208—2019《陆上风电场工程施工安全技术规范》4.3.1　施工现场道路施工作业面、固定生产设备及设施处所等应设置人行通道，基础应牢固、通道无障碍、有防滑措施并设置护栏，无积水；宽度不应小于 0.6m；危险地段应设置警示标志或警戒线。

七、施工车辆驾驶人员未取得驾驶许可证或证件过期

图 2-93　隐患示例

图 2-94　正确示例

隐患描述　施工车辆驾驶人员未取得驾驶许可证或证件过期。

危害分析　易发生交通事故。

整改要求　车辆驾驶人员应取得项目驾驶许可证和国家颁发的驾驶证。应加强证件管理，及时更换临期证件。

整改依据　NB/T 10208—2019 《陆上风电场工程施工安全技术规范》 4.3.2　施工车辆应有专人驾驶和保养，车辆驾驶人员应取得驾驶许可证。

八、施工车辆驾驶室外载人

图 2-95　隐患示例

图 2-96　正确示例

隐患描述　施工车辆驾驶室外载人。

危害分析　易发生交通事故。

整改要求　加强驾驶员的教育培训和行车安全管理，车辆驾驶室外不得乘人，驾驶室不得超额载人。

整改依据　NB/T 10208—2019 《陆上风电场工程施工安全技术规范》 4.3.2　自卸汽车、油罐车、平板拖车、起重吊车、装载机、机动翻斗车及拖拉机等的驾驶室外不得乘人，驾驶室不得超额载人。

九、运输途中未确认道路限高、限宽、限载和安全距离等信息

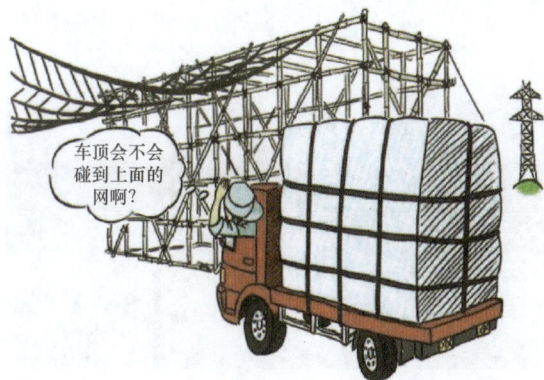

图 2-97　隐患示例

图 2-98　正确示例

隐患描述　运输途中未确认道路限高、限宽、限载和安全距离等信息。

危害分析　车辆不能安全平稳通过，易发生交通事故。

整改要求　应事先进行运输路线状况调查，制订方案。运输途中应观察确认道路限高、限宽、限载标识和设施，并保持对电力线路的安全距离。

整改依据　NB/T 10208—2019《陆上风电场工程施工安全技术规范》 4.3.4　重大件运输途中应观察确认道路限高、限宽、限载标识和设施，并应注意保持对电力线路的安全距离，保证运输车辆安全平稳通过。

十、重大件卸车时，作业人员未按运输作业方案和技术交底内容执行

未按照要求进行卸车

图 2-99　隐患示例

按照方案进行卸车

图 2-100　正确示例

隐患描述　重大件卸车时，作业人员未按运输作业方案和技术交底内容执行。

危害分析　重大件卸车时易发生物体打击事故、设备损坏事故。

整改要求　设专人指挥和安全监护，统一信号，作业人员按运输作业方案与技术交底内容执行。

整改依据　NB/T 10208—2019《陆上风电场工程施工安全技术规范》 4.3.5　重大件卸车作业应设专人指挥和安全监护，统一信号，作业人员应按运输作业方案与技术交底内容执行。

十一、重大件卸车作业未避开恶劣天气

图 2-101　隐患示例

良好天气进行吊装作业

图 2-102　正确示例

隐患描述　重大件卸车作业未避开恶劣天气。

危害分析　易发生物体打击事故、设备损坏事故、吊车倾倒事故。

整改要求　遇有大雪、大雾、雷雨、大风等恶劣天气，不得进行重大件卸车作业。

整改依据　NB/T 10208—2019《陆上风电场工程施工安全技术规范》 4.3.4　遇有大雪、大雾、雷雨、大风等恶劣天气，或夜间照明不足、视线不清，不得进行重大件卸车作业。

第六节　特种设备

一、特种设备作业人员证件过期

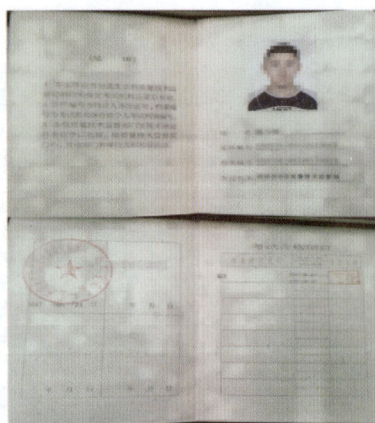

图 2-103　隐患示例

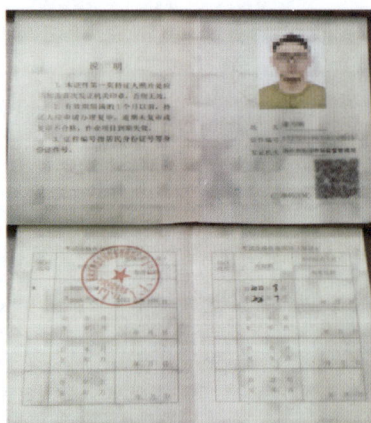

图 2-104　正确示例

隐患描述　特种设备作业人员证件过期。

危害分析　特种设备作业人员未及时进行技能培训，操作可能不符合现行规范要求，易发生安全事故。

整改要求　应停止工作，安排特种设备作业人员参加安全教育和技能培训，确保其资格证书在有效期内。

整改依据　TSG 08—2017《特种设备使用管理规则》 2.4.4.1　特种设备作业人员应当取得相应的特种设备作业人员资格证书。

《防止电力建设工程施工安全事故三十项重点要求》（国能发安全〔2022〕55号） 1.9　特种作业人员和特种设备作业人员必须按照国家有关规定经过专门的安全作业培训，取得特种作业操作证、建筑施工特种作业人员操作资格证书、特种设备作业人员证，方可从事相应的作业。

二、特种设备未办理使用登记

隐患描述　特种设备未办理使用登记。

危害分析　特种设备安全监督和管理不到位，易发生安全事故。

整改要求　特种设备使用单位应当在特种设备投入使用前或者投入使用后三十日内，向负责特种设备安全监督管理的部门办理使用登记，取得使用登记证书。登记标志应当置于该特种设备的显著位置。

整改依据　《中华人民共和国特种设备安全法》（中华人民共和国主席令第四号）第三十三条　特种设备使用单位应当在特种设备投入使用前或者投入使用后三十日内，向负责特种设备安全监督管理的部门办理使用登记，取得使用登记证书。登记标志应当置于该特种设备的显著位置。

图 2-105　隐患示例

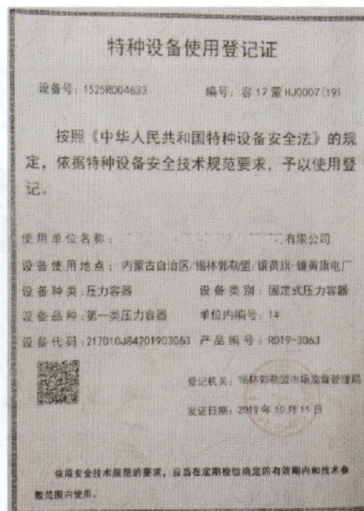

图 2-106　正确示例

三、特种设备技术档案不全

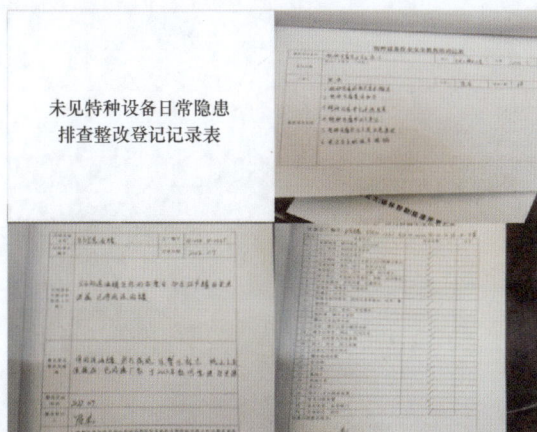

图 2-107　隐患示例

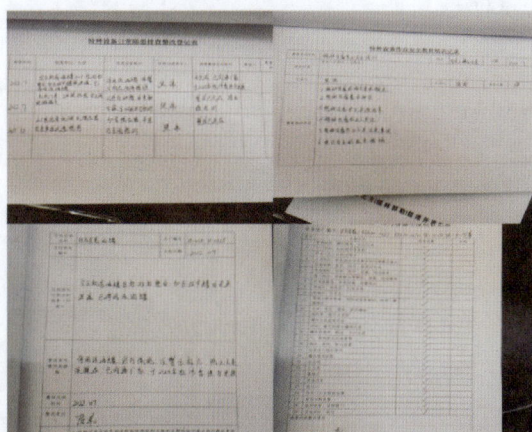

图 2-108　正确示例

隐患描述　特种设备技术档案不全。

危害分析　技术档案不全、记录缺失，特种设备管理不善，易发生安全事故。

整改要求　特种设备使用单位应当建立特种设备安全技术档案。安全技术档案应当包括设计文件、产品质量合格证明、安装及使用维护保养说明、监督检验证明、定期检验记录、自行检查记录和使用状况记录等技术资料、文件和记录。

整改依据　《中华人民共和国特种设备安全法》（中华人民共和国主席令第四号）第三十五条　特种设备使用单位应当建立特种设备安全技术档案。安全技术档案应当包括以下内容：

（1）特种设备的设计文件、产品质量合格证明、安装及使用维护保养说明、监督检验证明等相关技术资料和文件。

（2）特种设备的定期检验和定期自行检查记录。

（3）特种设备的日常使用状况记录。

（4）特种设备及其附属仪器仪表的维护保养记录。

（5）特种设备的运行故障和事故记录。

四、特种设备周围未设置安全警示标志，或安全警示标志不明显

图 2-109　隐患示例

图 2-110　正确示例

隐患描述　特种设备周围未设置安全警示标志，或安全警示标志不明显。

危害分析　安全警示标志缺失或不明显，易发生机械伤害、坠物伤害事故。

整改要求　特种设备周围设置明显的安全警示标志。

整改依据　TSG 08—2017《特种设备使用管理规则》2.9　安全警示电梯、客运索道、大型游乐设施的运营使用单位应当将安全使用说明、安全注意事项和安全警示标志置于易于引起乘客注意的位置。除前款以外的其他特种设备应当根据设备特点和使用环境、场所，设置安全使用说明、安全注意事项和安全警示标志。

五、压力容器的安全阀、爆破片、紧急切断装置、压力表、测温表等附件及检测装置不合格

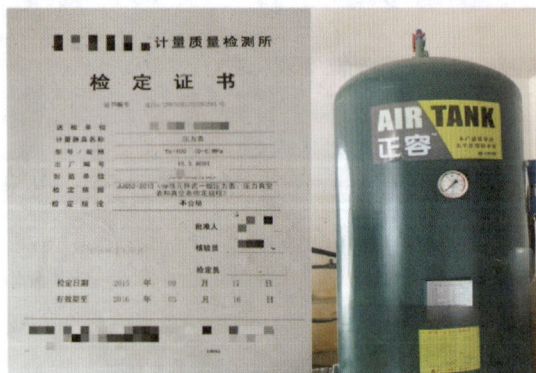

图 2-111　隐患示例

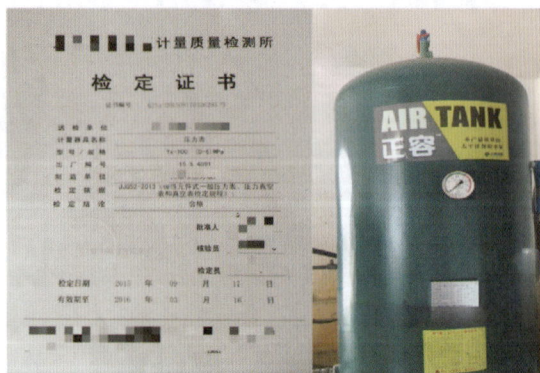

图 2-112　正确示例

隐患描述　压力容器的安全阀、爆破片、紧急切断装置、压力表、测温表等附件及检测装置不合格。

危害分析　易发生爆炸、机械伤害等事故。

整改要求　严把压力容器及附件购置关，立即更换不合格的附件和检测装置。

整改依据　NB/T 10208—2019《陆上风电场工程施工安全技术规范》4.10.4　施工机具的电压表、电流表、压力表、温度计等监测仪表，以及制动器、限制器、安全阀等安全装置，应齐全、完好。

《防止电力建设工程施工安全事故三十项重点要求》（国能发安全〔2022〕55号）18.7　液氨系统必须经检测合格后方可投入使用。液氨储罐应设置液位计、压力表和安全阀等安全附件，且必须定期校验。

六、维护保养记录不全，重要部件未定期检验

隐患描述 维护保养记录不全，重要部件未定期检验。

危害分析 设备损坏，作业时发生故障或安全事故。

整改要求 操作人员应根据机械有关保养维修规定，认真、及时地做好机械保养维修工作，保持机械的完好状态，并做好维修保养记录。

整改依据 JGJ 33—2012 《建筑机械使用安全技术规程》 2.0.8 操作人员应根据机械有关保养维修规定，认真及时做好机械保养维修工作，保持机械的完好状态，并应做好维修保养记录。

图 2-113 隐患示例

图 2-114 正确示例

第七节 施工机械及机具

一、施工机械、机具的验收记录不完整

隐患描述 施工机械、机具的验收记录不完整。

危害分析 不合格的施工机械、机具未经验收投入使用，发生机械伤害或触电等事故。

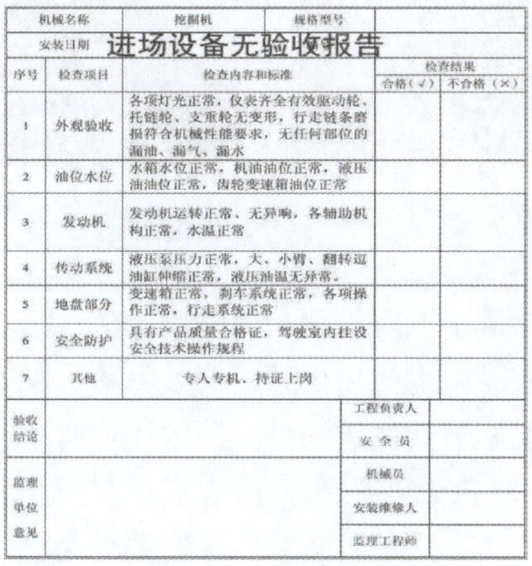

整改要求 施工机械、机具安装完毕应按规定履行验收程序，并应经责任人签字确认。

整改依据 JGJ 59—2011 《建筑施工安全检查标准》 3.19.3 施工机具的检查评定应符合下列规定：

（1）平刨安装完毕应按规定履行验收程序，并应经责任人签字确认。

（2）圆盘锯安装完毕应按规定履行验收程序，并应经责任人签字确认。

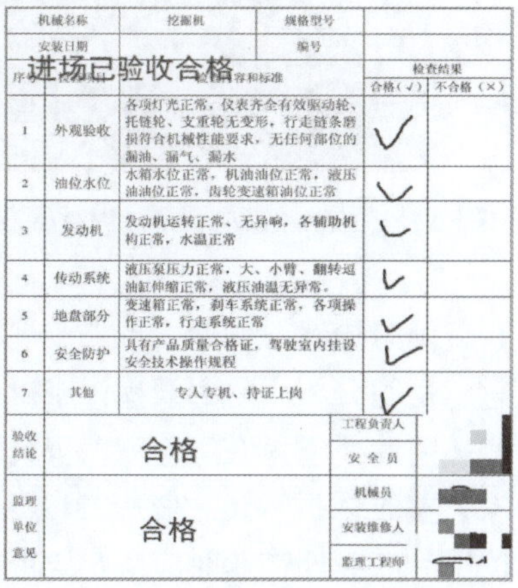

（3）钢筋机械安装完毕应按规定履行验收程序，并应经责任人签字确认。

（4）电焊机安装完毕应按规定履行验收程序，并应经责任人签字确认。

（5）搅拌机安装完毕应按规定履行验收程序，并应经责任人签字确认。

（6）桩工机械安装完毕应按规定履行验收程序，并应经责任人签字确认。

图 2-115 隐患示例

图 2-116 正确示例

二、需要防雨、防晒的机具未设置合格作业棚

图 2-117　隐患示例

图 2-118　正确示例

隐患描述　需要防雨、防晒的机具未设置合格作业棚。

危害分析　机具设备作业条件不合格，导致设备损坏或电器受潮和老化而发生漏电。

整改要求　为机具提供具有防雨、防晒等功能的作业棚，并消除各种安全隐患。

整改依据　JGJ 33—2012 《建筑机械使用安全技术规程》 2.0.10　应为机械提供道路、水电、作业棚及停放场地等作业条件，并应消除各种安全隐患。夜间作业应提供充足的照明。

JGJ 59—2011 《建筑施工安全检查标准》 3.19.3　施工机具的检查评定应符合下列规定：

（1）平刨应按规定设置作业棚，并应具有防雨、防晒等功能。

（2）圆盘锯应按规定设置作业棚，并应具有防雨、防晒等功能。

（3）钢筋加工区应搭设作业棚，并应具有防雨、防晒等功能。

（4）电焊机应设置防雨罩，接线柱应设置防护罩。

（5）搅拌机应按规定设置作业棚，并应具有防雨、防晒等功能。

三、作业人员未按规定穿戴个人防护用品

图 2-119　隐患示例

图 2-120　正确示例

隐患描述　作业人员未按规定穿戴个人防护用品。

危害分析　易因误操作或机械故障发生机械伤害、高处坠落、触电等事故。

整改要求　在工作中，按规定使用劳动保护用品。高处作业时系安全带。

整改依据　JGJ 33—2012 《建筑机械使用安全技术规程》 2.0.5　在工作中，应按规定使用劳动保护用品。高处作业时应系安全带。

四、多台机具共用同台电机

同台电机连接多台机具

图 2-121 隐患示例

图 2-122 正确示例

隐患描述 多台机具共用同台电机。

危害分析 多种刃具、钻具的机具共用同台电机，易引发机械伤害、触电等事故。

整改要求 不得使用同台电机驱动多种刃具、钻具的多功能木工机具。

整改依据 JGJ 59—2011 《建筑施工安全检查标准》 3.19.3 不得使用同台电机驱动多种刃具、钻具的多功能木工机具。

五、机械传动部位防护装置破损或缺失

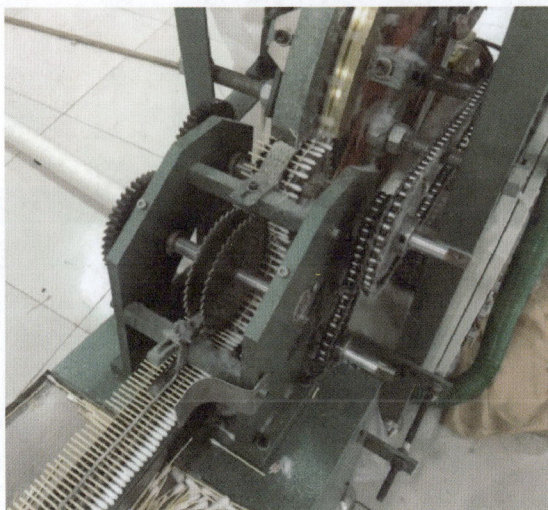

图 2-123 隐患示例

图 2-124 正确示例

隐患描述 机械传动部位防护装置破损或缺失。

危害分析 易引发机械伤害事故。

整改要求 及时更换或增设防护装置。

整改依据 JGJ 59—2011 《建筑施工安全检查标准》 3.19.3 机械传动部位应设置防护装置。

《防止电力建设工程施工安全事故三十项重点要求》（国能安全〔2022〕55 号） 7.2 机械设备的传动、转动等部位必须设安全防护装置。

六、手持电动工具的电源线接长或未使用专用插头

图 2-125 隐患示例

图 2-126 正确示例

隐患描述 手持电动工具的电源线接长或未使用专用插头。

危害分析 电源线有接头或无专用插头，易发生漏电、触电事故。

整改要求 手持电动工具的电源线应保持出厂状态，不得接长使用。

整改依据 GB/T 3787—2017 《手持式电动工具的管理、使用、检查和维修安全技术规程》 5.1 I 类工具电源线中的绿/黄双色线在任何情况下只能用作保护接地线（PE）。工具的电源线不得任意接长或拆换。当电源离工具操作点距离较远而电源线长度不够时，应采用耦合器进行联接。

JGJ 59—2011 《建筑施工安全检查标准》 3.19.3 手持电动工具的电源线应保持出厂状态，不得接长使用。

七、圆盘锯连续断齿

图 2-127 隐患示例

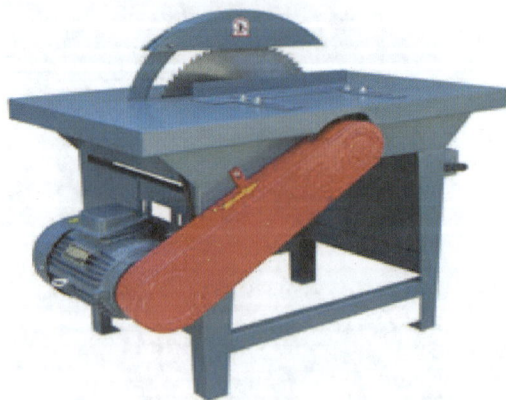

图 2-128 正确示例

隐患描述 圆盘锯连续断齿。

危害分析 使用连续断齿的圆盘锯作业时，易导致木料碎屑飞溅伤人、圆盘锯爆裂伤人。

整改要求 圆盘锯不得有连续 2 个及以上的缺齿，否则应及时更换锯片。

整改依据 JGJ 33—2012 《建筑机械使用安全技术规程》 10.3.3 锯片不得有裂纹。锯片不得有连续 2 个及以上的缺齿。

八、冷拉作业区未设置防护栏

图 2-129　隐患示例

图 2-130　正确示例

隐患描述　冷拉作业区未设置防护栏。

危害分析　易引发机械伤害、物体打击等事故。

整改要求　钢筋冷拉作业应按规定设置防护栏。

整改依据　JGJ 59—2011　《建筑施工安全检查标准》　3.19.3　钢筋冷拉作业应按规定设置防护栏。

九、搅拌机、翻斗车等离合器、制动器、转向装置动作不灵敏

图 2-131　隐患示例

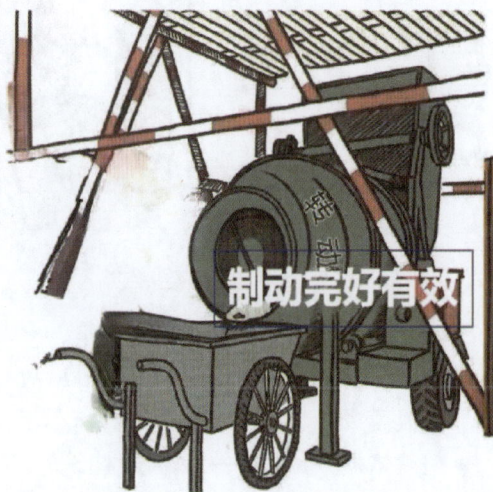

图 2-132　正确示例

隐患描述　搅拌机、翻斗车等离合器、制动器、转向装置动作不灵敏。

危害分析　易引发机械伤害事故。

整改要求　加强施工机具的保养维修，失灵的零部件及时维修、更换。

整改依据　JGJ 59—2011　《建筑施工安全检查标准》　3.19.3　搅拌机离合器、制动器应灵敏有效，料斗钢丝绳的磨损、锈蚀、变形量应在规定运行范围内。翻斗车制动、转向装置应灵敏可靠。

十、搅拌机料斗钢丝绳磨损、锈蚀或变形超过限值

严重锈蚀

图 2-133　隐患示例

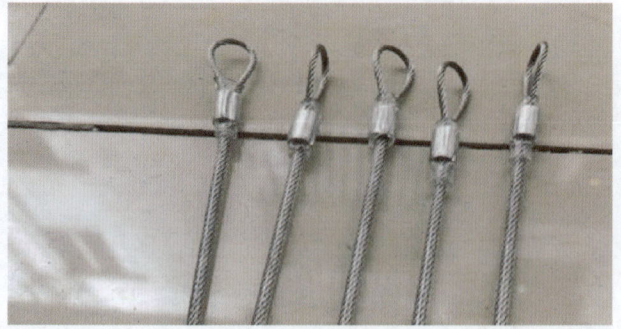

图 2-134　正确示例

隐患描述　搅拌机料斗钢丝绳磨损、锈蚀或变形超过限值。

危害分析　易引发机械伤害事故。

整改要求　加强搅拌机的保养维修，料斗钢丝绳磨损、锈蚀、变形严重的应立即更换。

整改依据　JGJ 59—2011 《建筑施工安全检查标准》 3.19.3　搅拌机离合器、制动器应灵敏有效，料斗钢丝绳的磨损、锈蚀、变形量应在规定允许范围内。

十一、气瓶间安全距离不足

图 2-135　隐患示例

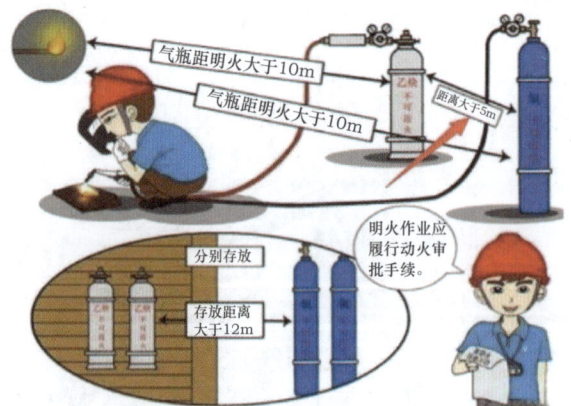

图 2-136　正确示例

隐患描述　气瓶间安全距离不足。

危害分析　易引发火灾、爆炸等事故。

整改要求　气瓶间安全距离不应小于 5m，与明火安全距离不应小于 10m。

整改依据　JGJ 59—2011 《建筑施工安全检查标准》 3.19.3　气瓶间安全距离不应小于 5m，与明火安全距离不应小于 10m。

十二、气瓶防震圈、防护帽破损或缺失

气瓶无"安全帽"

图 2-137 隐患示例

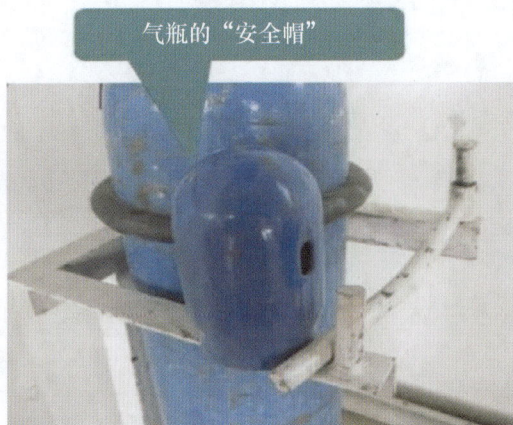

气瓶的"安全帽"

图 2-138 正确示例

隐患描述 气瓶防震圈、防护帽破损或缺失。

危害分析 气瓶使用过程中易引发爆炸事故。

整改要求 更换成防震圈、防护帽等齐全有效的气瓶。

整改依据 JGJ 59—2011 《建筑施工安全检查标准》 3.19.3 气瓶应设置防震圈、防护帽，并应按规定存放。

十三、翻斗车行车时车斗内载人

图 2-139 隐患示例

图 2-140 正确示例

隐患描述 翻斗车行车时车斗内载人。

危害分析 易发生机械伤害事故。

整改要求 翻斗车司机应经专门培训，持证上岗，行车时车斗内不得载人。

整改依据 JGJ 59—2011 《建筑施工安全检查标准》 3.19.3 翻斗车司机应经专门培训，持证上岗，行车时车斗内不得载人。

GB 50794—2012 《光伏发电站施工规范》 9.3.1 进入施工现场人员应自觉遵守现场安全文明施工纪律规定，各施工项目作业时应严格按照现行行业标准 DL 5009 《电力建设安全工程规程》的相关规定执行。

DL 5009.1—2014 《电力建设安全工作规程 第 1 部分：火力发电》 4.12.7 翻斗车的制翻装置应可靠，卸车时车斗不得朝有人的方向倾倒。翻斗车严禁载人。

十四、打桩作业区域地面承载力不足

图 2-141　隐患示例

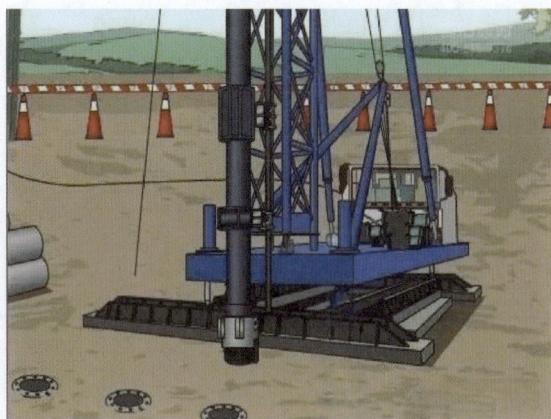

图 2-142　正确示例

隐患描述　打桩作业区域地面承载力不足。

危害分析　易引发设备倾覆，对作业现场的人员造成伤害。

整改要求　作业前，应对作业区域地面进行加固处理，验收合格后方可进行作业。

整改依据　JGJ 59—2011 《建筑施工安全检查标准》 3.19.3 桩工机械作业区地面承载力应符合机械说明书要求。

JGJ 33—2012 《建筑机械使用安全技术规程》 2.0.11 机械设备的地基承载力应满足安全使用要求。机械安装、试机、拆卸应按使用说明书的要求进行。使用前应经专业技术人员验收合格。

第八节　防腐、防火与防爆

一、材料运输、堆放未采取防雨、防潮、防腐措施

图 2-143　隐患示例

图 2-144　正确示例

隐患描述　材料运输、堆放未采取防雨、防潮、防腐措施。

危害分析　材料和设备腐蚀、损坏。

整改要求　材料运输、堆放应采取防雨、防潮、防腐措施。

整改依据　JGJ 59—2011 《建筑施工安全检查标准》 3.2.3 施工现场材料码放应采取防火、防锈蚀、防雨等措施。

二、施工现场防火

（一）施工现场消防通道、建筑之间的防火安全距离不满足现行标准要求

图 2-145　隐患示例

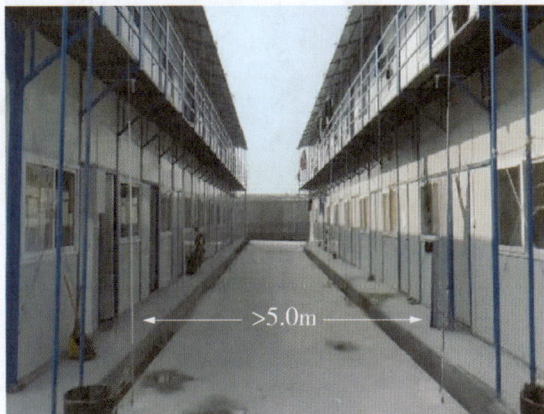

图 2-146　正确示例

隐患描述　施工现场消防通道、建筑之间的防火安全距离不满足现行标准要求。

危害分析　施工现场发生火灾时，消防距离不能满足消防要求，导致事故扩大。

整改要求　施工现场内应设置临时消防车道。临时消防车道与在建工程、临时用房、可燃材料堆场及其加工场的距离，不宜小于 5m，且不宜大于 40m。

整改依据　NB/T 10208—2019　《陆上风电场工程施工安全技术规范》　4.4.1　施工现场消防通道、建筑之间的防火安全距离应满足国家现行标准 GB 50720 《建设工程施工现场消防安全技术规范》和 NB 31089 《风电场设计防火规范》的有关规定。

GB 50720—2011　《建设工程施工现场消防安全技术规范》　3.3.1　施工现场内应设置临时消防车道，临时消防车道与在建工程、临时用房、可燃材料堆场及其加工场的距离，不宜小于 5m，且不宜大于 40m；施工现场周边道路满足消防车道通行及灭火救援要求时，施工现场内可不设置临时消防车道。

（二）施工现场的疏散通道、安全出口、消防通道等被阻塞

图 2-147　隐患示例

图 2-148　正确示例

隐患描述　施工现场的疏散通道、安全出口、消防通道等被阻塞。

危害分析　施工现场发生火灾时，疏散通道、安全出口等被阻塞，无法及时有效地进行逃生、救援，导致事故扩大。

整改要求　施工现场的疏散通道、安全出口、消防通道应保持畅通，并开展定期检查落实。

整改依据　NB/T 10208—2019　《陆上风电场工程施工安全技术规范》　4.4.1　施工现场的疏散通道、安全出口、消防通道应保持畅通。施工现场出入口不应少于两个，宜布置在不同方向，宽度应满足消防车通行要求。只能设置一个出入口时，应设置满足消防车通行的环形道路。

（三）施工区、办公区、生活区配备的灭火器材数量不足

图 2-149　隐患示例

图 2-150　正确示例

隐患描述　施工区、办公区、生活区配备的灭火器材数量不足。

危害分析　发生火灾时，灭火器材不足，导致事故扩大。

整改要求　一个计算单元内配置的灭火器数量不得少于 2 具，每个设置点的灭火器数量不宜多于 5 具。灭火器配置的设计与计算按照 GB 50140—2005 《建筑灭火器配置设计规范》第 7 部分的规定执行。

整改依据　NB/T 10208—2019 《陆上风电场工程施工安全技术规范》 4.4.1　仓库、宿舍、加工场地及重要设备旁应设置相应的灭火器材。灭火器配置应符合现行国家标准 GB 50140 《建筑灭火器配置设计规范》的有关规定。

GB 50140—2005 《建筑灭火器配置设计规范》 6.1.1　一个计算单元内配置的灭火器数量不得少于 2 具。

6.1.2　每个设置点的灭火器数量不宜多于 5 具。

（四）灭火器材被随意挪用、移动或被遮挡

图 2-151　隐患示例

图 2-152　正确示例

隐患描述　灭火器材被随意挪用、移动或被遮挡。

危害分析　发生火灾时，灭火器材不能及时取用，导致事故扩大。

整改要求　消防水带、灭火器、沙箱等消防器材应放置在明显、易取处，不得任意移动或遮盖，不得挪作他用。

整改依据　NB/T 10208—2019 《陆上风电场工程施工安全技术规范》 4.4.1　消防水带、灭火器、沙箱、沙桶、沙袋、斧、锹、钩子等消防器材应放置在明显、易取处，不得任意移动或遮盖，不得挪作他用。

（五）施工现场出入口数量不足，宽度不满足要求

图 2-153 隐患示例

图 2-154 正确示例

隐患描述 施工现场出入口数量不足，宽度不满足要求。

危害分析 施工现场发生火灾时，人群不能及时疏散、消防救援力量不能顺利进入，导致事故扩大。

整改要求 施工现场出入口不应少于两个，宜布置在不同方向，宽度应满足消防车通行要求。只能设置一个出入口时，应设置满足消防车通行的环形道路。

整改依据 NB/T 10208—2019 《陆上风电场工程施工安全技术规范》 4.4.1 施工现场的疏散通道、安全出口、消防通道应保持畅通。施工现场出入口不应少于两个，宜布置在不同方向，宽度应满足消防车通行要求。只能设置一个出入口时，应设置满足消防车通行的环形道路。

（六）危险品仓库的避雷和防静电接地设施破损

接地措施损坏

图 2-155 隐患示例

图 2-156 正确示例

隐患描述 危险品仓库的避雷和防静电接地设施破损。

危害分析 危险品仓库易因雷击和静电聚集发生火灾。

整改要求 定期检测氧气、乙炔、汽油等危险品仓库避雷及防静电接地设施接地电阻，存在问题及时消除。

整改依据 NB/T 10208—2019 《陆上风电场工程施工安全技术规范》 4.4.1 氧气、乙炔、汽油等危险品仓库应有避雷及防静电接地设施，屋面应采用轻型结构，门、窗应向外开启，保持良好通风。

（七）危险品仓库通风设施损坏，未保持良好通风

图 2-157　隐患示例

图 2-158　正确示例

隐患描述　危险品仓库通风设施损坏，未保持良好通风。

危害分析　危险品仓库通风不良，易发生火灾和爆炸事故。

整改要求　及时修复氧气、乙炔、汽油等危险品仓库的屋面轻型结构，门、窗，保持良好通风。

整改依据　NB/T 10208—2019 《陆上风电场工程施工安全技术规范》 4.4.1　氧气、乙炔、汽油等危险品仓库应有避雷及防静电接地设施，屋面应采用轻型结构，门、窗应向外开启，保持良好通风。

三、施工现场防爆

（一）易燃易爆危险物品未存放在专库

图 2-159　隐患示例

图 2-160　正确示例

隐患描述　易燃易爆危险物品未存放在专库。

危害分析　易燃易爆危险物品随意放置，易引发火灾和爆炸事故。

整改要求　易燃易爆等危险物品应专库存放、专人保管，余料应及时归库。

整改依据　NB/T 10208—2019 《陆上风电场工程施工安全技术规范》 4.4.2　易燃易爆等危险物品应专库存放、专人保管，余料应及时归库。不得在办公室、工具房、休息室、宿舍等地方存放易腐蚀、易燃易爆物品。现场生活、办公用房及仓库周围应设置防火隔离带。

（二）现场生活、办公用房及仓库周围未设置防火隔离带

图 2-161　隐患示例

图 2-162　正确示例

隐患描述　现场生活、办公用房及仓库周围未设置防火隔离带。

危害分析　发生火灾和爆炸事故时，缺少防火隔离带的阻隔，易导致事故扩大。

整改要求　现场生活、办公用房及仓库周围应设置防火隔离带。

整改依据　NB/T 10208—2019《陆上风电场工程施工安全技术规范》 4.4.2　易燃易爆等危险物品应专库存放、专人保管，余料应及时归库。不得在办公室、工具房、休息室、宿舍等地方存放易腐蚀、易燃易爆物品。现场生活、办公用房及仓库周围应设置防火隔离带。

（三）危险品仓库未设置气窗和底窗

图 2-163　隐患示例

图 2-164　正确示例

隐患描述　危险品仓库未设置气窗和底窗。

危害分析　危险品仓库通风不良，易发生火灾和爆炸事故。

整改要求　危险品仓库应设置气窗和底窗，门、窗应向外开启。

整改依据　NB/T 10208—2019《陆上风电场工程施工安全技术规范》 4.4.2　危险品仓库应有避雷及防静电接地设施，并设置气窗和底窗，门、窗应向外开启。挥发性易燃材料不得装在敞口容器内或存放在普通仓库内。

（四）挥发性易燃材料未密封

图 2-165　隐患示例

图 2-166　正确示例

　　隐患描述　挥发性易燃材料未密封。

　　危害分析　易燃材料挥发，易发生火灾、爆炸事故。

　　整改要求　将挥发性易燃材料装在闭口容器内，存放在专用仓库内。

　　整改依据　NB/T 10208—2019《陆上风电场工程施工安全技术规范》4.4.2　危险品仓库应有避雷及防静电接地设施，并设置气窗和底窗，门、窗应向外开启。挥发性易燃材料不得装在敞口容器内或存放在普通仓库内。

（五）室内使用油漆及有机溶剂等易燃易爆危险品时，未开启门窗

图 2-167　隐患示例

图 2-168　正确示例

　　隐患描述　室内使用油漆及有机溶剂等易燃易爆危险品时，未开启门窗。

　　危害分析　室内空气中易燃易爆物品浓度超标，易导致爆炸事故。

　　整改要求　室内使用油漆及有机溶剂等易燃易爆危险品时，应开启门窗，保持良好通风，且不得有明火。

　　整改依据　NB/T 10208—2019《陆上风电场工程施工安全技术规范》4.4.2　室内使用油漆及其有机溶剂等、乙二胺、冷底子油或其他可燃、易燃、易爆危险品作业时，保持良好通风。作业场所不得有明火。

（六）气瓶与火源的距离不足

图 2-169　隐患示例

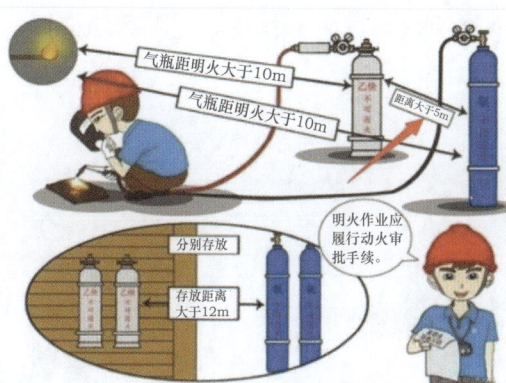

图 2-170　正确示例

隐患描述　气瓶与火源的距离不足。

危害分析　气瓶使用过程中易导致爆炸事故的发生。

整改要求　气瓶应远离火源，且距火源不得小于 10m，并应避免高温和暴晒。

整改依据　NB/T 10208—2019《陆上风电场工程施工安全技术规范》　4.4.2　各种气瓶应保持直立状态，并应采取防倾倒措施。气瓶应远离火源，且距火源不得小于 10m，并应采取避免高温和防暴晒的措施。乙炔、丙烷等气瓶应配备回火防止器并保持完好，工作间距不应小于 5.0m。

（七）乙炔、丙烷等气瓶未配备回火防止器

图 2-171　隐患示例

此为防回火装置

图 2-172　正确示例

隐患描述　乙炔、丙烷等气瓶未配备回火防止器。

危害分析　气瓶使用过程中易导致爆炸事故。

整改要求　乙炔、丙烷等气瓶应配备回火防止器并保持完好，工作间距不应小于 5.0m。

整改依据　NB/T 10208—2019《陆上风电场工程施工安全技术规范》　4.4.2　各种气瓶应保持直立状态，并应采取防倾倒措施。气瓶应远离火源，且距火源不得小于 10m，并应采取避免高温和防暴晒的措施。乙炔、丙烷等气瓶应配备回火防止器并保持完好，工作间距不应小于 5.0m。

第九节　高处作业

一、人员在高度基准面 2m 及以上进行临边作业时未设置防护栏杆

图 2-173　隐患示例

图 2-174　正确示例

隐患描述　人员在高度基准面 2m 及以上进行临边作业时未设置防护栏杆。

危害分析　人员临边作业时易发生高处坠落事故。

整改要求　立即对临边处设置防护栏杆。

整改依据　JGJ 80—2016《建筑施工高处作业安全技术规范》 4.1.1　坠落高度基准面 2m 及以上进行临边作业时，应在临空一侧设置防护栏杆，并应采用密目式安全立网或工具式栏板封闭。

二、楼梯边未设置防护栏杆

图 2-175　隐患示例

图 2-176　正确示例

隐患描述　楼梯边未设置防护栏杆。

危害分析　人员在楼梯边行走作业时易发生高处坠落事故。

整改要求　立即对楼梯边进行防护栏杆搭设。

整改依据　JGJ 80—2016《建筑施工高处作业安全技术规范》 4.1.2　施工的楼梯口、楼梯平台和梯段边，应安装防护栏杆；外设楼梯口、楼梯平台和梯段边还应采用密目式安全立网封闭。

三、建筑物外围沿边处在未设置外脚手架的情况下未设置防护栏杆

图 2-177　隐患示例

图 2-178　正确示例

隐患描述　建筑物外围沿边处在未设置外脚手架的情况下未设置防护栏杆。

危害分析　无防护措施易发生高处坠落事故。

整改要求　立即对建筑物外围沿边处设置防护栏杆。

整改依据　JGJ 80—2016 《建筑施工高处作业安全技术规范》 4.1.3　建筑物外围边沿处，对没有设置外脚手架的工程，应设置防护栏杆；对有外脚手架的工程，应采用密目式安全立网全封闭。密目式安全立网应设置在脚手架外侧立杆上，并应与脚手杆紧密连接。

四、高处作业人员未按照要求佩戴安全带

图 2-179　隐患示例

图 2-180　正确示例

隐患描述　高处作业人员未按照要求佩戴安全带。

危害分析　容易发生高处坠落事故，导致作业人员人身伤亡。

整改要求　立即督促人员佩戴安全带，同时加强对作业人员的安全教育。

整改依据　JGJ 80—2016 《建筑施工高处作业安全技术规范》 3.0.5　高处作业人员应根据作业的实际情况配备相应的高处作业安全防护用品，并应按规定正确佩戴和使用相应的安全防护用品、用具。

五、高处作业人员未佩戴工具袋，所用工具随意摆放

图 2-181　隐患示例

图 2-182　正确示例

隐患描述　高处作业人员未佩戴工具袋，所用工具随意摆放。

危害分析　工具掉落造成人身伤害。

整改要求　作业人员所用工具在使用后必须放入工具袋内。

整改依据　JGJ 80—2016 《建筑施工高处作业安全技术规范》 3.0.6　对施工作业现场可能坠落的物料，应及时拆除或采取固定措施。高处作业所用的物料应堆放平稳，不得妨碍通行和装卸。工具应随手放入工具袋；作业中的走道、通道板和登高用具，应随时清理干净；拆卸下的物料及余料和废料应及时清理运走，不得随意放置或向下丢弃。传递物料时不得抛掷。

六、两人同时在同一梯子上进行作业

图 2-183　隐患示例

图 2-184　正确示例

隐患描述　两人同时在同一梯子上进行作业。

危害分析　两人同时在梯子上作业易造成梯子受力不均或超载使用，导致梯子折断或倾倒，发生人身伤亡事故。

整改要求　立即要求人员停止作业，同一梯子只允许一人进行作业。

整改依据　JGJ 80—2016 《建筑施工高处作业安全技术规范》 5.1.3　同一梯子上不得两人同时作业。在通道处使用梯子作业时，应有专人监护或设置围栏。脚手架操作层上严禁架设梯子作业。

七、在通道处使用梯子进行作业时无人监护

图 2-185　隐患示例

梯子架于通道上或门边时，应安排一人在梯下看守

爬梯放置的斜度要恰当，以70°～80°为宜

图 2-186　正确示例

隐患描述　在通道处使用梯子进行作业时无人监护。

危害分析　通道处人员及车流量大，易与梯子发生碰撞导致发生事故。

整改要求　安排人员进行监护。

整改依据　JGJ 80—2016《建筑施工高处作业安全技术规范》5.1.3　同一梯子上不得两人同时作业。在通道处使用梯子作业时，应有专人监护或设置围栏。脚手架操作层上严禁架设梯子作业。

八、作业人员站在移动式操作平台上随平台移动至下一作业点

图 2-187　隐患示例

移动过程中平台无人

图 2-188　正确示例

隐患描述　作业人员站在移动式操作平台上随平台移动至下一作业点。

危害分析　移动过程中人员易失稳从平台或梯子坠落。

整改要求　立即要求人员离开移动式操作平台或梯子。

整改依据　JGJ 80—2016《建筑施工高处作业安全技术规范》6.2.4　移动式操作平台移动时，操作平台上不得站人。

第十节　焊接、切割与热处理

一、动火作业时未安排安全监督人员

图 2-189　隐患示例

图 2-190　正确示例

隐患描述　动火作业时未安排安全监督人员。

危害分析　现场无人监护，发生突发状况时可能无法及时有效地进行处理。

整改要求　立即安排相关人员进行现场监督及管理。

整改依据　GB 9448—1999《焊接与切割安全》3.2.2　焊接或切割现场应设置现场管理和安全监督人员。这些监督人员必须对设备的安全管理及工艺的安全执行负责。在实施监督职责的同时，他们还可担负其他职责，如现场管理、技术指导、操作协作等。

DL 5027—2015《电力设备典型消防规程》5.3.8　一级动火时，消防监护人、工作负责人、动火部门（车间）安监人员必须始终在现场监护。二级动火时，消防监护人、工作负责人必须始终在现场监护。

二、切割及焊接区域未设置警告标志、未采取火灾防范措施

图 2-191　隐患示例

图 2-192　正确示例

隐患描述　切割及焊接区域未设置警告标志、未采取火灾防范措施。

危害分析　切割及焊接区域产生飞溅火花，人员误入易受到伤害或引燃周围下方易燃物导致火灾事故。

整改要求　对切割焊接区域设置警告标志，并设置在明显位置。切割焊接区域配备灭火器，满足防火要求。

整改依据　GB 9448—1999《焊接与切割安全》4.1.2　焊接和切割区域必须予以明确标明，并且应有必要的警告标志。

三、焊接人员作业时未佩戴防护面罩或未穿绝缘鞋

图 2-193　隐患示例

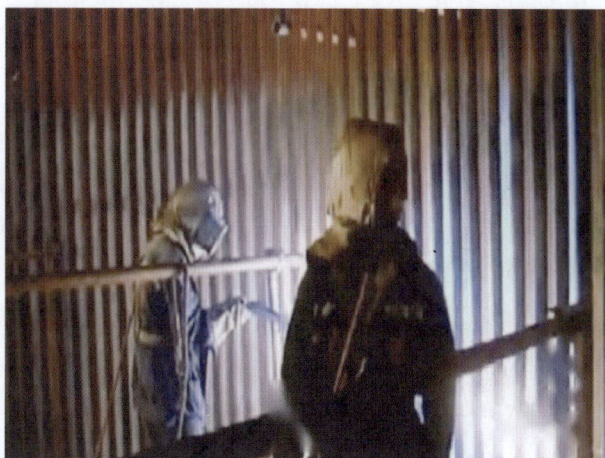

图 2-194　正确示例

　　隐患描述　焊接人员作业时未佩戴防护面罩或未穿绝缘鞋。

　　危害分析　人员可能受到电弧辐射和飞溅伤害，易损伤眼部或造成触电事故。

　　整改要求　立即要求作业人员佩戴防护面罩或穿绝缘鞋。

　　整改依据　GB 9448—1999 《焊接与切割安全》 4.2.1　眼睛及面部防护：作业人员在观察电弧时，必须使用带有滤光镜的头罩或手持面罩，或佩戴安全镜、护目镜或其他合适的眼镜。辅助人员亦应佩戴类似的眼保护装置。

四、焊接作业人员作业区域通风不良

图 2-195　隐患示例

图 2-196　正确示例

　　隐患描述　焊接作业人员作业区域通风不良。

　　危害分析　作业区域内空气情况差，易导致作业人员中毒、窒息等。

　　整改要求　立即对焊接区域进行通风。

　　整改依据　GB 9448—1999 《焊接与切割安全》 5.1　为了保证作业人员在无害的呼吸氛围内工作，所有焊接、切割、钎焊及有关的操作必须要在足够的通风条件下（包括自然通风或机械通风）进行。

五、切割、焊接作业区域未配备灭火器

图 2-197　隐患示例

图 2-198　正确示例

隐患描述　切割、焊接作业区域未配备灭火器。

危害分析　作业区域突发火灾时无法及时扑灭。

整改要求　立即对作业区域配备灭火器等消防器材。

整改依据　GB 9448—1999《焊接与切割安全》6.4.1　在进行焊接及切割操作的地方必须配置足够的灭火设备。其配置取决于现场易燃物品的性质和数量，可以是水池、沙箱、水龙带、消防栓或手提灭火器。在有喷水器的地方，在焊接或切割过程中，喷水器必须处于可使用状态。如果焊接地点距自动喷水头很近，可根据需要用不可燃的薄材或潮湿的棉布将喷头临时遮蔽。而且这种临时遮蔽要便于迅速拆除。

DL 5027—2015《电力设备典型消防规程》5.5.3　动火作业现场应配备足够、适用、有效的灭火设施、器材。

六、切割、焊接作业完成后未对作业区域进行检查

未对焊接后的场地
进行检查清理

图 2-199　隐患示例

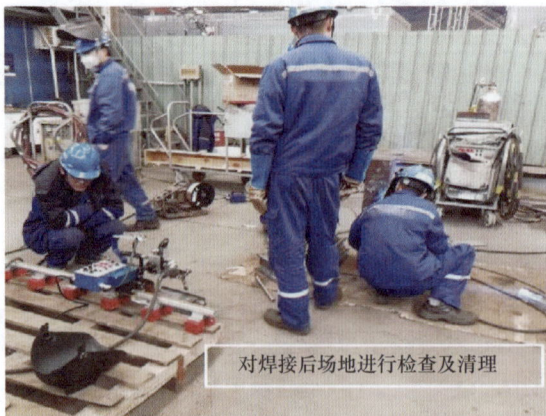

对焊接后场地进行检查及清理

图 2-200　正确示例

隐患描述　切割、焊接作业完成后未对作业区域进行检查。

危害分析　作业区域可能存在残火引发火灾。

整改要求　立即对切割、焊接作业区域进行检查。要求人员完成焊接作业后必须进行检查工作。

整改依据　GB 9448—1999《焊接与切割安全》6.4.3　火灾警戒人员的职责是监视作业区域内的火灾情况；在焊接或切割完成后检查并消灭可能存在的残火。

七、气瓶现场使用时直接倒放在地面上

图 2-201　隐患示例

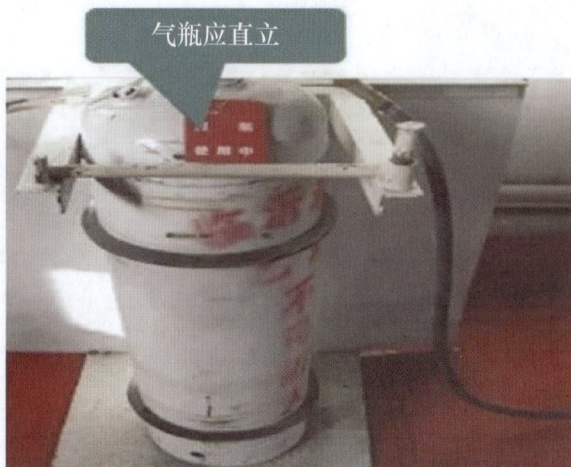

图 2-202　正确示例

隐患描述　气瓶现场使用时直接倒放在地面上。

危害分析　现场进行切割焊接作业时易引发火灾，甚至气瓶爆炸。

整改要求　将气瓶稳固竖立或固定在专用车架上。

整改依据　GB 9448—1999 《焊接与切割安全》 10.5.4　气瓶在使用时必须稳固竖立或装在专用车（架）或固定装置上。

八、设备未工作时，未关闭焊机电源

图 2-203　隐患示例

图 2-204　正确示例

隐患描述　设备未工作时，未关闭焊机电源。

危害分析　设备一直运行的情况下，人员误触可能导致受伤。

整改要求　立即关停焊机设备电源。

整改依据　GB 9448—1999 《焊接与切割安全》 11.5.4　当焊接工作中止时（如工间休息），必须关闭设备或焊机的输出端或者切断电源。

第十一节 吊装作业

一、起重机的斜梯未设置防护栏杆

图 2-205 隐患示例   图 2-206 正确示例

隐患描述 起重机的斜梯未设置防护栏杆。

危害分析 人员行走时坠落，导致人身伤亡。

整改要求 在斜梯两侧设置防护栏杆，栏杆的间距不应小于 0.5m、高度不小于 1m。

整改依据 GB/T 6067.1—2010 《起重机械安全规程 第 1 部分：总则》 3.7.1.2 斜梯两侧应设置栏杆，两侧栏杆的间距：主要斜梯不应小于 0.6m；其他斜梯可取为 0.5m。斜梯的一侧靠墙壁时，只在另一侧设置栏杆，栏杆高度不小于 1m。

二、起重机的直梯未设置护圈

图 2-207 隐患示例   图 2-208 正确示例

隐患描述 起重机的直梯未设置护圈。

危害分析 人员攀登过程中无护圈保护，可能从高处坠落，易导致人身伤亡。

整改要求 在直梯上安装直径为 0.6~0.8m 的护圈。

整改依据 GB/T 6067.1—2010 《起重机械安全规程 第 1 部分：总则》 3.7.2.3 高度 2m 以上的直梯应有护圈，护圈从 2.0m 高度起开始安装，护圈直径宜取为 0.6~0.8m。

三、吊装作业现场未设置警戒线

图 2-209　隐患示例

图 2-210　正确示例

隐患描述　吊装作业现场未设置警戒线。

危害分析　人员随意进出，易发生起重伤害事故。

整改要求　在吊装场地周围设置栏杆或警戒带，悬挂"禁止通行""禁止停留"等安全警示标志，并安排人员进行监护。

整改依据　NB/T 10208—2019《陆上风电场工程施工安全技术规范》 6.2.4　风电机组吊装现场应设置警示标志，在吊装场地周围设置警戒线，非作业人员不得入内。禁止人员和车辆在起重作业半径内停留，当作业人员需要在吊物下方作业时，应采取防止吊物突然落下的措施。

四、大雾、雷雨天进行起重作业

图 2-211　隐患示例

图 2-212　正确示例

隐患描述　大雾、雷雨天进行起重作业。

危害分析　作业人员视线不佳，起重机械运行时容易发生触电、坠物、倾倒等事故，还可能发生雷击事故，导致设备损坏或人身伤害。

整改要求　按照上级标准要求，恶劣条件下停止作业；加强作业人员安全教育培训，提升作业人员安全意识。

整改依据　NB/T 10208—2019《陆上风电场工程施工安全技术规范》 6.2.8　遇有大雾、雷雨天、照明不足、指挥人员看不清各工作地点或起重驾驶人员等情况时，不应进行起重作业。

《防止电力建设工程施工安全事故三十项重点要求》（国能发安全〔2022〕55 号） 4.1.7　禁止在雨、雪、大雾等恶劣天气或照明不足情况下进行起重作业。

五、起重作业人员未穿戴好安全帽

起重吊装作业人员未戴安全帽

图 2-213　隐患示例

图 2-214　正确示例

隐患描述　起重作业人员未穿戴好安全防护用品。

危害分析　起重作业过程中发生突发情况时，人员头部容易受伤。

整改要求　要求作业人员佩戴好安全防护用品。

整改依据　JGJ 276—2012《建筑施工起重吊装工程安全技术规范》 3.0.4　起重作业人员必须穿防滑鞋、戴安全帽，高处作业应佩挂安全带，并应系挂可靠和严格遵守高挂低用。

六、夜间进行吊装作业时照明不足

图 2-215　隐患示例

图 2-216　正确示例

隐患描述　夜间进行吊装作业时照明不足。

危害分析　在照明不足时进行吊装，易视线不清，可能导致吊物撞人或物引发事故。

整改要求　立即加强夜间施工时的照明。

整改依据　JGJ 276—2012《建筑施工起重吊装工程安全技术规范》 3.0.5　吊装作业区四周应设置明显标志，严禁非操作人员入内。夜间施工必须有足够的照明。

《防止电力建设工程施工安全事故三十项重点要求》（国能发安全〔2022〕55号） 16.1.2　吊装作业时必须采取防风、防雨雪、防冻措施，夜间作业时必须采取照明措施。

七、起吊过程中司机转换操作速度过快

图 2-217　隐患示例

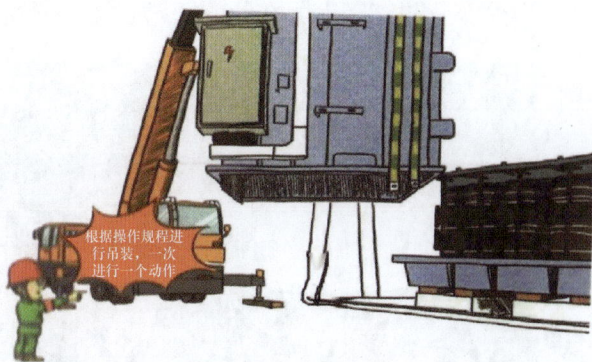

图 2-218　正确示例

隐患描述　起吊过程中司机转换操作速度过快。

危害分析　起吊动作过快易发生碰撞或吊物被甩出，造成人身伤害或财产损失。

整改要求　起重司机一次只宜进行一个动作，待前一动作结束后再进行下一动作。

整改依据　JGJ 276—2012《建筑施工起重吊装工程安全技术规范》 3.0.19　起吊过程中，在起重机行走、回转、俯仰吊臂、起落吊钩等动作前，起重司机应鸣声示意。一次只宜进行一个动作，待前一动作结束后，再进行下一动作。

八、吊物下有人员时仍进行起吊作业

图 2-219　隐患示例

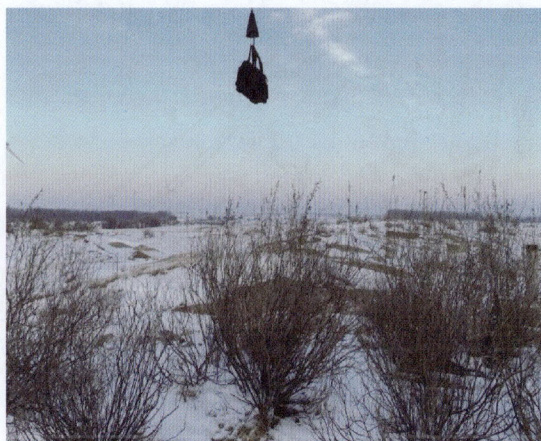

图 2-220　正确示例

隐患描述　吊物下有人员时仍进行起吊作业。

危害分析　起吊物意外坠落砸到人员。

整改要求　当有人员在起吊物下方时禁止继续进行起吊作业，待人员移动至安全区域后方可继续进行作业。

整改依据　JGJ 276—2012《建筑施工起重吊装工程安全技术规范》 3.0.18　严禁在已吊起的构件下面或起重臂下旋转范围内作业或行走。

第十二节　交叉作业

一、交叉作业时未在上层作业的坠落半径内设置安全防护棚

图 2-221　隐患示例

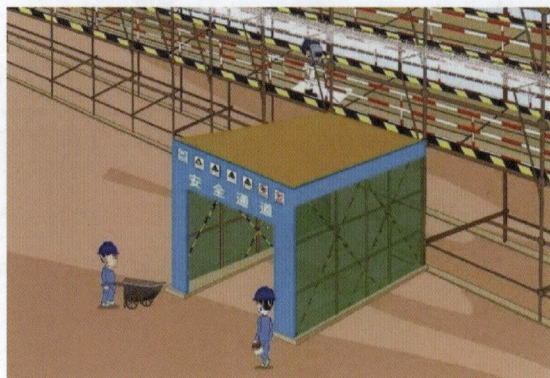

图 2-222　正确示例

隐患描述　交叉作业时未在上层作业的坠落半径内设置安全防护棚。

危害分析　上方作业区材料物品掉落，造成人员受伤。

整改要求　在坠落半径内设置安全防护棚或安全网。

整改依据　JGJ 80—2016《建筑施工高处作业安全技术规范》7.1.2　交叉作业时，坠落半径内应设置安全防护棚或安全防护网等安全隔离措施。当尚未设置安全隔离措施时，应设置警戒隔离区，人员严禁进入隔离区。

二、交叉作业现场未指定人员进行现场管理和协调

图 2-223　隐患示例

图 2-224　正确示例

隐患描述　交叉作业现场未指定人员进行现场管理和协调。

危害分析　现场人员作业时因协调不当，导致人员受伤或财产损失。

整改要求　现场存在交叉作业时，同一单位需有人员专门进行管理与协调，不同单位双方应签订安全生产管理协议。

整改依据　《中华人民共和国安全生产法》第四十八条　两个以上生产经营单位在同一作业区域内进行生产经营活动，可能危及对方生产安全的，应当签订安全生产管理协议，明确各自的安全生产管理职责和应当采取的安全措施，并指定专职安全生产管理人员进行安全检查与协调。

三、两个及以上生产经营单位在同一区域施工时未签订安全生产管理协议

图 2-225 隐患示例

图 2-226 正确示例

隐患描述 两个及以上生产经营单位在同一区域施工时未签订安全生产管理协议。

危害分析 因责任不清，作业时协调不当，易导致作业人员受伤。

整改要求 存在交叉作业的两个及以上施工单位必须签订安全生产管理协议。

整改依据 《中华人民共和国安全生产法》第四十八条 两个以上生产经营单位在同一作业区域内进行生产经营活动，可能危及对方生产安全的，应当签订安全生产管理协议，明确各自的安全生产管理职责和应当采取的安全措施，并指定专职安全生产管理人员进行安全检查与协调。

四、处于起重机臂回转范围内的通道未搭设安全防护棚

图 2-227 隐患示例

图 2-228 正确示例

隐患描述 处于起重机臂回转范围内的通道未搭设安全防护棚。

危害分析 人员处在起吊物坠落范围内，造成人员受伤。

整改要求 通道必须搭设安全防护棚方可进行通行。

整改依据 JGJ 80—2016 《建筑施工高处作业安全技术规范》 7.1.3 处于起重机臂架回转范围内的通道，应搭设安全防护棚。

五、在安全防护棚棚顶堆放材料

图 2-229 隐患示例

图 2-230 正确示例

隐患描述 在安全防护棚棚顶堆放材料。

危害分析 安全防护棚棚顶堆放材料可能导致棚顶损坏，发生落物伤害事件。

整改要求 立即将材料吊离，禁止在安全防护棚棚顶堆放材料。

整改依据 JGJ 80—2016《建筑施工高处作业安全技术规范》7.1.5 不得在安全防护棚棚顶堆放物料。

第十三节　临近带电体作业

一、在雷雨天进行带电作业

图 2-231 隐患示例

图 2-232 正确示例

隐患描述 在雷雨天进行带电作业。

危害分析 操作人员在作业过程中易发生触电、雷击等事故。

整改要求 人员立即停止作业，禁止在雷雨天进行带电作业。

整改依据 GB 26860—2011《电力安全工作规程　发电厂和变电站电气部分》9.1.2 带电作业应在良好天气下进行。如遇雷电（听见雷声、看见闪电）、雪雹、雨雾等不得进行带电作业。风力大于 5 级时，或湿度大于 80% 时，不宜进行带电作业。

二、带电作业人员未经培训合格就上岗作业

图 2-233　隐患示例

图 2-234　正确示例

隐患描述　带电作业人员未经培训合格就上岗作业。

危害分析　因未经过电气安全技术知识和作业规格培训，人员在作业过程中易操作失误导致触电事故。

整改要求　培训未合格，且未取得电工资格的人员禁止进行作业。

整改依据　GB 26860—2011 《电力安全工作规程　发电厂和变电站电气部分》 9.1.3　参加带电作业的人员，应经专门培训，并经考试合格取得资格、单位书面批准后，方能参加相应的作业。带电作业工作票签发人和工作负责人、专责监护人应由具有带电作业实践经验的人员担任。

三、进行带电作业时未设置监护人

图 2-235　隐患示例

图 2-236　正确示例

隐患描述　进行带电作业时未设置监护人。

危害分析　缺少监护，易发生单独作业人员操作失误触电，且无法及时进行救援。

整改要求　禁止作业，待监护人到场后方可进行作业。

整改依据　GB 26860—2011 《电力安全工作规程　发电厂和变电站电气部分》 9.1.4　带电作业应设专责监护人。监护人不得直接操作。监护的范围不得超过一个作业点。复杂或高杆塔作业必要时应增设（塔上）监护人。

四、等电位作业人员未穿戴全套屏蔽服

图 2-237　隐患示例

图 2-238　正确示例

隐患描述　等电位作业人员未穿戴全套屏蔽服。

危害分析　作业人员操作过程中发生触电事故。

整改要求　必须穿戴好屏蔽服后方可进行作业。

整改依据　GB 26860—2011《电力安全工作规程　发电厂和变电站电气部分》 9.3.2　等电位作业人员应在衣服外面穿合格的全套屏蔽服（包括帽、衣裤、手套、袜和鞋，750kV 及以上等电位作业人员还应戴面罩），且各部分应连接良好。屏蔽服内还应穿着阻燃内衣。

五、等电位作业人员直接用手传递工具和材料

图 2-239　隐患示例

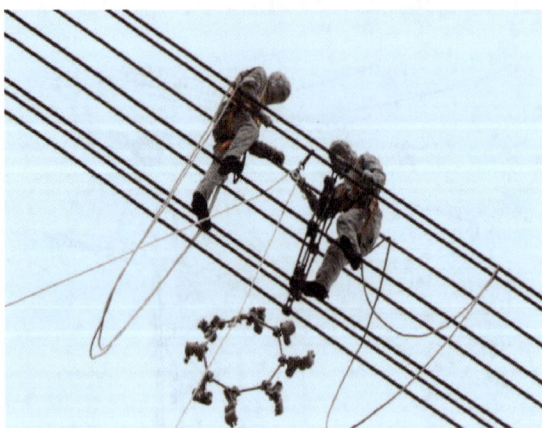

图 2-240　正确示例

隐患描述　等电位作业人员直接用手传递工具和材料。

危害分析　传递材料的过程中易造成人员触电事故。

整改要求　禁止直接用手传递工具和材料。

整改依据　GB 26860—2011《电力安全工作规程　发电厂和变电站电气部分》 9.3.7　等电位作业人员与地电位作业人员传递工具和材料时，应使用绝缘工具或绝缘绳索进行。

六、在临电区域作业时机械设备未接地

图 2-241　隐患示例

图 2-242　正确示例

隐患描述　在临电区域作业时机械设备未接地。

危害分析　因安全距离不足或误碰带电体发生触电事故时带电线路不能快速跳闸，造成人身伤害或事故扩大。

整改要求　未接地设备禁止使用，待做好接地措施后方可继续使用。

整改依据　GB 26859—2011《电力安全工作规程　电力线路部分》9.1.3　带电设备和线路附近使用的作业机具应接地。

七、作业区域临时拉线从带电线路穿过

图 2-243　隐患示例

图 2-244　正确示例

隐患描述　作业区域临时拉线从带电线路穿过。

危害分析　线路与带电线路距离过近易导致线路短路或接地，造成人身伤害。

整改要求　移开临时拉设线路，线路设置绕过带电线路。若必须从带电线路下方穿过，应制定专项安全技术措施并设专人监护。

整改依据　DL 5009.2—2013《电力建设安全工作规程　第 2 部分：电力线路》7.3.10　展放的绳、线不应从带电线路下方穿过，若必须从带电线路下方穿过，应制定专项安全技术措施并设专人监护。

八、临近带电体作业时起重机械距离线路过近

图 2-245 隐患示例

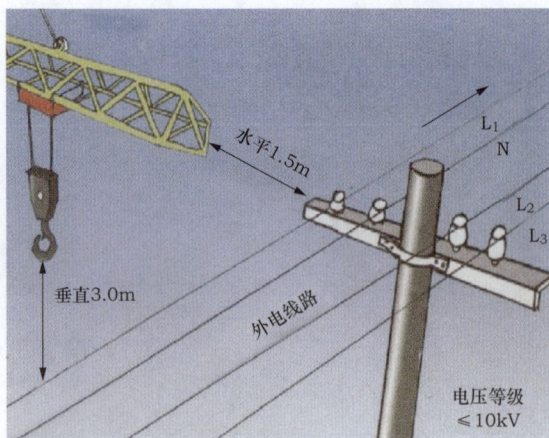

图 2-246 正确示例

隐患描述 临近带电体作业时起重机械距离线路过近。

危害分析 起重机械距离线路过近可能导致起重机械误碰带电线路或过近发生放电，易发生人身触电、设备损坏和线路跳闸事故。

整改要求 禁止起重机械在带电高压线路进行作业，移到安全距离后方可进行作业。

整改依据 DL 5009.2—2013《电力建设安全工作规程 第 2 部分：电力线路》4.6.8 在临近带电体处吊装时，起重臂及吊件的任何部位与带电体的最小安全距离不得小于本标准表 4.6.8 的规定。

九、在高压线路下方建临时库房

图 2-247 隐患示例

图 2-248 正确示例

隐患描述 在高压线路下方建临时库房。

危害分析 临时库房距高压线路安全距离不符合要求。轻型物飘起碰触或接近带电体，或线路向库房放电，易发生人身触电或火灾事故。

整改要求 选择合适地点进行临时库房建造，确因场地问题的一定要经线路运行单位同意。

整改依据 DL 5009.2—2013《电力建设安全工作规程 第 2 部分：电力线路》3.2.2 临时库房不宜建在电力线下方。如必须在 110kV 及以下电力线下方建造时，应经线路运行单位同意。屋顶采用耐火材料。建筑物与导线之间的垂直距离，在导线最大计算弧垂情况下不小于本标准表 3.2.2-2 的规定。

第十四节 爆破作业

一、爆破作业未制定专项施工方案

图 2-249 隐患示例

图 2-250 正确示例

隐患描述 爆破作业未制定专项施工方案

危害分析 爆破作业没有专项施工方案,易造成作业人员随意施工,导致爆炸致使人员伤亡。

整改要求 禁止施工,编制专项施工方案后方可继续施工。

整改依据 GB 50201—2012 《土方与爆破工程施工及验收规范》 5.1.2 爆破工程应编制专项施工方案,方案应依据有关规定进行安全评估,并报经所在地公安部门批准后,再进行爆破作业。

二、爆破作业区域未划定警戒范围

图 2-251 隐患示例

图 2-252 正确示例

隐患描述 爆破作业区域未划定警戒范围。

危害分析 人员处在爆破作业范围内可能被飞溅物划伤,或人员误入禁区导致人身伤害。

整改要求 禁止施工,设置警戒范围并落实警戒岗哨和警示标志后才能继续施工。

整改依据 GB 50201—2012 《土方与爆破工程施工及验收规范》 5.1.3 划定安全警戒范围,在警戒区的边界设立警戒岗哨和警示标志。

三、爆破作业前未及时清理现场和撤退相关人员

图 2-253　隐患示例

图 2-254　正确示例

隐患描述　爆破作业前未及时清理现场和撤退相关人员。

危害分析　人员处在爆破作业范围内可能被飞溅物划伤。

整改要求　禁止进行爆破作业，应清理现场和撤离相关人员后方可进行作业。

整改依据　GB 50201—2012《土方与爆破工程施工及验收规范》 5.1.3　清理现场，按规定撤离人员和设备。

四、爆破作业后剩余爆破器材随意丢弃

图 2-255　隐患示例

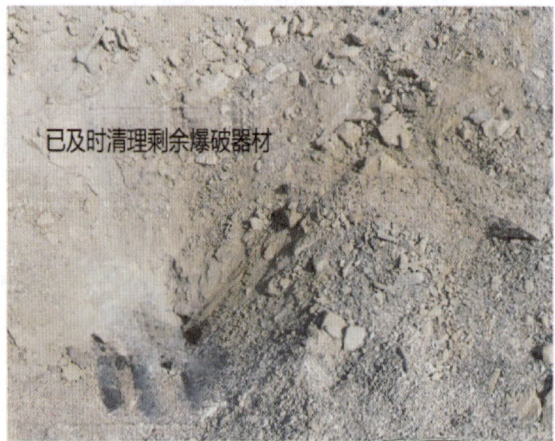

图 2-256　正确示例

隐患描述　爆破作业后剩余爆破器材随意丢弃。

危害分析　现场作业人员误触导致爆炸。

整改要求　现场爆破作业结束后，应立即对现场爆破器材进行清理，清理完爆破器材后再进行施工。

整改依据　GB 50201—2012《土方与爆破工程施工及验收规范》 5.1.5　施工单位必须按规定处置不合格及剩余的爆破器材。

五、擅自储存爆破器材

图 2-257　隐患示例

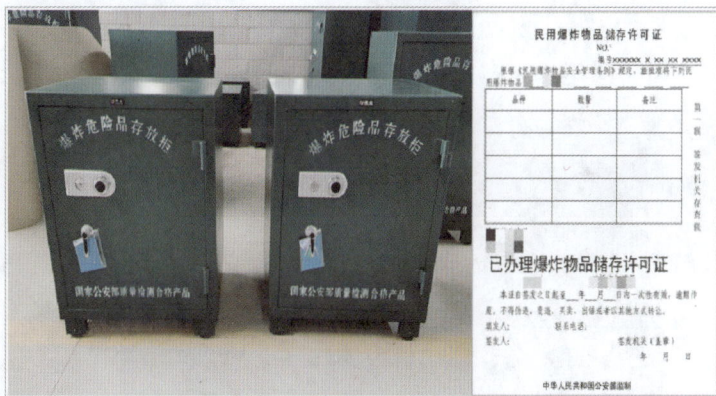

图 2-258　正确示例

隐患描述　擅自储存爆破器材。

危害分析　储存爆破器材的仓库不符合存储条件或擅自储存导致爆炸。

整改要求　立即进行报备，禁止私自储存爆破器材。

整改依据　GB 50201—2012《土方与爆破工程施工及验收规范》5.1.6　爆破器材临时储存必须得到当地相关行政主管部门的许可。

六、未对现场使用的起爆设备和仪表进行定期检查

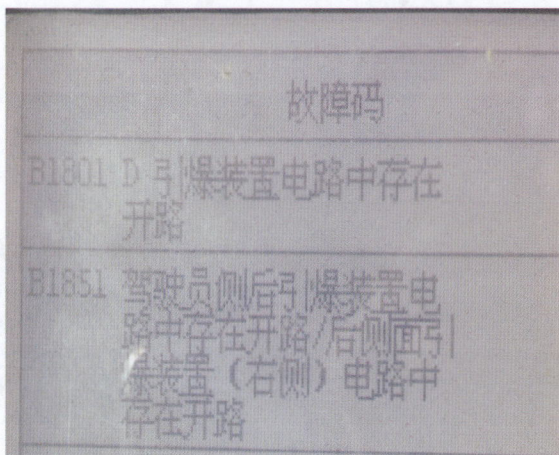

图 2-259　隐患示例

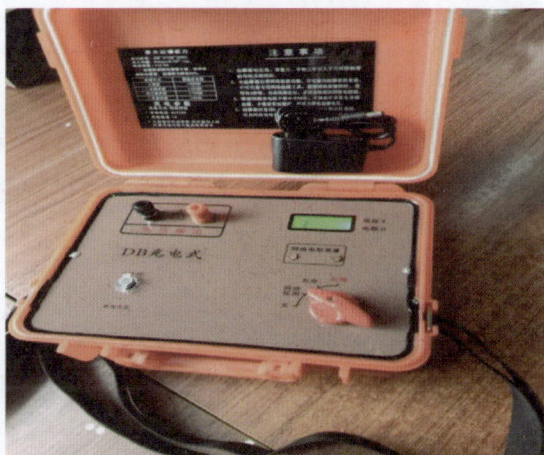

图 2-260　正确示例

隐患描述　未对现场使用的起爆设备和仪表进行定期检查。

危害分析　起爆设备故障，易引起意外爆炸导致安全事故。

整改要求　立即停止爆破作业，未检查禁止进行作业。

整改依据　GB 50201—2012《土方与爆破工程施工及验收规范》5.1.9　现场使用的起爆设备和检测仪表，应定期检查标定，确保性能良好。

七、在雨雾天气进行露天爆破作业

图 2-261　隐患示例

图 2-262　正确示例

隐患描述　在雨雾天气进行露天爆破作业。

危害分析　雨雾天可能影响操作人员视线，导致人员操作不当，引起安全事故。

整改要求　立即停止爆破作业，禁止在雨雾天进行作业。

整改依据　GB 50201—2012 《土方与爆破工程施工及验收规范》 5.1.14　露天爆破时，当遇浓雾、大雨、大风、雷电等情况均不得起爆，在视距不足或夜间不得起爆。

八、使用表面存在锈蚀裂缝的电雷管

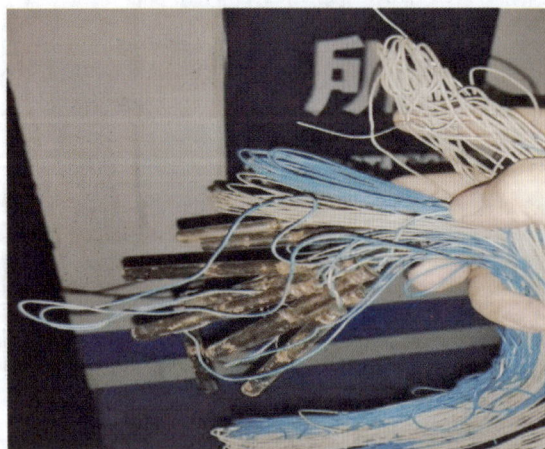

图 2-263　隐患示例

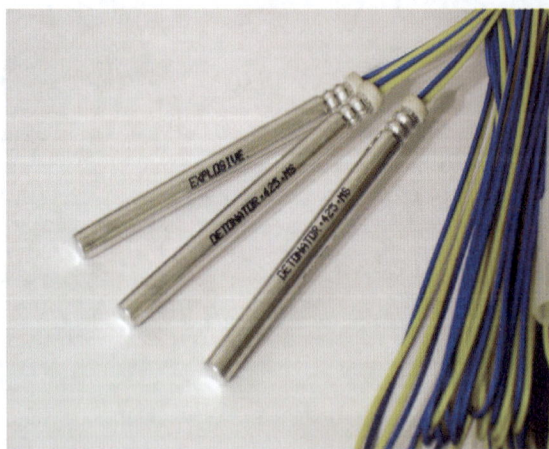

图 2-264　正确示例

隐患描述　使用表面存在锈蚀裂缝的电雷管。

危害分析　电雷管存在损坏导致引爆失败，或意外爆炸。

整改要求　禁止使用损坏的电雷管。

整改依据　GB 50201—2012 《土方与爆破工程施工及验收规范》 5.2.1　同一电爆网路应使用同厂、同型号、同批次的电雷管，各雷管间电阻差值不得大于产品说明书的规定。对表面有压痕、锈蚀、裂缝、脚线绝缘损坏、锈蚀，封口塞松动和脱出的电雷管严禁使用。

九、电力起爆前未对电爆网路总电阻值进行检查

图 2-265 隐患示例

图 2-266 正确示例

隐患描述 电力起爆前未对电爆网路总电阻值进行检查。

危害分析 电爆网路总电阻值不符合要求，导致在与起爆装置连接后立即发生爆炸。

整改要求 禁止在电爆网路的总电阻值不符合要求时与起爆装置连接。

整改依据 GB 50201—2012 《土方与爆破工程施工及验收规范》 5.2.9 起爆前，应检测电爆网路的总电阻值，总电阻值符合设计要求时，方可与起爆装置连接。

十、电力起爆后立即进入现场进行检查

图 2-267 隐患示例

图 2-268 正确示例

隐患描述 电力起爆后立即进入现场进行检查。

危害分析 现场可能存在起爆失败的炸药延时爆炸致使人员受伤。

整改要求 阻止人员进入检查，并按照 GB 50201—2012 《土方与爆破工程施工及验收规范》 5.2.10 规定时间进入检查。

整改依据 GB 50201—2012 《土方与爆破工程施工及验收规范》 5.2.10 起爆后应立即切断电源，并将主线短路。使用瞬发电雷管起爆时应在切断电源后再保持短路 5min 后再进入现场检查；采用延期电雷管时，应在切断电源后再保持短路 15min 后进入现场检查。

十一、导爆索敷设时部分位置擦伤破损

图 2-269　隐患示例

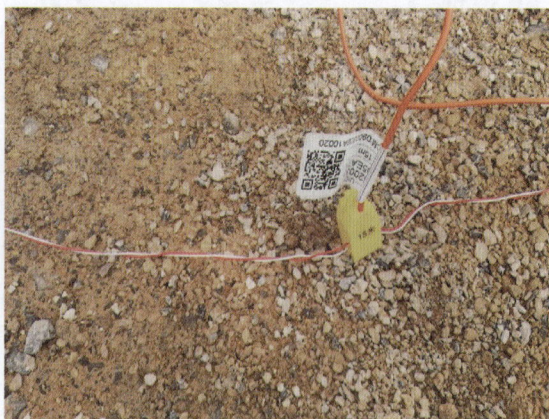

图 2-270　正确示例

隐患描述　导爆索敷设时部分位置擦伤破损。

危害分析　导爆索存在损伤易导致起爆失败。

整改要求　立即替换存在损坏的导爆索。

整改依据　GB 50201—2012《土方与爆破工程施工及验收规范》 5.2.14　导爆索的敷设应避免打结、擦伤破损，如必须交叉时，应用厚度不小于 100mm 的木质垫块隔开。导爆索平行敷设的间距不得小于 200mm。

第十五节　脚手架工程

一、立杆底部未设置垫板或设置的垫板不符合要求

图 2-271　隐患示例

图 2-272　正确示例

隐患描述　立杆底部未设置垫板或设置的垫板不符合要求。

危害分析　脚手架立杆滑动，支架不稳或下陷，严重时造成脚手架坍塌。

整改要求　应在脚手架正式搭高前检查是否有垫板或垫板是否符合要求，要确保立杆底部设置的垫板、底座符合规范要求。

整改依据　JGJ 130—2011《建筑施工扣件式钢管脚手架安全技术规范》 6.3.1　每根立杆底部应设置底座或垫板。

7.2.3　立杆垫板或底座地面标高宜高于自然地坪 50~100mm。

二、钢管锈蚀严重、弯曲变形

图 2-273　隐患示例

图 2-274　正确示例

隐患描述　钢管锈蚀严重、弯曲变形。

危害分析　钢管锈蚀严重导致钢管壁厚变薄，影响钢管竖向承载力；钢管弯曲变形导致钢管产生初始弯矩，钢管偏心受压，影响钢管稳定性，严重时脚手架失稳坍塌。

整改要求　禁止使用锈蚀钢管，尤其钢管壁厚不符合规定要求时应立即更换并作报废处理。

整改依据　JGJ 130—2011《建筑施工扣件式钢管脚手架安全技术规范》8.1.2　表面锈蚀深度应符合本规范表 8.1.8 序号 3 的规定，即钢管外表面锈蚀深度不大于 0.18mm。锈蚀检查应每年一次。检查时，应在锈蚀严重的钢管中抽取三根，在每根锈蚀严重的部位横向截断取样检查，当锈蚀深度超过规定值时不得使用。

三、钢管开裂

图 2-275　隐患示例

图 2-276　正确示例

隐患描述　钢管开裂。

危害分析　钢管开裂导致钢管损坏，钢管承载力变低，架体失稳，严重时造成脚手架坍塌。

整改要求　禁止使用开裂钢管，对已开裂钢管作报废处理。

整改依据　JGJ 130—2011《建筑施工扣件式钢管脚手架安全技术规范》8.1.1　钢管表面应平直光滑，不应有裂缝、结疤、分层、错位、硬弯、毛刺、压痕和深的划道。

四、使用钢管存在孔洞、人为打孔

图 2-277　隐患示例

图 2-278　正确示例

隐患描述　使用钢管存在孔洞、人为打孔。

危害分析　钢管打孔导致钢管承载力变低，架体失稳，发生安全事故。

整改要求　禁止使用打孔钢管，对打孔钢管作报废处理。

整改依据　JGJ 130—2011《建筑施工扣件式钢管脚手架安全技术规范》 9.0.4　钢管上严禁打孔。

五、扣件螺栓缺失

图 2-279　隐患示例

图 2-280　正确示例

隐患描述　扣件螺栓缺失。

危害分析　扣件螺栓缺失影响钢管连接点的连接强度。

整改要求　更换扣件，禁止使用缺失螺栓扣件。原则上安装扣件前应检查有无缺失，不得使用有缺失的扣件。

整改依据　JGJ 130—2011《建筑施工扣件式钢管脚手架安全技术规范》 8.1.4　扣件进入施工现场应检查产品合格证，并应进行抽样复试，技术性能应符合现行国家标准 GB 15831《钢管脚手架扣件》的规定。

六、可调托撑变形严重、不符合要求

图 2-281　隐患示例

图 2-282　正确示例

隐患描述　可调托撑变形严重、不符合要求。

危害分析　可调拖撑变形导致其承载力降低，易发生破坏造成架体失稳。

整改要求　禁止使用变形严重、不符合要求的可调托撑。

整改依据　JGJ 130—2011《建筑施工扣件式钢管脚手架安全技术规范》 3.4.3　可调托撑受压承载力设计值不应小于 40kN，支托板厚度不应小于 5mm。

七、立杆直接支撑在土面上，立杆脚未设置垫板或垫板设置不稳

图 2-283　隐患示例

图 2-284　正确示例

隐患描述　立杆直接支撑在土面上，立杆脚未设置垫板或垫板设置不稳。

危害分析　垫板设置不符合要求，立杆架体容易失稳，发生倒塌。

整改要求　应在脚手架正式搭高前检查是否有垫板或垫板是否符合要求，要确保立杆底部设置的垫板、底座符合规范要求。垫板未设置前不允许进入下一道工序。

整改依据　JGJ 162—2008《建筑施工模板安全技术规范》 6.1.2　支架立柱支承部分安装在基土上时，应加设垫板，垫板应有足够强度和支承面积，且应中心承载。基土应坚实，并应有排水措施。

八、立杆未支撑在可靠的支撑面上，立杆部分悬空，未全部落在支撑面上

图 2-285　隐患示例

图 2-286　正确示例

隐患描述　立杆未支撑在可靠的支撑面上，立杆部分悬空，未全部落在支撑面上。

危害分析　立杆容易因受力偏移导致架体失稳引起坍塌。

整改要求　对悬空、未落在支撑面上的立杆进行拆除，并重新架设在可靠支撑面上，未整改完成前不允许继续施工。

整改依据　JGJ 162—2008《建筑施工模板安全技术规范》4.1.3　脚手架地基应平整坚实，应满足承载力和变形要求；应设置排水措施，搭设场地不应积水；冬期施工应采取防冻胀措施。

九、立杆支承地面存在高低台阶，支撑架高低跨立杆水平杆连接不足或不规范

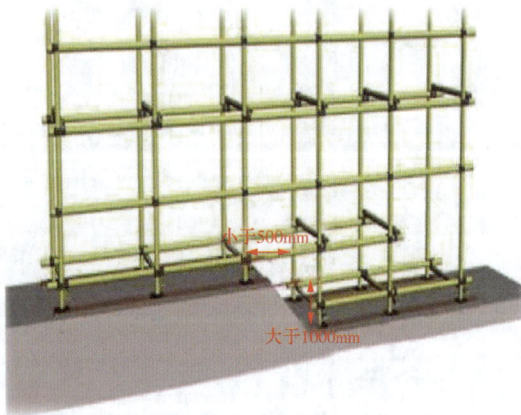

图 2-287　隐患示例

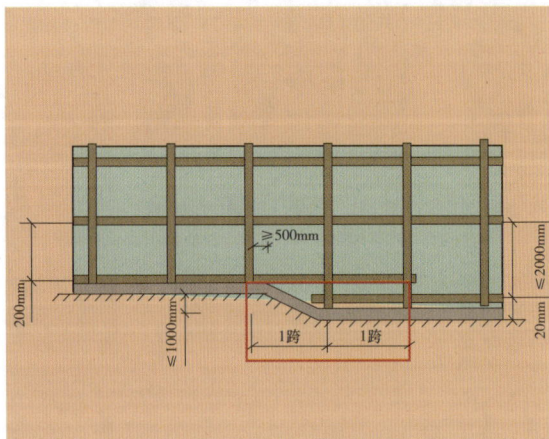

图 2-288　正确示例

隐患描述　立杆支承地面存在高低台阶，支撑架高低跨立杆水平杆连接不足或不规范。

危害分析　容易导致支撑架低跨立杆因扫地杆离地过高，有效约束不足，致使立杆弯曲变形大而失稳。

整改要求　将现场支撑架高处的纵向扫地杆向低处延长两跨与立杆固定，确保高低差不应大于1m。靠边坡上方的立杆轴线到边坡的距离不应小于500mm。

整改依据　JGJ 130—2011《建筑施工扣件式钢管脚手架安全技术规范》6.3.3　脚手架立杆基础不在同一高度上时，必须将高处的纵向扫地杆向低处延长两跨与立杆固定，高低差不应大于1m。靠边坡上方的立杆轴线到边坡的距离不应小于500mm。

十、钢管立杆未错开接长，部分采用短钢管接长

图 2-289　隐患示例

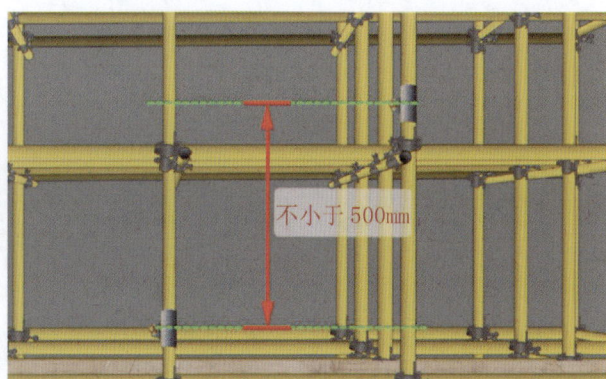

图 2-290　正确示例

隐患描述　钢管立杆未错开接长，部分采用短钢管接长。

危害分析　钢管立杆未错开和采用短钢接长，导致支撑架的整体刚度降低，造成失稳坍塌。

整改要求　钢管立杆应沿竖向错开至少 500mm 进行对接，且接头中心距主节点不宜大于步距的 1/3。

整改依据　JGJ 162—2008《建筑施工模板安全技术规范》 6.2.4　立柱接长严禁搭接，必须采用对接扣件连接，相邻两立柱的对接接头不得在同步内，且对接接头沿竖向错开的距离不宜小于 500mm，各接头中心距主节点不宜大于步距的 1/3。

十一、脚手架工程拆除前未编制施工方案

图 2-291　隐患示例

图 2-292　正确示例

隐患描述　脚手架工程拆除前未编制施工方案。

危害分析　无方案进行拆除时，人员操作失误，易导致脚手架倒架或发生人员受伤事故。

整改要求　停止施工，完成专项施工方案的编制审批后方可进行施工。

整改依据　GB 51210—2016《建筑施工脚手架安全技术统一标准》 3.1.1　在脚手架搭设和拆除作业前，应根据工程特点编制专项施工方案，并应经审批后组织实施。

第十六节 季节性与特殊环境施工

一、防护、消防、救生设施未采取防冻措施

图 2-293 隐患示例

图 2-294 正确示例

隐患描述 防护、消防、救生设施未采取防冻措施。

危害分析 遇极端严寒天气，导致设施、管道等被冻裂，影响正常使用。

整改要求 立即对消防设施进行检查，设置防冻措施，失效设施应立即更换或修复。

整改依据 DL 5009.3—2013《电力建设安全工作规程 第3部分：变电站》3.7.2 入冬之前，应对消防设施进行全面检查。对消防设施及施工用水外露管道，应根据施工地点温度情况做好保温防冻措施。

二、道路、工作平台、斜坡道、脚手板等未采取防滑措施、未及时清除冰霜

图 2-295 隐患示例

图 2-296 正确图片

隐患描述 道路、工作平台、斜坡道、脚手板等未采取防滑措施、未及时清除冰霜。

危害分析 人员在通过时易滑倒导致受伤。

整改要求 禁止继续进行作业，采取防滑措施后再进行作业。

整改依据 NB/T 10208—2019《陆上风电场工程施工安全技术规范》4.8.3 现场道路以及脚手架、脚手板和通道上的积水、霜雪应及时清除，并采取防滑措施。

三、冬季施工现场，现场干燥易引起火灾，未配备消防设施

图 2-297　隐患示例

图 2-298　正确示例

隐患描述　冬季施工现场，现场干燥易引起火灾，未配备消防设施。

危害分析　发生火灾时无法及时进行扑灭导致事故灾害扩大。

整改要求　立即在现场配备消防器材。

整改依据　NB/T 10208—2019 《陆上风电场工程施工安全技术规范》 4.8.3　冬季施工应根据气候特征，制定相应的防范措施，预防火灾、触电、煤气中毒等安全事故。

四、冬季施工时，办公、生活区使用电炉、碘钨灯等取暖

图 2-299　隐患示例

图 2-300　正确示例

隐患描述　冬季施工时，办公、生活区使用电炉、碘钨灯等取暖。

危害分析　电炉、碘钨灯设施易发生故障易因温度高导致火灾。

整改要求　禁止使用电炉和碘钨灯进行取暖。

整改依据　JTG F90—2015 《公路工程施工安全技术规范》 12.2.3　办公、生活区严禁使用电炉、碘钨灯等取暖，煤炭炉取暖必须采取防火、防一氧化碳中毒的措施。

五、使用煤炭炉取暖时未采取防火、防一氧化碳中毒的措施

图 2-301　隐患示例

图 2-302　正确示例

隐患描述　使用煤炭炉取暖时未采取防火、防一氧化碳中毒的措施。

危害分析　使用煤炭炉易导致人员一氧化碳中毒。

整改要求　使用煤炭炉取暖时必须采取有效的防中毒措施。

整改依据　DL 5009.3—2013《电力建设安全工作规程　第 3 部分：变电站》3.7.2　对取暖设施应进行全面检查。用火炉取暖时，应防止一氧化碳中毒，并加强用火管理，及时清除火源周围的易燃物。

六、冬季进行高处作业时未采取可靠的防滑、防寒和防冻措施

图 2-303　隐患示例

图 2-304　正确示例

隐患描述　冬季进行高处作业未采取可靠的防滑、防寒和防冻措施。

危害分析　人员进行高处作业时，因地面湿滑造成滑跌、坠落事故。

整改要求　未采取防滑措施禁止人员进行高处作业。

整改依据　JGJ 80—2016《建筑施工高处作业安全技术规范》3.0.8　在雨、霜、雾、雪等天气进行高处作业时，应采取防滑、防冻和防雷措施，并应及时清除作业面上的水、冰、雪、霜。

七、冬季施工时，用明火烘烤或开水加热冻结的储气罐及管道

图 2-305　隐患示例

图 2-306　正确示例

隐患描述　冬季施工时，用明火烘烤或开水加热冻结的储气罐及管道。

危害分析　储气罐直接加热解冻易导致爆炸。

整改要求　禁止使用明火烘烤和开水加热储气罐。

整改依据　JTG F90—2015《公路工程施工安全技术规范》 12.2.6　严禁明火烘烤或开水加热冻结的储气罐、氧气瓶、乙炔瓶、阀门、胶管。

八、高温季节施工作业时间不合理

图 2-307　隐患示例

图 2-308　正确示例

隐患描述　高温季节施工作业时间不合理。

危害分析　易导致人员施工过程中中暑。

整改要求　禁止在高温时间点进行施工，合理安排施工时间。

整改依据　DL 5009.3—2013《电力建设安全工作规程　第 3 部分：变电站》 3.7.1　夏季应做好防暑降温工作，根据施工特点和环境温度合理安排作业时间。

九、高温条件下施工未采取防暑降温措施

图 2-309　隐患示例

图 2-310　正确示例

隐患描述　高温条件下施工未采取防暑降温措施。

危害分析　导致人员在施工过程中中暑。

整改要求　合理安排工作和休息时间，错开高温时间段作业，配置防暑降温物资和药品。

整改依据　NB/T 10208—2019 《陆上风电场工程施工安全技术规范》 4.8.2　施工现场应配备符合卫生标准的防暑降温饮品及必要的药品。

十、高温施工时，易燃易爆物品未采取防晒措施

图 2-311　隐患示例

图 2-312　正确示例

隐患描述　高温施工时，易燃易爆物品未采取防晒措施。

危害分析　易燃易爆物品受到高温影响可能导致火灾爆炸事故。

整改要求　现场存放的易燃易爆物品必须在采取防晒措施后方可存放在室外或在施工现场使用。

整改依据　JTG F90—2015 《公路工程施工安全技术规范》 12.5.3　施工现场的易燃易爆物品应采取防晒措施。

十一、雨季来临前，未检查、修复或完善现场避雷装置、接地装置

图 2-313　隐患示例

图 2-314　正确示例

隐患描述　雨季来临前，未检查、修复或完善现场避雷装置、接地装置。

危害分析　现场避雷装置不完善易在雨天受到雷击，造成人身伤害或设备损坏。

整改要求　立即安排人员检查完善避雷接地装置，检测接地电阻值是否符合要求，确保防雷接地装置完好。

整改依据　DL 5009.3—2013 《电力建设安全工作规程　第 3 部分：变电站》 3.7.1　各种高大建筑及高架施工机具的避雷装置均应在雷雨季前进行全面检查，并进行接地电阻测定。

十二、汛期来临前，围堰、堤坝和生活区临建设施等未采取加固和防坍塌措施

图 2-315　隐患示例

图 2-316　正确示例

隐患描述　汛期来临前，围堰、堤坝和生活区临建设施等未采取加固和防坍塌措施。

危害分析　加固防坍塌措施不到位易导致围堰、堤坝倒塌。

整改要求　立即检查围堰、堤坝和生活区临建设施等的加固情况，及时完善。

整改依据　DL 5009.3—2013 《电力建设安全工作规程　第 3 部分：变电站》 3.7.1　暴雨、台风、汛期到来之前，施工现场和生活区的临建设施以及高架机械均应进行修缮和加固，防汛器材应及早准备。

十三、雨雪天气后，未检查支架、脚手架、起重设备、临时用电工程、临时房屋等设施的基础

图 2-317 隐患示例

图 2-318 正确示例

隐患描述 雨雪天气后，未检查支架、脚手架、起重设备、临时用电工程、临时房屋等设施的基础。

危害分析 基础可能受损，并在后续使用过程中发生倒塌。

整改要求 立即检查各设施的基础，及时修复完善。

整改依据 DL 5009.3—2013《电力建设安全工作规程 第3部分：变电站》 3.7.1 暴雨、台风、汛期后，应对临建设施、脚手架、机电设备、电源线路等进行检查并及时修理加固。险情严重的应立即排除。

十四、雷雨天气从事露天作业时防雷措施不完善

图 2-319 隐患示例

图 2-320 正确示例

隐患描述 雷雨天气从事露天作业时防雷措施不完善。

危害分析 人员在露天作业过程中易受到雷击。

整改要求 立即停止作业，做好防雷措施后方可继续作业。

整改依据 NB/T 10208—2019《陆上风电场工程施工安全技术规范》 4.8.1 在施工现场应做好雨季施工人员和设备的防护。

十五、台风季节施工时，在建工程、施工机械设备、临时设施、生活和办公用房未做防风加固

图 2-321　隐患示例

图 2-322　正确示例

隐患描述　台风季节施工时，在建工程、施工机械设备、临时设施、生活和办公用房未做防风加固。

危害分析　未做防风加固措施可能导致现场临建设施倒塌损坏。

整改要求　立即对现场临建设施及设备进行检查，完善防风加固措施。

整改依据　DL 5009.3—2013《电力建设安全工作规程　第 3 部分：变电站》3.7.1　暴雨、台风、汛期到来之前，施工现场和生活区的临建设施以及高架机械均应进行修缮和加固，防汛器材应及早准备。

第十七节　拆除工程

一、施工管理

（一）施工组织设计或者施工方案未编制、未经过审批

图 2-323　隐患示例

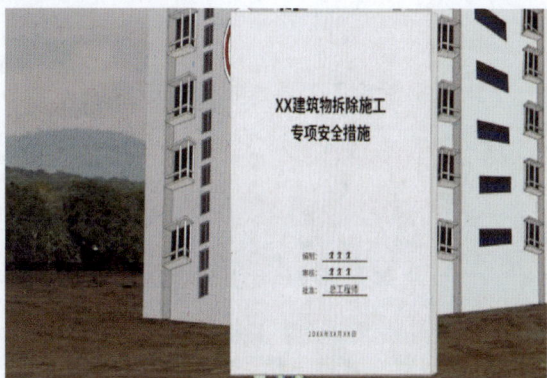

图 2-324　正确示例

隐患描述　施工组织设计或者施工方案未编制、未经过审批。

危害分析　现场施工没有具体要求，易因工程管理混乱而发生事故。

整改要求　拆除工程施工前，项目部技术人员编制施工组织设计或者施工方案，经单位技术负责人、总监理工程师签字审批。

整改依据　《建设工程安全生产管理条例》（国务院第 393 号令）第二十六条　施工单位应当在施工组织设计中编制安全技术措施和施工现场临时用电方案，对达到一定规模的危险性较大的分部分项工程编制专项施工方案，并附具安全验算结果，经施工单位技术负责人、总监理工程师签字后实施，由专职安全生产管理人员进行现场监督。

JGJ 147—2016《建筑拆除工程安全技术规范》3.0.2　拆除工程施工前，应编制施工组织设计、安全专项施工方案和生产安全事故应急预案。

（二）危险性较大的拆除工程专项施工方案未组织专家论证

图 2-325　隐患示例

图 2-326　正确示例

隐患描述　危险性较大的拆除工程专项施工方案未组织专家论证。

危害分析　危险性较大的拆除工程没有经专家论证过的专项施工方案，易导致安全事故。

整改要求　危险性较大的拆除工程施工前，施工单位组织召开专家论证会对专项施工方案进行论证后方可进行施工。

整改依据　《危险性较大的分部分项工程安全管理规定》（住房和城乡建设部令第37号）第十二条　对于超过一定规模的危大工程，施工单位应当组织召开专家论证会对专项施工方案进行论证。

JGJ 147—2016 《建筑拆除工程安全技术规范》 3.0.3　对危险性较大的拆除工程专项施工方案，应按相关规定组织专家论证。

二、人工拆除

（一）人工拆除施工未逐层拆除、分段进行

图 2-327　隐患示例

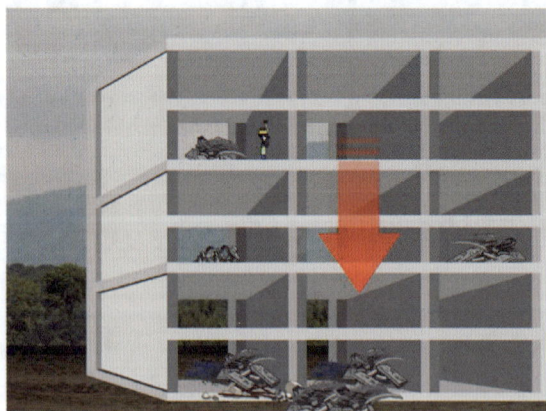

图 2-328　正确示例

隐患描述　人工拆除施工未逐层拆除、分段进行。

危害分析　拆除程序有误，导致拆除物体坍塌。

整改要求　按照事先制定的拆除方案进行拆除。

整改依据　JGJ 147—2016 《建筑拆除工程安全技术规范》 5.1.1　人工拆除施工应从上至下逐层拆除，并应分段进行，不得垂直交叉作业。

（二）楼板上人员聚集或物料集中堆放

图 2-329 隐患示例

图 2-330 正确示例

隐患描述 楼板上人员聚集或物料集中堆放。

危害分析 人员聚集或集中堆放材料，易导致楼面坍塌。

整改要求 禁止人工拆除作业时人员聚集或集中堆放材料。

整改依据 JGJ 147—2016 《建筑拆除工程安全技术规范》 5.1.2 当进行人工拆除作业时，水平构件上严禁人员聚集或集中堆放物料，作业人员应站在稳定的结构或脚手架上操作。

（三）采用底部掏掘或推倒的方案拆除墙体

图 2-331 隐患示例

图 2-332 正确示例

隐患描述 采用底部掏掘或推倒的方案拆除墙体。

危害分析 墙体整体倒塌会使作业人员受伤。

整改要求 禁止从底部掏掘墙体，禁止推倒不符合推倒条件的墙体。

整改依据 JGJ 147—2016 《建筑拆除工程安全技术规范》 5.1.3 当人工拆除建筑墙体时，严禁采用底部掏掘或推倒的方法。

（四）拆除梁或悬挑构件时，未采取有效的控制下落措施

图 2-333　隐患示例

图 2-334　正确示例

隐患描述　拆除梁或悬挑构件时，未采取有效的控制下落措施。

危害分析　梁或构架直接落下，会误伤其他人员，造成物体打击事故。

整改要求　未设置控制下落措施时禁止作业。

整改依据　JGJ 147—2016《建筑拆除工程安全技术规范》 5.1.5　拆除梁或悬挑构件时，应采取有效的下落控制措施。

三、机械拆除

（一）机械设备超载作业，停放的场地承载力不够

图 2-335　隐患示例

图 2-336　正确示例

隐患描述　机械设备超载作业，停放的场地承载力不够。

危害分析　机械设备发生倒塌。

整改要求　禁止设备超载作业，停放场地必须满足承载力要求。

整改依据　JGJ 147—2016《建筑拆除工程安全技术规范》 5.2.1　对拆除施工使用的机械设备，应符合施工组织设计要求，严禁超载作业或任意扩大使用范围。供机械设备停放、作业的场地应具有足够的承载力。

（二）拆除作业时未逐层拆除、分段进行

图 2-337　隐患示例

图 2-338　正确示例

隐患描述　拆除作业时未逐层拆除、分段进行。

危害分析　拆除主体会整体倒塌导致人员受伤。

整改要求　应按照拆除方案进行拆除作业。

整改依据　JGJ 147—2016《建筑拆除工程安全技术规范》5.2.2　当采用机械拆除建筑时，应从上至下逐层拆除，并应分段进行；应先拆除非承重结构，再拆除承重结构。

（三）拆除较大尺寸的构件或沉重物料时未及时使用起重机具吊下

图 2-339　隐患示例

图 2-340　正确示例

隐患描述　拆除较大尺寸的构件或沉重物料时未及时使用起重机具吊下。

危害分析　高部位的拆除物堆积过多，落下会损坏设备或造成人身伤害。

整改要求　禁止堆积拆除的材料。

整改依据　JGJ 147—2016《建筑拆除工程安全技术规范》5.2.4　对拆除作业中较大尺寸的构件或沉重物料时，应采用起重机具及时吊运。

（四）使用双机抬吊时未同步作业

图 2-341　隐患示例

图 2-342　正确示例

隐患描述　使用双机抬吊时未同步作业。

危害分析　吊物失稳坠落，造成设备损坏或人身伤害。

整改要求　办理安全施工作业票，严格执行两台及以上起重机械抬吊同一物件相关规定。

整改依据　JGJ 147—2016 《建筑拆除工程安全技术规范》 5.2.6　当拆除作业采用双机同时起吊同一构件时，每台起重机载荷不得超过允许载荷的 80%，且应对第一吊进行试吊作业，施工中两台起重机应同步作业。

四、爆破拆除

（一）爆破拆除前未对爆破对象进行勘测

图 2-343　隐患示例

图 2-344　正确示例

隐患描述　爆破拆除前未对爆破对象进行勘测。

危害分析　爆破可能影响整体建筑的稳定性。

整改要求　未经勘测禁止使用爆破拆除。

整改依据　JGJ 147—2016 《建筑拆除工程安全技术规范》 5.3.2　爆破拆除设计前，应对爆破对象进行勘测，对爆区影响范围内地上、地下建筑物、构筑物、界线等进行核实确认。

（二）爆破拆除的预拆除作业未在装药前完成

图 2-345 隐患示例

图 2-346 正确示例

隐患描述 爆破拆除的预拆除作业未在装药前完成。

危害分析 直接爆破拆除会影响其他部分，损坏结构。

整改要求 禁止在预拆除完成前进行装药。

整改依据 JGJ 147—2016《建筑拆除工程安全技术规范》 5.3.3 预拆除作业应在装药前全部完成，严禁预拆除与装药交叉作业。

（三）爆破拆除施工时未按要求进行防护和覆盖

图 2-347 隐患示例

图 2-348 正确示例

隐患描述 爆破拆除施工时未按要求进行防护和覆盖。

危害分析 作业人员和其他人员可能受到飞溅物的伤害。

整改要求 未安装防护进行覆盖禁止进行爆破拆除作业。

整改依据 JGJ 147—2016《建筑拆除工程安全技术规范》 5.3.7 当爆破拆除施工时，应按设计要求进行防护和覆盖，起爆前应由现场负责人检查验收。

（四）爆破拆除时未设置安全警戒

图 2-349　隐患示例

图 2-350　正确示例

隐患描述　爆破拆除时未设置安全警戒。

危害分析　人员误入作业区域导致人员受伤。

整改要求　立即设置安全警戒。

整改依据　JGJ 147—2016《建筑拆除工程安全技术规范》5.3.9　爆破拆除应设置安全警戒，安全警戒的范围应符合设计要求。

GB 50201—2012《土方与爆破工程施工及验收规范》5.1.3　划定安全警戒范围，在警戒区的边界设立警戒岗哨和警示标志。

（五）爆破后未对盲炮、爆破拆除效果等进行检查

图 2-351　隐患示例

图 2-352　正确示例

隐患描述　爆破后未对盲炮、爆破拆除效果等进行检查。

危害分析　盲炮后续可能爆炸导致作业人员受伤。

整改要求　爆破后对盲炮、爆破拆除效果等进行检查确认。

整改依据　JGJ 147—2016《建筑拆除工程安全技术规范》5.3.9　爆破后应对盲炮、爆堆、爆破拆除效果以及对周围环境的影响等进行检查，发现问题应及时处理。

五、静力破碎拆除

（一）当采用腐蚀性的静力破碎剂作业时，施工人员未佩戴防护手套和防护眼镜

图 2-353　隐患示例

图 2-354　正确示例

隐患描述　当采用腐蚀性的静力破碎剂作业时，施工人员未佩戴防护手套和防护眼镜。

危害分析　人员在操作过程中易受到拆除剂的伤害。

整改要求　未佩戴防护用品禁止进行静力破碎作业。

整改依据　JGJ 147—2016《建筑拆除工程安全技术规范》 5.4.2　当采用静力破碎剂作业时，施工人员必须佩戴防护手套和防护眼镜。

（二）静力破碎孔内注入破碎剂后，作业人员未保持安全距离

图 2-355　隐患示例

图 2-356　正确示例

隐患描述　静力破碎孔内注入破碎剂后，作业人员未保持安全距离。

危害分析　破碎过程中人员未保持安全距离，导致人员被飞溅物划伤。

整改要求　破碎作业过程中禁止人员在作业区域内通行。

整改依据　JGJ 147—2016《建筑拆除工程安全技术规范》 5.4.3　孔内注入破碎剂后，作业人员应保持安全距离，严禁在注孔区域行走或停留。

（三）静力破碎剂与其他材料混放，或未存放在干燥场所

图 2-357　隐患示例

图 2-358　正确示例

隐患描述　静力破碎剂与其他材料混放，或未存放在干燥场所。

危害分析　静力破碎剂受到其他材料影响或受潮，造成破碎效果不佳，影响使用。

整改要求　禁止将静力破碎剂与其他材料混放。

整改依据　JGJ 147—2016《建筑拆除工程安全技术规范》 5.4.4　静力破碎剂严禁与其他材料混放，应存放在干燥场所，不得受潮。

第十八节　土石方工程

一、基坑内土方机械、施工人员的安全距离不足

图 2-359　隐患示例

图 2-360　正确示例

隐患描述　基坑内土方机械、施工人员的安全距离不足。

危害分析　指挥不当、操作不当，发生机械伤害事故。

整改要求　基坑内土方机械、施工人员的安全距离应符合规范要求。

整改依据　JGJ 180—2009《建筑施工土石方工程安全技术规范》 3.1.7　配合机械设备作业的人员，应在机械设备的回转半径以外工作；当在回转半径内作业时，必须有专人协调指挥。

二、作业时机械设备距离地下线缆和管道过近

图 2-361　隐患示例

图 2-362　正确示例

隐患描述　作业时机械设备距离地下线缆和管道过近。

危害分析　作业时容易挖断线缆造成事故。

整改要求　立即停止机械作业，待机械设备远离电缆线后继续进行作业。

整改依据　GB 50794—2012 《光伏发电站施工规范》 9.3.1　进入施工现场人员应自觉遵守现场安全文明施工纪律规定，各施工项目作业时应严格按照现行行业标准 DL 5009 《电力建设安全工程规程》的相关规定执行。

DL 5009.1—2014 《电力建设安全工作规程　第 1 部分：火力发电》 5.2.2　土石方机械作业前，应查明机械作业区域明、暗设置物，地下电缆、管道、坑道位置及走向，并设置明显标记。作业中不得损坏明、暗设置物。距离输送易燃、易爆、有毒介质或承压管道及地下电缆 1m 范围内禁止大型机械作业。

三、设备操作人员酒后作业

图 2-363　隐患示例

图 2-364　正确示例

隐患描述　设备操作人员酒后作业。

危害分析　操作人员操作受到影响，易误伤作业人员或损坏设备。

整改要求　立即阻止酒后作业人员继续作业，后续加强安全教育。

整改依据　JGJ 180—2009 《建筑施工土石方工程安全技术规范》 3.1.6　作业时操作人员不得擅自离开岗位或将机械设备交给其他无证人员操作，严禁疲劳和酒后作业。

四、现场作业人员在大雨天进行作业

图 2-365　隐患示例

图 2-366　正确示例

隐患描述　现场作业人员在大雨天进行作业。

危害分析　雨天土地基础湿软，机械易打滑倾覆。

整改要求　立即停止作业，将机械设备停到安全位置。

整改依据　JGJ 180—2009 《建筑施工土石方工程安全技术规范》 3.1.8　遇到下列情况之一时应立即停止作业，发生大雨、雷电、浓雾、水位暴涨及山洪暴发等情况。

五、在设备运行时对设备进行检修维护

图 2-367　隐患示例

图 2-368　正确示例

隐患描述　在设备运行时对设备进行检修维护。

危害分析　设备运行时进行检修维护会误伤检修人员。

整改要求　立即停止检修作业，待设备停止运行后再进行检修维护。

整改依据　JGJ 180—2009 《建筑施工土石方工程安全技术规范》 3.1.9　机械设备运行时，严禁接触转动部位和进行检修。

六、机械设备照明装置损坏

图 2-369　隐患示例

图 2-370　正确示例

隐患描述　机械设备照明装置损坏。

危害分析　夜间施工时照明损坏可能误伤其他作业人员。

整改要求　照明装置损坏的机械设备立即停止作业，待修复后方可继续进行作业。

整改依据　JGJ 180—2009《建筑施工土石方工程安全技术规范》　3.1.10　夜间工作时，现场必须有足够照明；机械设备照明装置应完好无损。

七、作业结束后机械设备仍停在作业区

图 2-371　隐患示例

图 2-372　正确示例

隐患描述　作业结束后机械设备仍停在作业区。

危害分析　设备停留在作业区易与其他设备碰撞。

整改要求　立即安排人员将机械设备停到安全地带。

整改依据　JGJ 180—2009《建筑施工土石方工程安全技术规范》　3.1.14　作业结束后，应将机械设备停到安全地带。操作人员非作业时间不得停留在机械设备内。

八、在设备启动运作前未鸣笛示警

图 2-373　隐患示例

图 2-374　正确示例

隐患描述　在设备启动运作前未鸣笛示警。

危害分析　可能有人员停留在设备附近，设备启动时易造成人员受伤。

整改要求　加强人员安全教育，加强设备操作规程教育。挖掘前，驾驶员应发出信号，确认安全后方可启动设备。

整改依据　JGJ 180—2009《建筑施工土石方工程安全技术规范》 3.2.1　挖掘前，驾驶员应发出信号，确认安全后方可启动设备。

九、装车作业时铲斗从运输车驾驶室上跨过

图 2-375　隐患示例

图 2-376　正确示例

隐患描述　装车作业时铲斗从运输车驾驶室上跨过。

危害分析　当铲斗内土块掉落时会误伤到运输车司机。

整改要求　禁止作业过程中铲斗从运输车驾驶室上经过。

整改依据　JGJ 180—2009《建筑施工土石方工程安全技术规范》 3.2.2　装车作业应在运输车停稳后进行，铲斗不得撞击运输车任何部位；回转时严禁铲斗从运输车驾驶室顶上越过。

十、挖掘作业时挖掘机距离作业面边缘过近

图 2-377 隐患示例

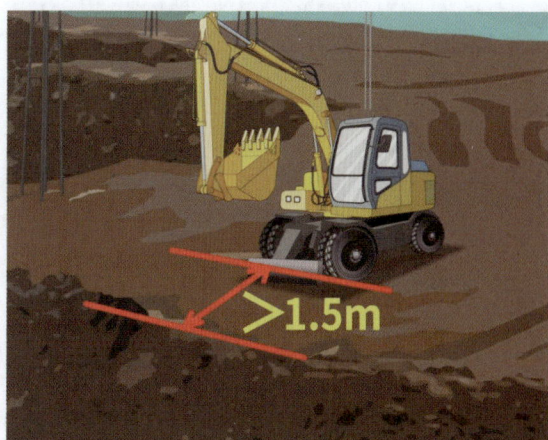

>1.5m

图 2-378 正确示例

隐患描述 挖掘作业时挖掘机距离作业面边缘过近。

危害分析 作业时操作不当会导致挖掘机掉入坑内或撞击边缘物体。

整改要求 加强人员监控，禁止作业过程中挖掘机距离边缘过近。

整改依据 JGJ 180—2009 《建筑施工土石方工程安全技术规范》 3.2.3 拉铲或反铲作业时，挖掘机履带到工作面边缘的安全距离不应小于1.0m。

十一、使用作业中的挖掘机铲斗进行物料吊运

大挖机吊小挖机

图 2-379 隐患示例

吊装使用吊机进行

图 2-380 正确示例

隐患描述 使用作业中的挖掘机铲斗进行物料吊运。

危害分析 挖机铲斗吊运过程中，物料易掉落损坏。

整改要求 禁止使用挖掘机铲斗进行吊运。

整改依据 JGJ 180—2009 《建筑施工土石方工程安全技术规范》 3.2.5 挖掘机行驶或作业中，不得用铲斗吊运物料，驾驶室外严禁站人。

十二、作业结束后铲斗未收回平放在地面上

图 2-381　隐患示例

图 2-382　正确示例

隐患描述　作业结束后铲斗未收回平放在地面上。

危害分析　铲斗一直抬起，遇见意外（如大风等）可能导致挖掘机失稳倾覆等事故。

整改要求　停止作业后必须将铲斗收回平放至地面。

整改依据　JGJ 180—2009 《建筑施工土石方工程安全技术规范》 3.2.6　挖掘机作业结束后应停放在坚实、平坦、安全的地带，并将铲斗收回平放在地面上。

十三、推土机在下陡坡行驶过程中未将推铲接触地面

图 2-383　隐患示例

图 2-384　正确示例

隐患描述　推土机在下陡坡行驶过程中未将推铲接触地面。

危害分析　无法控制推土机行驶速度，可能导致推土机速度过快倾覆。

整改要求　推土机在下陡坡时必须将铲斗接触地面行驶。现场坡度应符合推土机行驶要求。

整改依据　JGJ 180—2009 《建筑施工土石方工程安全技术规范》 3.2.8　推土机上下坡应用低速挡行驶，上坡过程中不得换挡，下坡过程中不得脱挡滑行。下陡坡时，应将推铲放下接触地面。

十四、使用推土机填土时无人指挥

图 2-385　隐患示例

图 2-386　正确示例

隐患描述　使用推土机填土时无人指挥。

危害分析　推土机在填土过程中可能超过边坡边缘导致推土机倾覆。

整改要求　立即安排人员指挥作业。

整改依据　JGJ 180—2009《建筑施工土石方工程安全技术规范》 3.2.10　推土机向沟槽回填土时应设专人指挥，严禁推铲越出边缘。

十五、两台推土机作业时间隔过近

图 2-387　隐患示例

图 2-388　正确示例

隐患描述　两台推土机作业时间隔过近。

危害分析　推土机在运行过程中可能发生碰撞导致设备损坏。

整改要求　停止作业，待调整好距离后继续作业。

整改依据　JGJ 180—2009《建筑施工土石方工程安全技术规范》 3.2.11　两台以上推土机在同一区域作业时，两机前后距离不得小于 8m，平行时左右距离不得小于 1.5m。

十六、土石方施工区域未在周围设置警示标志

图 2-389　隐患示例

图 2-390　正确示例

隐患描述　土石方施工区域未在周围设置警示标志。

危害分析　人员误入土石方施工区域导致受到伤害。

整改要求　立即设置明显的警示标志。

整改依据　JGJ 180—2009 《建筑施工土石方工程安全技术规范》 4.1.2　土石方施工区域应在行车行人可能经过的路线点处设置明显的警示标志。有爆破、塌方、滑坡、深坑、高空滚石、沉陷等危险的区域应设置防护栏栅或隔离带。

十七、现场洼坑未填实的部位未设置警示标志

图 2-391　隐患示例

图 2-392　正确示例

隐患描述　现场洼坑未填实的部位未设置警示标志。

危害分析　人员或设备受到影响，导致人员受伤或设备损坏。

整改要求　立即设置围蔽和警示标志。

整改依据　JGJ 180—2009 《建筑施工土石方工程安全技术规范》 4.2.1　场地内有洼坑或暗沟时，应在平整时填埋压实。未及时填实的，必须设置明显的警示标志。

第十九节 基础处理

一、塔架式钻机支腿不稳

图 2-393 隐患示例

图 2-394 正确示例

隐患描述 塔架式钻机支腿不稳。

危害分析 塔架式钻机倒塌，导致设备损坏或人身伤害。

整改要求 检查支腿基础，保证支腿平稳后再进行施工。

整改依据 NB/T 10208—2019 《陆上风电场工程施工安全技术规范》 5.3.2 塔架式钻机各部位的连接应牢固、可靠。有液压支腿的钻机，支腿应用方木垫平、垫稳。

二、成桩设备在施工过程中出现倾斜和偏移

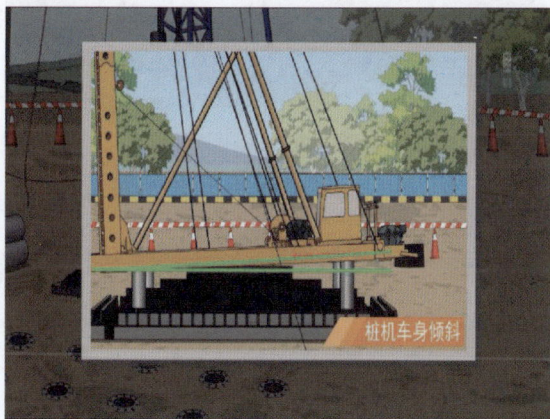

图 2-395 隐患示例

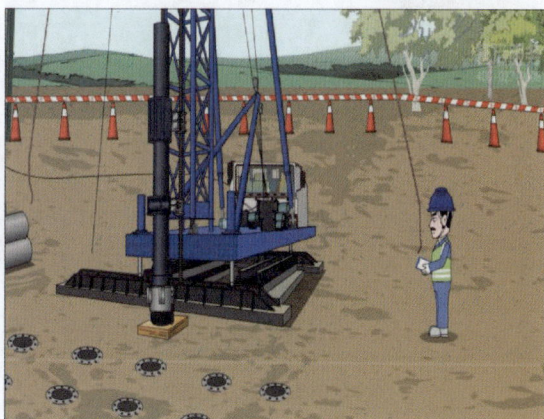

图 2-396 正确示例

隐患描述 成桩设备在施工过程中出现倾斜和偏移。

危害分析 桩式基础倾斜，影响后续安装质量。

整改要求 立即停止作业，调整好成桩设备后重新进行作业。

整改依据 GB 50794—2012 《光伏发电站施工规范》 4.3.2 成桩设备的就位应稳固，设备在成桩过程中不应出现倾斜和偏移。

三、基础作业区域未设置警示标志或围栏

图 2-397　隐患示例

图 2-398　正确示例

隐患描述　基础作业区域未设置警示标志或围栏。

危害分析　其他作业人员误入基础作业区域，导致人员受伤。

整改要求　立即在作业区域设置警示标志或围栏。

整改依据　DL 5009.2—2013 《电力建设安全工作规程　第 2 部分：电力线路》 5.5.1　施工场地应平整，附近障碍物应清除，作业区应有明显标志或围栏。

四、打桩结束后未及时对地面孔洞进行回填或加盖

图 2-399　隐患示例

图 2-400　正确示例

隐患描述　打桩结束后未及时对地面孔洞进行回填或加盖。

危害分析　人员经过时可能踩空，导致人员受伤。

整改要求　立即对孔洞进行回填或加盖。

整改依据　DL 5009.3—2013 《电力建设安全工作规程　第 3 部分：变电站》 4.3.11　送桩、拔出或打桩结束移开桩机后，地面孔洞应回填或加盖。

五、打桩作业时人员距离桩基过近

图 2-401　隐患示例

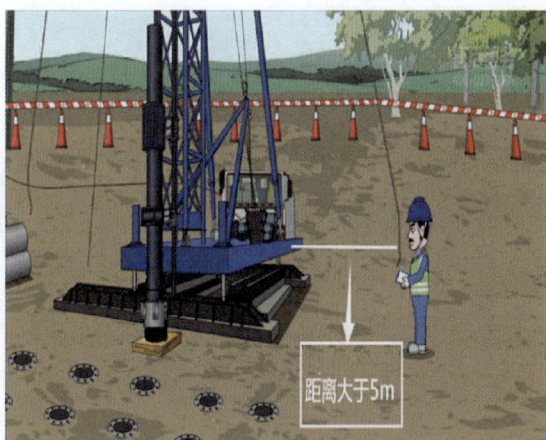

图 2-402　正确示例

隐患描述　打桩作业时人员距离桩基过近。

危害分析　打桩过程中可能误伤靠近的人员。

整改要求　禁止人员过于靠近桩基位置。

整改依据　DL 5009.3—2013《电力建设安全工作规程　第 3 部分：变电站》4.3.9　打桩时，无关人员不得靠近桩基近处。操作及监护人员、桩锤油门绳操作人员与桩基的距离不得小于 5m。

六、重力基础施工基础环安装后未调平

图 2-403　隐患示例

图 2-404　正确示例

隐患描述　重力基础施工基础环安装后未调平。

危害分析　基础环安装不平可能导致塔身不平失稳。

整改要求　安装完后对基础环进行检查调平。

整改依据　GB/T 51121—2015《风力发电工程施工与验收规范》5.2.4　基础环安装完成后应调平。

七、重力基础施工钢筋安装时直接与基础环接触

图 2-405　隐患示例

图 2-406　正确示例

隐患描述　重力基础施工钢筋安装时直接与基础环接触。

危害分析　钢筋重量可能作用在基础环上，影响基础环的平衡。

整改要求　禁止钢筋与基础环接触。

整改依据　GB/T 51121—2015《风力发电工程施工与验收规范》5.2.3　钢筋不宜与基础环接触，钢筋重量不应直接作用在基础环上。

八、重力基础施工预埋管安装时管口出现裂纹

图 2-407　隐患示例

图 2-408　正确示例

隐患描述　重力基础施工预埋管安装时管口出现裂纹。

危害分析　管口存在裂纹影响后续使用。

整改要求　禁止使用存在裂纹的预埋管。

整改依据　GB/T 51121—2015《风力发电工程施工与验收规范》5.2.5　安装前，应将内部清理干净；管口应光滑平整、无裂纹、毛刺、铁屑等。

九、重力基础施工预埋管安装后未使用临时支撑固定

图 2-409　隐患示例

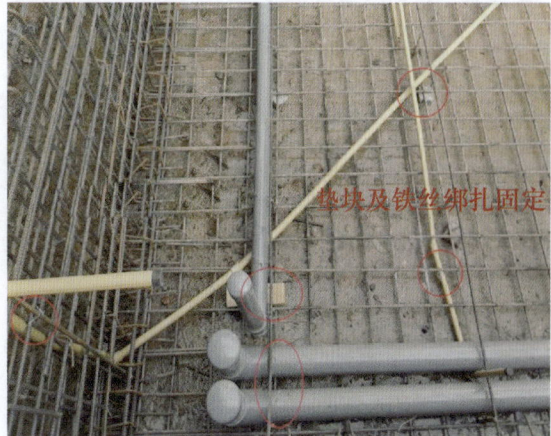

垫块及铁丝绑扎固定

图 2-410　正确示例

隐患描述　重力基础施工预埋管安装后未使用临时支撑固定。

危害分析　预埋管位置偏移，影响后续安装。

整改要求　预埋管安装后立即固定。

整改依据　GB/T 51121—2015《风力发电工程施工与验收规范》5.2.5　安装就位后，应使用临时支撑加以固定，钢支撑可留在混凝土中，当预埋管道与临时支撑焊接时，不应烧伤管道内壁。

十、混凝土预制桩基础施工时沉桩设备在桩架或管桩上未设置用于施工中观测深度和斜度的装置

图 2-411　隐患示例

图 2-412　正确示例

隐患描述　混凝土预制桩基础施工时沉桩设备在桩架或管桩上未设置用于施工中观测深度和斜度的装置。

危害分析　沉桩时无法掌握沉桩位置，造成桩管安装不符合要求。

整改要求　立即安装检测装置。

整改依据　GB/T 51121—2015《风力发电工程施工与验收规范》5.3.2　成孔和沉桩设备安装就位应平整和稳固，确保施工中不发生倾斜、移动；在桩架或管桩上应设置用于施工中观测深度和斜度的装置。

十一、混凝土预制桩基础沉桩时的桩帽和衬垫没有排气孔

图 2-413　隐患示例

图 2-414　正确示例

隐患描述　混凝土预制桩基础沉桩时的桩帽和衬垫没有排气孔。

危害分析　无排气孔易导致桩顶、桩帽和衬垫损坏。

整改要求　禁止使用无排气孔的桩帽和衬垫。

整改依据　GB/T 51121—2015《风力发电工程施工与验收规范》5.3.2　当采用锤击法沉桩时，宜采用重锤轻击，并应根据不同桩长选择相应锤重或调整落距；沉桩时应选择适宜的桩帽和衬垫，并应有排气孔。

十二、混凝土预制桩完成后未及时对预应力管桩的外露钢圈采取防腐措施

图 2-415　隐患示例

图 2-416　正确示例

隐患描述　混凝土预制桩完成后未及时对预应力管桩的外露钢圈采取防腐措施。

危害分析　外露钢圈被腐蚀，质量会降低，影响使用寿命。

整改要求　对外露钢圈采取防腐措施。

整改依据　GB/T 51121—2015《风力发电工程施工与验收规范》5.3.2　施工后应对预应力管桩的外露钢圈采取防腐措施。

十三、混凝土预制桩中预应力管桩桩顶与承台连接的桩顶内未设置托板

图 2-417　隐患示例

图 2-418　正确示例

隐患描述　混凝土预制桩中预应力管桩桩顶与承台连接的桩顶内未设置托板。

危害分析　桩顶与承台连接不稳，易导致预制桩质量缺陷。

整改要求　在桩顶与承台连接处设置托板。

整改依据　GB/T 51121—2015 《风力发电工程施工与验收规范》 5.3.2 预应力管桩桩顶与承台应连接可靠，桩顶内应设置托板。

十四、钻孔灌注桩基础完工后未进行验收就进行上部承台和上部结构的施工

图 2-419　隐患示例

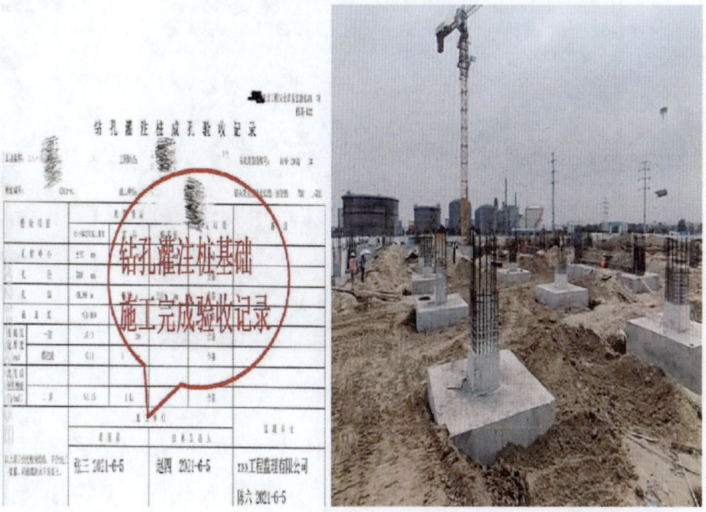

图 2-420　正确示例

隐患描述　钻孔灌注桩基础完工后未进行验收就进行上部承台和上部结构的施工。

危害分析　桩基基础施工若不合格将会影响后续使用。

整改要求　作业完成后必须完成桩基基础的验收，验收合格方可进行下一步施工。

整改依据　GB/T 51121—2015 《风力发电工程施工与验收规范》 5.4.4 钻孔灌注桩基础完工后，应及时进行验收。验收不合格的，不得进行上部承台和上部结构的施工。

十五、岩石锚杆基础施工时锚杆安放前未清洗孔内岩粉和土屑

图 2-421　隐患示例

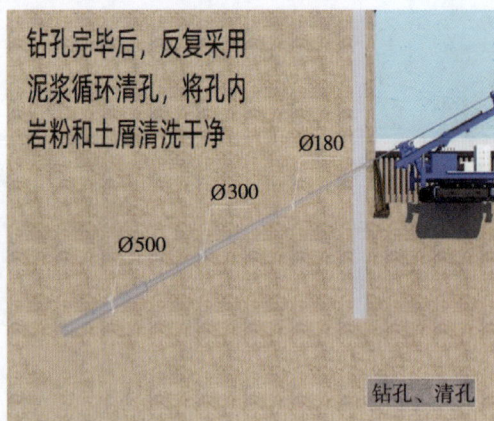

图 2-422　正确示例

隐患描述　岩石锚杆基础施工时锚杆安放前未清洗孔内岩粉和土屑。

危害分析　孔内的岩粉和土屑影响锚杆安装质量。

整改要求　进行锚杆安装前必须对钻孔进行内部清洗。

整改依据　GB/T 51121—2015《风力发电工程施工与验收规范》 5.5.2　锚杆安放前，应将孔内岩粉和土屑清洗干净，并检查锚杆的加工质量，并应按设计要求进行防腐处理。

十六、岩石锚杆基础施工中锚杆安放时磕碰到孔洞

图 2-423　隐患示例

图 2-424　正确示例

隐患描述　岩石锚杆基础施工中锚杆安放时磕碰到孔洞。

危害分析　锚杆磕碰到孔洞会将杂物带入孔内，影响锚杆施工质量。

整改要求　再次对孔内进行清理，安装时禁止碰到孔洞。

整改依据　GB/T 51121—2015《风力发电工程施工与验收规范》 5.5.2　锚杆安放时，应利用支架将锚杆垂直插入锚孔，避免磕碰孔口四周，应防止将杂物带入孔内。

十七、岩石锚杆基础施工注浆完成后未对锚杆外露部分采取保护措施

图 2-425　隐患示例

图 2-426　正确示例

隐患描述　岩石锚杆基础施工注浆完成后未对锚杆外露部分采取保护措施。

危害分析　锚杆外露部分可能受外力影响损坏。

整改要求　立即对锚杆外露部分采取保护措施。

整改依据　GB/T 51121—2015《风力发电工程施工与验收规范》5.5.2　注浆完成后应对锚杆外露部分采取保护措施，浆液初凝后至达到设计强度前不得摇晃锚杆。

第二十节　混凝土工程

一、检验批检验结果不合格，未进行返工返修直接进行施工

图 2-427　隐患示例

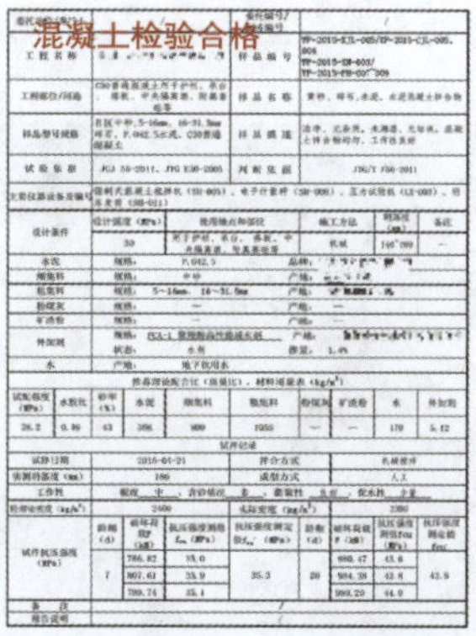

图 2-428　正确示例

隐患描述　检验批检验结果不合格，未进行返工返修直接进行施工。

危害分析　检验批检验结果不合格，混凝土质量不符合施工要求，直接进行施工会导致工程质量不符合要求，易发生事故。

整改要求　检验批不合格时不得使用该批次混凝土，浇筑前检验批不合格的混凝土必须返工返修并重新进行验收。

整改依据　GB 50204—2015《混凝土结构工程施工质量验收规范》3.0.6　混凝土浇筑前施工质量不合格的检验批，应返工、返修，并应重新验收。

GB 50300—2013《建筑工程施工质量验收统一标准》3.0.9　检验批抽样样本应随机抽取，满足分布均匀、具有代表性的要求，抽样数量应符合有关专业验收规范的规定。当采用计数抽样时，最小抽样数量应符合本标准表 3.0.9 的要求。明显不合格的个体可不纳入检验批，但应进行处理，使其满足有关专业验收规范的规定，对处理的情况应予以记录并重新验收。

二、混凝土外加剂进场时，未进行检验与验收直接使用

图 2-429　隐患示例

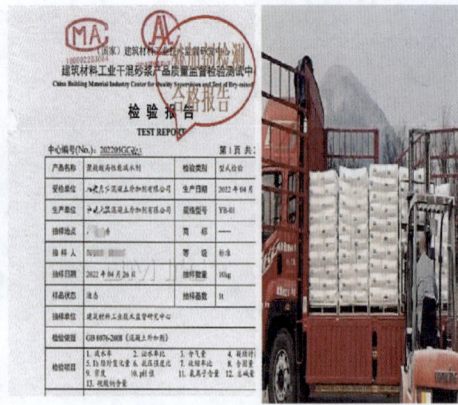

图 2-430　正确示例

隐患描述　混凝土外加剂进场时，未进行检验与验收直接使用。

危害分析　混凝土直接添加未进行检验与验收的外加剂易引发质量事故。

整改要求　混凝土外加剂进场时，应按照检验项目和检验批量要求随机抽取样品进行检验和验收。

整改依据　GB 50119—2013《混凝土外加剂应用技术规范》3.3.2　外加剂进场时，同一供方、同一品种的外加剂应按本规范各外加剂种类规定的检验项目与检验批量进行检验与验收，检验样品应随机抽取。

三、浇筑后的混凝土未铺设塑料薄膜，未采取养护措施

图 2-431　隐患示例

图 2-432　正确示例

隐患描述　浇筑后的混凝土未铺设塑料薄膜，未采取养护措施。

危害分析　未铺设塑料薄膜会导致混凝土水分流失快，混凝土出现裂痕。

整改要求　浇筑混凝土后应在混凝土表面铺设一层塑料薄膜，防止水分流失，减少混凝土养护次数。

整改依据　JGJ/T 104—2011《建筑工程冬期施工规程》6.1.8　模板外和混凝土表面覆盖的保温层，不应采用潮湿状态的材料，也不应将保温材料直接铺盖在潮湿的混凝土表面，新浇混凝土表面应铺一层塑料薄膜。

四、混凝土浇筑平台脚手板未满铺

图 2-433 隐患示例

图 2-434 正确示例

隐患描述 混凝土浇筑平台脚手板未满铺。

危害分析 人员在操作过程中易踩空受伤。

整改要求 脚手板未满铺时禁止进行作业。

整改依据 NB/T 10208—2019《陆上风电场工程施工安全技术规范》 5.4.11 混凝土浇筑平台脚手板应铺满、平整，临空边缘应设防护栏杆和挡脚板，下料口在停用时应加盖封闭。

五、混凝土泵车臂架下方站人

图 2-435 隐患示例

图 2-436 正确示例

隐患描述 混凝土泵车臂架下方站人。

危害分析 在混凝土浇筑过程中臂架可能与人员发生碰撞，造成人员受伤。

整改要求 禁止人员站在混凝土泵车臂架下。

整改依据 NB/T 10208—2019《陆上风电场工程施工安全技术规范》 5.4.11 混凝土泵车应在确认支承妥当后才能操作臂架。臂架下方危险区域不得站人，不得使用泵车臂架起吊任何重物。

六、在雷雨天和大风天使用臂架浇筑混凝土

图 2-437　隐患示例

图 2-438　正确示例

隐患描述　在雷雨天和大风天使用臂架浇筑混凝土。

危害分析　臂架在使用时易受到雷击，造成触电事故或倾倒事故。

整改要求　禁止在雷雨天和大于 8 级风力情况下使用臂架进行混凝土浇筑。

整改依据　NB/T 10208—2019《陆上风电场工程施工安全技术规范》5.4.11　在雷雨或恶劣天气情况下，不能使用臂架；臂架不应在大于 8 级风力的天气中使用。

七、泵送混凝土时输送泵的管道接头和卡箍密封不严

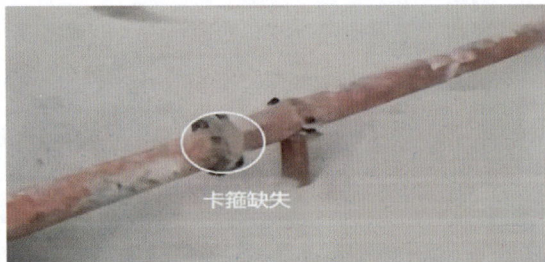

卡箍缺失

图 2-439　隐患示例

图 2-440　正确示例

隐患描述　泵送混凝土时输送泵的管道接头和卡箍密封不严。

危害分析　在混凝土浇筑过程中可能导致管道炸裂或人员伤害。

整改要求　加强对管道接头和卡箍的检查。

整改依据　NB/T 10208—2019《陆上风电场工程施工安全技术规范》5.4.11　泵送混凝土时，管道布设应平顺，接头和卡箍应密封、紧固。在输送泵的锥管、弯管及接头处，应设有防止炸裂时混凝土喷出伤人的措施。

GB 50794—2012《光伏发电站施工规范》9.3.1　进入施工现场人员应自觉遵守现场安全文明施工纪律规定，各施工项目作业时应严格按照现行行业标准 DL 5009《电力建设安全工程规程》的相关规定执行。

DL 5009.1—2014《电力建设安全工作规程　第 1 部分：火力发电》5.6.3　用泵输送混凝土时，操作人员不应站在出料口的正前方或建筑物的临边。输送管的接头应紧密可靠，不漏浆，安全阀应完好，固定管道的架子应牢固。输送前应试送。

八、泵管堵塞时处置人员未佩戴护目镜

图 2-441 隐患示例

图 2-442 正确示例

隐患描述 泵管堵塞时处置人员未佩戴护目镜。

危害分析 泵管中压力水泥浆喷溅使人员受伤。

整改要求 人员未佩戴护目镜时禁止进行作业。

整改依据 NB/T 10208—2019《陆上风电场工程施工安全技术规范》 5.4.11 泵送混凝土浇筑时，应设专人牵引、移动输送泵出灰软管。拆卸混凝土输送管道接头前，应释放管内剩余压力。处理泵管堵塞时，应配置防止泵管中的压力水泥浆喷溅伤害的护目镜等个人防护用品。

九、混凝土振捣人员未穿戴绝缘鞋等防护装备

图 2-443 隐患示例

图 2-444 正确示例

隐患描述 混凝土振捣人员未穿戴绝缘鞋等防护装备。

危害分析 设备漏电时人员使用电气设备导致人员触电。

整改要求 人员穿好绝缘鞋、戴好绝缘手套方可进行作业。

整改依据 NB/T 10208—2019《陆上风电场工程施工安全技术规范》 5.4.12 混凝土振捣人员应穿好绝缘鞋、戴好绝缘手套。搬运振动器或暂停工作应将振动器电源切断。移动振捣器不得使用自身电缆线直接拉动。

GB 50794—2012《光伏发电站施工规范》 9.3.1 进入施工现场人员应自觉遵守现场安全文明施工纪律规定，各施工项目作业时应严格按照现行行业标准 DL 5009《电力建设安全工程规程》的相关规定执行。

DL 5009.1—2014《电力建设安全工作规程 第1部分：火力发电》 5.6.3 使用振动器的操作人员应穿绝缘靴、戴绝缘手套，不应站在出料口正前方。

第二十一节　砌体工程

一、人员直接站在墙身上进行砌体作业

图 2-445　隐患示例

图 2-446　正确示例

隐患描述　人员直接站在墙身上进行砌体作业。

危害分析　人员在作业时易发生高处坠落事故。

整改要求　禁止站在墙身上进行施工，应正式搭设脚手架通道或移动式脚手架进行施工。

整改依据　NB/T 10208—2019《陆上风电场工程施工安全技术规范》5.5.1　不得站在墙身上进行砌砖、勾缝、检查大角垂直度及清扫墙面等作业或在墙身上行走，不得用砖垛、砌块或灰斗搭设临时脚手架。

GB 50794—2012《光伏发电站施工规范》9.3.1　进入施工现场人员应自觉遵守现场安全文明施工纪律规定，各施工项目作业时应严格按照现行行业标准 DL 5009《电力建设安全工程规程》的相关规定执行。

DL 5009.1—2014《电力建设安全工作规程　第 1 部分：火力发电》5.8.2　严禁站在墙身上进行砌砖、勾缝、检查大角垂直度及清扫墙面等作业或在墙身上行走，不得用砖垛、砌块或灰斗搭设临时脚手架。

二、作业人员利用砖垛、砌块搭设临时脚手架

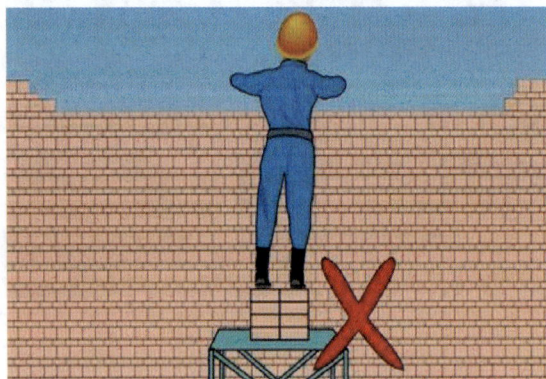
图 2-447　隐患示例

图 2-448　正确示例

隐患描述　作业人员利用砖垛、砌块搭设临时脚手架。

危害分析　脚手架不满足使用要求，人员易发生坠落事故。

整改要求　立即停用砖垛、砌块搭设的临时脚手架。

整改依据　NB/T 10208—2019《陆上风电场工程施工安全技术规范》5.5.1　不得站在墙身上进行砌砖、勾缝、检查大角垂直度及清扫墙面等作业或在墙身上行走，不得用砖垛、砌块或灰斗搭设临时脚手架。

GB 50794—2012《光伏发电站施工规范》9.3.1　进入施工现场人员应自觉遵守现场安全文明施工纪律规定，各施工项目作业时应严格按照现行行业标准 DL 5009《电力建设安全工程规程》的相关规定执行。

DL 5009.1—2014《电力建设安全工作规程　第 1 部分：火力发电》5.8.2　严禁站在墙身上进行砌砖、勾缝、检查大角垂直度及清扫墙面等作业或在墙身上行走，不得用砖垛、砌块或灰斗搭设临时脚手架。

三、人员在高处向墙外砍砖

图 2-449 隐患示例

图 2-450 正确示例

隐患描述 人员在高处向墙外砍砖。

危害分析 砖块直接从外面掉落易砸伤其他作业人员。

整改要求 在高处砌筑时，禁止向墙外砍砖。

整改依据 NB/T 10208—2019 《陆上风电场工程施工安全技术规范》 5.5.3 在高处砍砖时，不得向墙外砍砖。挂线用的线坠，应绑扎牢固。下班时应将脚手板及墙上的碎砖、砂浆清扫干净。

GB 50794—2012 《光伏发电站施工规范》 9.3.1 进入施工现场人员应自觉遵守现场安全文明施工纪律规定，各施工项目作业时应严格按照现行行业标准 DL 5009 《电力建设安全工程规程》的相关规定执行。

DL 5009.1—2014 《电力建设安全工作规程 第 1 部分：火力发电》 5.8.8 在高处砍砖时，不得向墙外砍砖。挂线用的线坠，应绑扎牢固。下班时应将脚手板及墙上的碎砖、砂浆清扫干净。

四、人工进行物料传递时直接抛运

图 2-451 隐患示例

图 2-452 正确示例

隐患描述 人工进行物料传递时直接抛运。

危害分析 抛运物料过程中易造成砸伤接砖人或砖块坠落伤害事故。

整改要求 禁止抛运物料。

整改依据 NB/T 10208—2019 《陆上风电场工程施工安全技术规范》 5.5.4 不得用手向上抛砖运送，人工传递时应稳递稳接，两人作业位置应避免在同一垂直线上。

GB 50794—2012 《光伏发电站施工规范》 9.3.1 进入施工现场人员应自觉遵守现场安全文明施工纪律规定，各施工项目作业时应严格按照现行行业标准 DL 5009 《电力建设安全工程规程》的相关规定执行。

DL 5009.1—2014 《电力建设安全工作规程 第 1 部分：火力发电》 5.8.9 严禁用手向上抛砖运送，人工传递时应稳递稳接，两人作业位置应避免在同一垂直线上。

五、人员修整石块时未佩戴防护眼镜

图 2-453　隐患示例　　　　　　　图 2-454　正确示例

　　隐患描述　人员修整石块时未佩戴防护眼镜。

　　危害分析　石块飞溅划伤作业人员眼睛。

　　整改要求　立即停止作业，佩戴好防护眼镜后继续进行作业。

　　整改依据　NB/T 10208—2019《陆上风电场工程施工安全技术规范》 5.5.5　在脚手架上砌石不得使用大锤。修整石块时，应戴防护眼镜，不得两人对面操作。

　　GB 50794—2012《光伏发电站施工规范》 9.3.1　进入施工现场人员应自觉遵守现场安全文明施工纪律规定，各施工项目作业时应严格按照现行行业标准 DL 5009《电力建设安全工程规程》的相关规定执行。

　　DL 5009.1—2014《电力建设安全工作规程　第 1 部分：火力发电》 5.8.15　在脚手架上砌石不得使用大锤。修整石块时，应戴防护眼镜，严禁两人对面操作。

第二十二节　装饰装修

一、外墙装饰装修作业时，作业人员站在阳台栏板上安装门窗

　　隐患描述　外墙装饰装修作业时，作业人员站在阳台栏板上安装门窗。

　　危害分析　站在阳台栏板上安装门窗易发生高处坠落事故。

　　整改要求　加强作业人员安全操作规程培训。督促作业人员在吊篮或室内安装门窗。

　　整改依据　NB/T 10208—2019《陆上风电场工程施工安全技术规范》 5.6.2　外墙装饰装修作业应符合下列要求，安装门、窗、玻璃及油漆施工时，操作人员不得站在阳台栏板上操作。门、窗临时固定及封填材料未达到强度时，不得手拉门、窗进行作业。

图 2-455　隐患示例

　　GB 50794—2012《光伏发电站施工规范》 9.3.1　进入施工现场人员应自觉遵守现场安全文明施工纪律规定，各施工项目作业时应严格按照现行行业标准 DL 5009《电力建设安全工程规程》的相关规定执行。

　　DL 5009.1—2014《电力建设安全工作规程　第 1 部分：火力发电》 5.9.2　外墙装饰装修作业，安装门、窗、玻璃及油漆施工时，严禁操作人员站在橙子、阳台栏板上操作。

图 2-456　正确示例

二、进行仰面粉刷作业时，作业人员未佩戴防尘口罩

图 2-457　隐患示例

图 2-458　正确示例

　　隐患描述　进行仰面粉刷作业时，作业人员未佩戴防尘口罩。

　　危害分析　作业人员吸入或侵入粉末、涂料等物品，会导致职业病。

　　整改要求　作业前督促作业人员正确佩戴防尘口罩和防护眼镜等防护用品。

　　整改依据　NB/T 10208—2019《陆上风电场工程施工安全技术规范》 5.6.3　进行仰面粉刷作业时，作业人员应佩戴防尘口罩，并应采取防粉末、涂料等侵入眼内的措施。

三、铺设耐酸瓷砖时，作业人员未佩戴耐酸手套

图 2-459　隐患示例

图 2-460　正确示例

　　隐患描述　铺设耐酸瓷砖时，作业人员未佩戴耐酸手套。

　　危害分析　造成作业人员手部被腐蚀损伤。

　　整改要求　为作业人员配备耐酸手套，并督促作业人员佩戴。

　　整改依据　NB/T 10208—2019《陆上风电场工程施工安全技术规范》 5.6.4　在调制耐酸胶泥和铺设耐酸瓷砖时，应保持通风良好，作业人员应戴耐酸手套。

四、高处作业时，作业人员随意抛掷工具或物料

隐患描述 高处作业时，作业人员随意抛掷工具或物料。

危害分析 工具或物料掉落，砸伤人员或设备。

整改要求 配备工具袋，要求作业人员将工具放置在工具袋内，严禁抛掷物料。

整改依据 JGJ 80—2016《建筑施工高处作业安全技术规范》3.0.6 对施工作业现场可能坠落的物料，应及时拆除或采取固定措施。高处作业所用的物料应堆放平稳，不得妨碍通行和装卸。工具应随手放入工具袋；作业中的走道、通道板和登高用具，应随时清理干净；拆卸下的物料及余料和废料应及时清理运走，不得随意放置或向下丢弃。传递物料时不得抛掷。

图 2-461 隐患示例

图 2-462 正确示例

第二十三节 职业健康

一、职业病防护管理措施不全

隐患描述 职业病防护管理措施不全。

危害分析 无职业卫生管理机构会导致责任未落实到位；没有职业病防护计划和实施方案会导致无序管理；没有职业卫生管理制度和操作规程会导致无序工作而发生事故；无职业卫生档案会导致资料丢失，发生职业事件时无法查询问责；无职业病危害因素监测及评价制度会导致管理滞后或无法提升；无职业病危害事故应急救援预案会导致发生突发事件时无从下手处置。

整改要求 设置职业卫生管理机构，并配备职业卫生管理人员负责现场的职业病防治工作；根据现场的实际情况，制订职业病防治计划和实施方案；组织人员建立、健全职业病卫生管理制度和操作规程，并落实；定期进行职业危害因素监测、检测，职业卫生知识培训，职业健康体检等；建立、健全工作场所职业病危害因素监测及评价制度；建立、健全职业病危害事故应急救援预案，并组织演练。

整改依据 《中华人民共和国职业病防治法（2018年修正）》（中华人民共和国主席令第二十四号）第二十条 用人单位应当采取下列职业病防治管理措施：

（1）设置或者指定职业卫生管理机构或者组织，配备专职或者兼职的职业卫生管理人员，负责本单位的职业病防治工作。

（2）制订职业病防治计划和实施方案。

（3）建立、健全职业卫生管理制度和操作规程。

（4）建立、健全职业卫生档案和劳动者健康监护档案。

（5）建立、健全工作场所职业病危害因素监测及评价制度。

（6）建立、健全职业病危害事故应急救援预案。

GB/T 45001—2020《职业健康安全管理体系要求及使用指南》相关内容。

20××年度职业病防治计划实施检查表

序号	日期	职业病防治计划内容	实施情况	实施负责人	备注
1	2017.1	成立职业卫生防治机构或组织	未完成		
2	2017.2	建立健全职业卫生管理制度	未完成		
3	2017.3	组织劳动者进行职业卫生培训	未完成		
4	2017.7	职业病危害因素检测	未完成		
5	2017.9	组织劳动者进行职业健康检查	未完成		
6	2017.11	开展职业卫生基础建设	未完成		

图 2-463 隐患示例

序号	日期	职业病防治计划内容	实施情况	实施负责人	备注
1	3月	下发职业病防治计划及实施方案	已下发文件		
2	4月	开展安全、职业卫生防治教育培训	根据计划进行全员培训，有记录、考试试卷		
3	4月	成立职业卫生管理机构	已成立		
4	4月	开展安全、职业卫生防治教育培训	已实施		
5	每月	每月开展职业卫生安全大检查	对危害点，已及时整改		
6	4月	建立劳动者个人的健康防护档案	已实施		
7	4月	开展职业病隐患应急救援演练、展安全、职业卫生生产事故应急演练	已实施		
8	4月	张贴工作场所警示标示	已实施		

图 2-464 正确示例

二、未为接触职业病危害因素的从业人员配备职业病防护用品

隐患描述　未为接触职业病危害因素的从业人员配备职业病防护用品。

危害分析　从业人员防护不到位，易患职业病。

整改要求　根据不同的职业病危害因素，配备耳塞、口罩、护目镜等职业病防护用品，并督促从业人员正确使用。

整改依据　《中华人民共和国职业病防治法（2018年修正）》（中华人民共和国主席令第二十四号）　第四条　劳动者依法享有职业卫生保护的权利。用人单位应当为劳动者创造符合国家职业卫生标准和卫生要求的工作环境和条件，并采取措施保障劳动者获得职业卫生保护。

第二十二条　用人单位必须采用有效的职业病防护设施，并为劳动者提供个人使用的职业病防护用品。用人单位为劳动者个人提供的职业病防护用品必须符合防治职业病的要求；不符合要求的，不得使用。

NB/T 10208—2019《陆上风电场工程施工安全技术规范》　4.12.1　施工单位应提供个人使用的职业病防护用品，并采取措施保障施工人员获得职业卫生保护。

图 2-465　隐患示例

图 2-466　正确示例

三、未对施工现场职业病危害因素进行辨识、告知

图 2-467　隐患示例

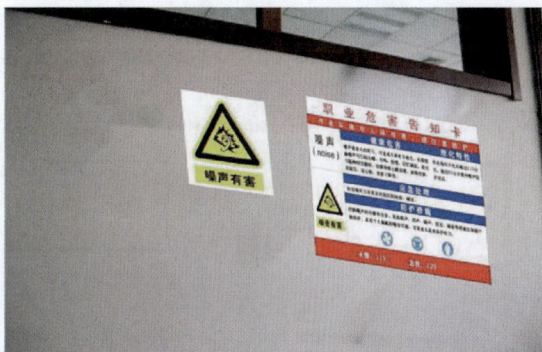

图 2-468　正确示例

隐患描述　未对施工现场职业病危害因素进行辨识、告知。

危害分析　职业病危害因素管控不到位，从业人员对企业职业危害因素不清楚，易导致患职业病。

整改要求　每年组织人员对施工现场的职业病危害因素进行编制，制定相应的控制措施并督促落实；通过与从业人员签订职业病危害告知书或现场张贴职业病危害告知牌等方式将现场的职业病危害因素及其后果、职业病防治措施等进行告知。

整改依据　《中华人民共和国职业病防治法（2018年修正）》（中华人民共和国主席令第二十四号）　第三十三条　用人单位与劳动者订立劳动合同（含聘用合同）时，应当将工作过程中可能产生的职业病危害及其后果、职业病防护措施和待遇等如实告知劳动者，并在劳动合同中写明，不得隐瞒或者欺骗。

NB/T 10208—2019《陆上风电场工程施工安全技术规范》　4.12.2　应对施工现场产生的粉尘、噪声等职业病危害因素进行辨识和控制，并告知现场施工作业人员。

四、未定期组织接触职业病危害因素的员工体检

图 2-469　隐患示例

图 2-470　正确示例

隐患描述　未定期组织接触职业病危害因素的员工体检。

危害分析　从业人员患有职业病后，未及时治疗会加重病情，损害职工合法权益。

整改要求　定期组织接触职业病危害因素的员工体检，发现患有职业病时调岗并治疗。

整改依据　《中华人民共和国职业病防治法（2018年修正）》（中华人民共和国主席令第二十四号）　第三十五条　对从事接触职业病危害的作业的劳动者，用人单位应当按照国务院卫生行政部门的规定组织上岗前、在岗期间和离岗时的职业健康检查，并将检查结果书面告知劳动者。职业健康检查费用由用人单位承担。

NB/T 10208—2019　《陆上风电场工程施工安全技术规范》　4.12.4　对接触职业病危害因素的职工应定期进行体检，凡发现有不适合某种有害作业的疾病患者，应及时调换工作岗位。

五、未对职业病危害因素进行日常监测

图 2-471　隐患示例

图 2-472　正确示例

隐患描述　未对职业病危害因素进行日常监测。

危害分析　现场危害因素超标将会导致从业人员患有职业病。

整改要求　定期对施工现场的噪声、粉尘等职业病危害因素进行监测，确保噪声强度、粉尘浓度等在规定范围内。

整改依据　《中华人民共和国职业病防治法（2018年修正）》（中华人民共和国主席令第二十四号）第二十六条　用人单位应当实施由专人负责的职业病危害因素日常监测，并确保监测系统处于正常运行状态。

六、未定期对工作场所职业病危害因素进行检测、评价

未进行定期检测，无定期检测结果。

图 2-473 隐患示例

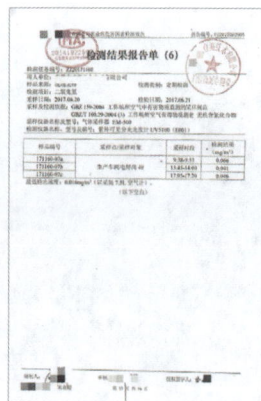

图 2-474 正确示例

隐患描述 未定期对工作场所职业病危害因素进行检测、评价。

危害分析 无法了解工作场所职业病危害因素的强度或浓度。危害因素超标将会导致从业人员患职业病。

整改要求 定期组织专业单位对施工现场的噪声、粉尘等职业病危害因素进行检测和评价，确保噪声强度、粉尘浓度等在规定范围内，并向劳动者公布。

整改依据 《中华人民共和国职业病防治法（2018 年修正）》（中华人民共和国主席令第二十四号）第二十六条 用人单位应当按照国务院卫生行政部门的规定，定期对工作场所进行职业病危害因素检测、评价。检测、评价结果存入用人单位职业卫生档案，定期向所在地卫生行政部门报告并向劳动者公布。

第二十四节 环境影响与节能减排

一、生活污水未经处理或处理不达标时进行排放

隐患描述 生活污水未经处理或处理不达标时进行排放。

危害分析 造成水体污染，破坏生态环境。

整改要求 设置生活污水的沉淀、处理设施，确保生活污水经过处理达标后排放。

整改依据 《中华人民共和国环境保护法（2017 年修正）》（中华人民共和国主席令第八十一号） 第四十二条 排放污染物的企业事业单位和其他生产经营者，应当采取措施，防治在生产建设或者其他活动中产生的废气、废水、废渣、医疗废物、粉尘、恶臭气体、放射性物质以及噪声、振动、光辐射、电磁辐射等对环境的污染和危害。排放污染物的企业事业单位，应当建立环境保护责任制度，明确单位负责人和相关人员的责任。

GB 50794—2012 《光伏发电站施工规范》 8.2.2 施工废液控制应符合下列要求：生活污水及施工中产生的其他废水应经过处理达标排放，不得直接排放。

废水未处理就进行排放

图 2-475 隐患示例

废水已处理再进行排放

图 2-476 正确示例

二、水泥堆放处未覆盖

图 2-477　隐患示例

图 2-478　正确示例

隐患描述　水泥堆放处未覆盖。

危害分析　遇大风天气，水泥灰逸散造成污染。

整改要求　用塑料布将水泥进行覆盖或设置专门存放室进行存放。

整改依据　《中华人民共和国环境保护法（2017年修正）》（中华人民共和国主席令第八十一号）第四十二条　排放污染物的企业事业单位和其他生产经营者，应当采取措施，防治在生产建设或者其他活动中产生的废气、废水、废渣、医疗废物、粉尘、恶臭气体、放射性物质以及噪声、振动、光辐射、电磁辐射等对环境的污染和危害。排放污染物的企业事业单位，应当建立环境保护责任制度，明确单位负责人和相关人员的责任。

GB 50794—2012 《光伏发电站施工规范》 8.2.3 施工粉尘控制应符合下列要求：水泥等易飞扬的细颗粒及建筑材料应采取覆盖或密闭存放。

三、建筑垃圾、生活垃圾随意乱丢

隐患描述　建筑垃圾、生活垃圾随意乱丢。

危害分析　污染环境。

整改要求　设置建筑垃圾、生活垃圾的固定存放点，要求现场人员将垃圾堆放在指定地点，并及时清运。

整改依据　《中华人民共和国环境保护法（2017年修正）》（中华人民共和国主席令第八十一号）第四十二条　排放污染物的企业事业单位和其他生产经营者，应当采取措施，防治在生产建设或者其他活动中产生的废气、废水、废渣、医疗废物、粉尘、恶臭气体、放射性物质以及噪声、振动、光辐射、电磁辐射等对环境的污染和危害。排放污染物的企业事业单位，应当建立环境保护责任制度，明确单位负责人和相关人员的责任。

GB 50794—2012 《光伏发电站施工规范》 8.2.4 施工固体废弃物控制应符合下列规定：建筑垃圾、生活垃圾应及时清运，并按指定地点堆放。

图 2-479　隐患示例

图 2-480　正确示例

四、施工现场未设置车辆冲洗设施

图 2-481　隐患示例

图 2-482　正确示例

隐患描述　施工现场未设置车辆冲洗设施。

危害分析　车辆离开施工现场，带泥上路，污染道路。

整改要求　在施工现场出入口设置车辆冲洗设施，要求车辆离开施工现场前清洗干净。

整改依据　JGJ 59—2011《建筑施工安全检查标准》3.2.3-2　施工现场出入口应标有企业名称或标志，并应设置车辆冲洗设施。

五、施工现场未设置防止扬尘措施

图 2-483　隐患示例

图 2-484　正确示例

隐患描述　施工现场未设置防止扬尘设施。

危害分析　污染环境，损害现场作业人员健康。

整改要求　在施工现场设置洒水装置等防止扬尘措施。

整改依据　JGJ 59—2011《建筑施工安全检查标准》3.2.3-3　施工现场应有防止扬尘措施。

六、施工现场废弃物管控不当，现场焚烧废弃物

图 2-485 隐患示例

图 2-486 正确示例

隐患描述 施工现场废弃物管控不当，现场焚烧废弃物。

危害分析 污染环境，且易导致火灾事故。

整改要求 加强作业人员安全教育培训，加强现场巡视、监管，严禁焚烧废弃物。

整改依据 《中华人民共和国环境保护法（2017 年修正）》（中华人民共和国主席令第八十一号）第四十二条　排放污染物的企业事业单位和其他生产经营者，应当采取措施，防止在生产建设或者其他活动中产生的废气、废水、废渣、医疗废物、粉尘、恶臭气体、放射性物质以及噪声、振动、光辐射、电磁辐射等对环境的污染和危害。排放污染物的企业事业单位，应当建立环境保护责任制度，明确单位负责人和相关人员的责任。

JGJ 59—2011 《建筑施工安全检查标准》 3.2.4-4 施工现场严禁焚烧各类废弃物。

第二篇　建设篇

第三章　光伏建设典型隐患

第一节　光伏支架安装与调试

一、混凝土浇筑后未紧实立即进行支架安装

图 3-1　隐患示例

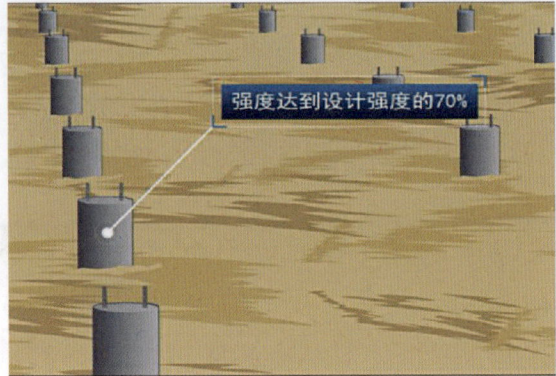

图 3-2　正确示例

隐患描述　混凝土浇筑后未紧实立即进行支架安装。

危害分析　混凝土未紧实时强度不够，直接进行支架安装，基础易出现裂纹，导致支架不稳。

整改要求　混凝土浇筑完成后，需待紧实后强度达到设计强度 70% 以上方可进行支架安装。

整改依据　GB 50797—2012《光伏发电站设计规范》5.2.1　采用现浇混凝土支架基础时，应在混凝土强度达到设计强度的 70% 后进行支架安装。

二、支架安装工程中作业人员未按照要求穿戴安全帽等安全防护用品

图 3-3　隐患示例

图 3-4　正确示例

隐患描述　支架安装工程中作业人员未按照要求穿戴安全帽等安全防护用品。

危害分析　作业人员未佩戴好安全防护用品，易导致作业人员在作业过程中被现场材料、机具等伤害。

整改要求　佩戴好安全防护用品方可继续施工。进入现场进行施工作业时必须佩戴好安全防护用品。

整改依据　《用人单位劳动防护用品管理规范》（安监总厅安监〔2018〕3 号）第八条　劳动者在作业过程中，应当按照规章制度和劳动防护用品使用规则，正确佩戴和使用劳动防护用品。

三、光伏支架镀锌防腐层损坏，支架存在变形弯曲情况

图3-5　隐患示例

图3-6　正确示例

隐患描述　光伏支架镀锌防腐层损坏，支架存在变形弯曲情况。

危害分析　无镀锌防腐涂层的光伏支架容易发生锈蚀，会增大光伏组件的破损率，减少使用年限。

整改要求　对变形、镀锌防腐涂层损坏的支架进行更换。

整改依据　GB 50797—2012 《光伏发电站设计规范》 5.2.1　支架到场后应做以下检查：①外观及防腐涂镀层应完好无损；②型号、规格及材质应符合设计图纸要求，附件、备件应齐全。

四、安装过程中对光伏支架进行敲打，擅自对孔洞进行气割扩孔

图3-7　隐患示例

图3-8　正确示例

隐患描述　安装过程中对光伏支架进行敲打，擅自对孔洞进行气割扩孔。

危害分析　影响光伏支架的稳定性。扩孔、敲打等行为会减少光伏支架的使用年限。

整改要求　禁止在施工过程中对光伏支架进行敲打，对气割扩孔的光伏支架进行更换。

整改依据　GB 50797—2012 《光伏发电站设计规范》 5.2.2　支架安装过程中不应强行敲打，不应气割扩孔。对热镀锌材质的支架，现场不应打孔。

五、跟踪式支架与基础连接螺栓松动，加固措施未落实

图 3-9　隐患示例

图 3-10　正确示例

隐患描述　跟踪式支架与基础连接螺栓松动，加固措施未落实。

危害分析　跟踪式支架基础不稳，易发生倒塌，导致光伏组件损坏。

整改要求　立即加固跟踪式支架与基础连接，加强对支架连接处螺栓的检查。

整改依据　GB 50797—2012《光伏发电站设计规范》5.2.3　跟踪式支架的安装应符合以下要求：跟踪式支架与基础之间应固定牢固、可靠。

六、支架焊接部位未涂刷镀锌防腐漆，未及时做镀锌防腐处理

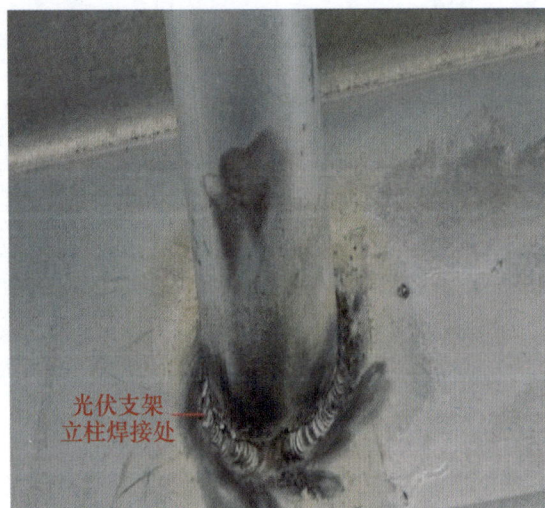

图 3-11　隐患示例

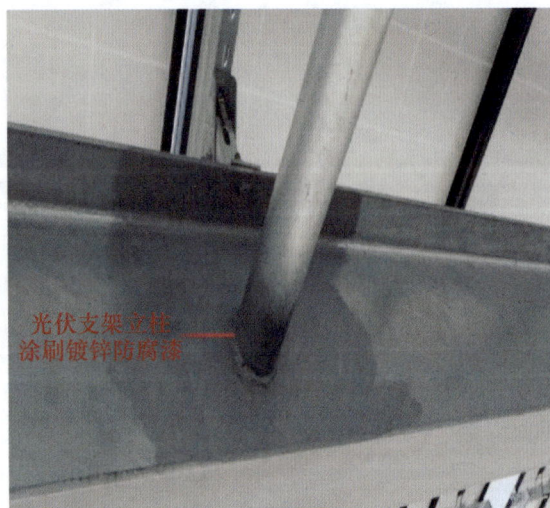

图 3-12　正确示例

隐患描述　支架焊接部位未涂刷镀锌防腐漆，未及时做镀锌防腐处理。

危害分析　支架焊接部位未做镀锌防腐处理，会因锈蚀造成支架失稳、倒塌。

整改要求　对支架焊接部位采取镀锌防腐措施，涂刷镀锌防腐漆。

整改依据　GB 50797—2012《光伏发电站设计规范》5.2.4　支架安装完成后，应对其焊接表面按照设计要求进行防腐处理。

七、焊接作业人员未取得焊接资格证就上岗作业

图 3-13 隐患示例

图 3-14 正确示例

隐患描述 焊接作业人员未取得焊接资格证就上岗作业。

危害分析 作业人员操作不规范，易导致人员受到伤害。

整改要求 禁止无证人员继续施工，现场人员必须持证上岗。

整改依据 《特种作业人员安全技术培训考核管理规定》（国家安全生产监督管理总局令第 30 号令）第五条 特种作业人员必须经专门的安全技术培训并考核合格，取得"中华人民共和国特种作业操作证"后，方可上岗作业。

八、夜间进行支架安装时照明不足，未覆盖施工区域

图 3-15 隐患示例

图 3-16 正确示例

隐患描述 夜间进行支架安装时照明不足，未覆盖施工区域。

危害分析 施工照明不足，影响人员视线，易导致安全事故。

整改要求 增加夜间施工光源，照明不足部位禁止夜间施工。

整改依据 GB/T 35694—2017 《光伏发电站安全规程》 4.8 生产区域应合理配置照明设施，确保夜间作业照明充足；在现场光照不满足作业要求时，运行维护采用临时照明应满足相关技术规范的要求，并做好防止人身触电及火灾的相关措施。集控室、配电室等重要场所应有事故照明或应急照明。

第二节　光伏组件安装与调试

一、汽车吊卸货时使用单根吊带进行吊装

图 3-17　隐患示例

图 3-18　正确示例

隐患描述　用汽车吊卸货时使用单根吊带进行吊装。

危害分析　用单根吊带吊装，易失稳，导致光伏组件损坏。

整改要求　停止吊装作业，加设吊带后方可继续作业。

整改依据　JGJ 276—2012《建筑施工起重吊装工程安全技术规范》 3.0.10　高空吊装屋架、梁和斜吊法吊装柱时，应于构件两端绑扎溜绳，由操作人员控制构件的平衡和稳定。

二、光伏组件在卸车时掉落

图 3-19　隐患示例

图 3-20　正确示例

隐患描述　光伏组件在卸车时掉落。

危害分析　造成光伏组件隐裂、破损。

整改要求　采取正确合理的方式装卸光伏组件。

整改依据　GB 50794—2012《光伏发电站施工规范》 5.1.3　光伏组件的外观及各部件应完好无损。

三、人员在搬运光伏组件时手提组件接线盒进行搬运

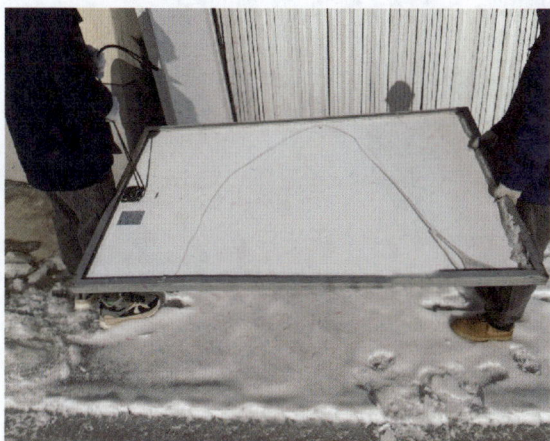

图 3-21 隐患示例

图 3-22 正确示例

隐患描述 人员在搬运光伏组件时手提组件接线盒进行搬运。

危害分析 易导致光伏组件接线盒端口出现裂纹。

整改要求 在搬运光伏组件的过程中应抓住组件长边的边框内侧，禁止搬运人员手提组件接线盒出线进行搬运。

整改依据 GB 50794—2012 《光伏发电站施工规范》 5.1.3 光伏组件的外观及各部件应完好无损。

四、在光伏支架上水平移动组件进行安装时，在已安装组件上移动待安装组件

图 3-23 隐患示例

图 3-24 正确示例

隐患描述 在光伏支架上水平移动组件进行安装时，在已安装组件上移动待安装组件。

危害分析 光伏组件表面易磨损，损坏组件性能。

整改要求 在光伏支架上水平移动组件时，为保证组件安全无损，避免在已安装组件上移动。

整改依据 GB 50794—2012 《光伏发电站施工规范》 5.1.3 光伏组件的外观及各部件应完好无损。

五、光伏支架未设置接地措施

图 3-25 隐患示例

图 3-26 正确示例

隐患描述 光伏支架未设置接地措施。

危害分析 光伏组件漏电导致人员发生触电事故。

整改要求 在光伏支架立柱部位设置扁钢等接地措施。

整改依据 GB 50194—2014 《建设工程施工现场供用电安全规范》 8.1.6 下列电气装置的外露可导电部分和装置外可导电部分均应接地：①电机、变压器、照明灯具等 I 类电气设备的金属外壳、基础型钢、与该电气设备连接的金属构架及靠近带电部分的金属围栏；②电缆的金属外皮和电力线路的金属保护管、接线盒。

六、光伏组件直接依靠着支架或尖锐石头存放

图 3-27 隐患示例

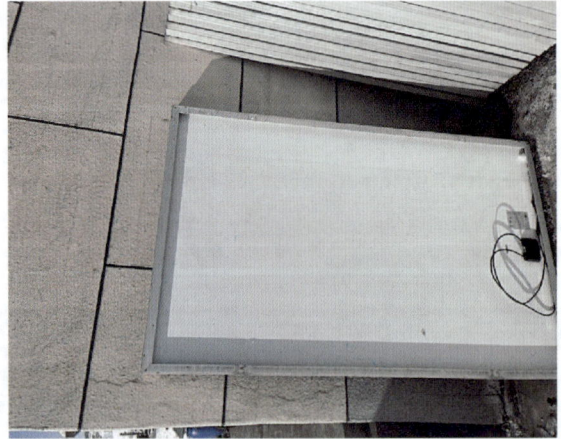

图 3-28 正确示例

隐患描述 光伏组件直接依靠着支架或尖锐石头存放。

危害分析 光伏组件玻璃及背板受力，导致组件受损。

整改要求 立即将光伏组件摆放在平稳地面，不能出现歪斜现象。

整改依据 GB 50794—2012 《光伏发电站施工规范》 5.1.3 光伏组件的外观及各部件应完好无损。

七、光伏组件存放时电缆线露出边框

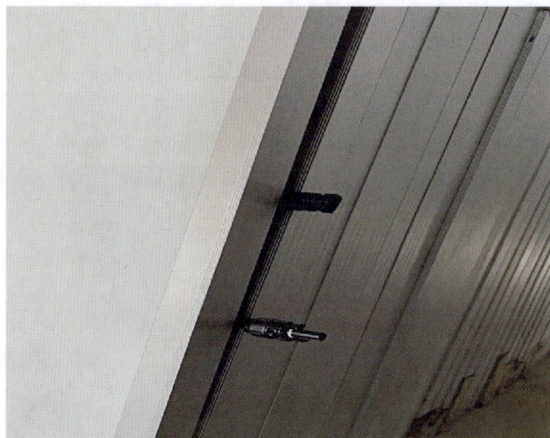

图 3-29　隐患示例

图 3-30　正确示例

隐患描述　光伏组件存放时电缆线露出边框。

危害分析　电缆线受到组件挤压，导致电缆受损。

整改要求　立即将电缆摆放至组件内部。出现电缆外露情况时及时处理。

整改依据　GB 50794—2012 《光伏发电站施工规范》 5.1.3　光伏组件的外观及各部件应完好无损。

第三节　汇流箱安装

一、汇流箱电缆线进口处未用防火封堵泥封堵

图 3-31　隐患示例

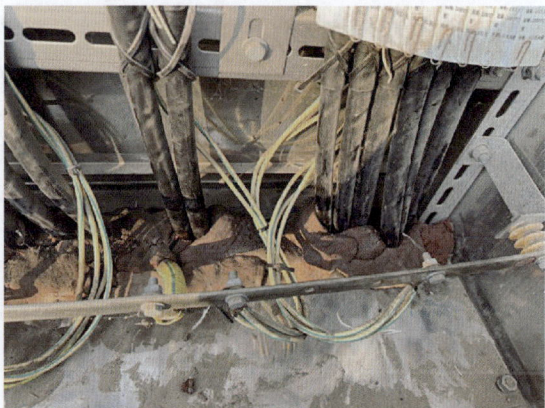

图 3-32　正确示例

隐患描述　汇流箱电缆线进口处未用防火封堵泥封堵。

危害分析　未使用防火封堵泥，当电缆线突然起火时无法阻断火势、遏制火灾，灰尘、烟等容易进入电缆线。

整改要求　对汇流箱电缆线进口处使用防火封堵泥封堵。

整改依据　GB 50171—2012 《电气装置安装工程　盘、柜及二次回路接线施工及验收规范》 3.0.12　安装调试完毕后，在电缆进出盘、柜的底部或顶部以及电缆管口处应进行防火封堵，封堵应严密。

二、汇流箱安装后，内部存在受潮、进水现象

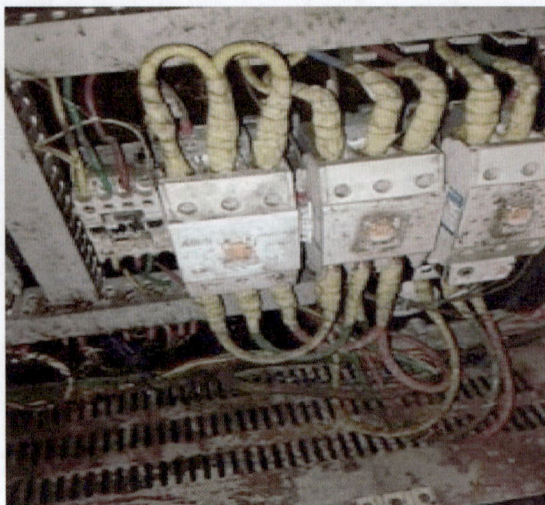

图 3-33　隐患示例

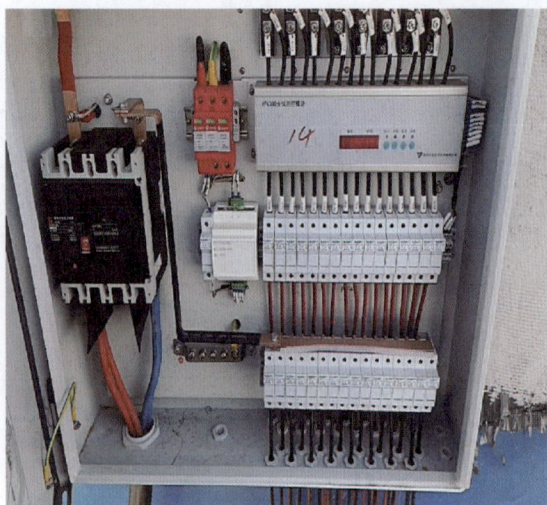

图 3-34　正确示例

隐患描述　汇流箱安装后，内部存在受潮、进水现象。

危害分析　汇流箱内部受潮或进水造成汇流箱故障，严重的可能导致线路漏电、起火。

整改要求　立即清理，安装汇流箱时应保证防潮、防水。

整改依据　GB/T 35694—2017 《光伏发电站安全规程》 4.21　光伏组件及支架的承重应满足实际可能的最大载荷要求，支架及跟踪系统应具有防风、防腐及防湿热等措施，汇流箱等室外电气设备应具有防雷、防水和防高温的措施。

三、汇流箱接线时防水端子未拧紧

图 3-35　隐患示例

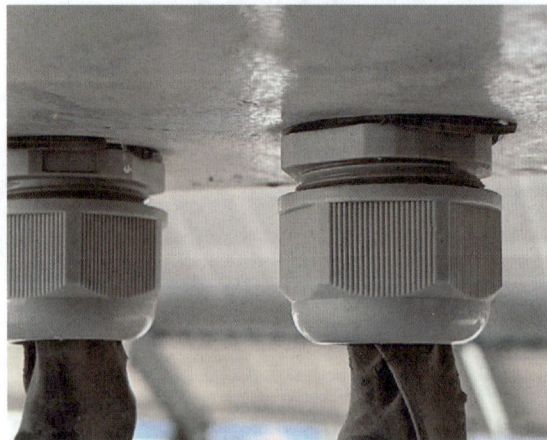

图 3-36　正确示例

隐患描述　汇流箱接线时防水端子未拧紧。

危害分析　汇流箱内部可能进水，导致设备漏电。

整改要求　立即拧紧防水端子，并在接线完成后检查进出线口。

整改依据　GB/T 35694—2017 《光伏发电站安全规程》 4.21　光伏组件及支架的承重应满足实际可能的最大载荷要求，支架及跟踪系统应具有防风、防腐及防湿热等措施，汇流箱等室外电气设备应具有防雷、防水和防高温的措施。

四、汇流箱与支架间的连接螺栓未拧紧

图 3-37　隐患示例

图 3-38　正确示例

隐患描述　汇流箱与支架间的连接螺栓未拧紧。

危害分析　汇流箱与支架连接不稳，易导致汇流箱掉落，内部接线松动。

整改要求　对汇流箱与支架连接部位进行检查加固。

整改依据　GB/T 35694—2017《光伏发电站安全规程》4.21　光伏组件及支架的承重应满足实际可能的最大载荷要求，支架及跟踪系统应具有防风、防腐及防湿热等措施，汇流箱等室外电气设备应具有防雷、防水和防高温的措施。

五、断路器开关未断开就直接安装汇流箱

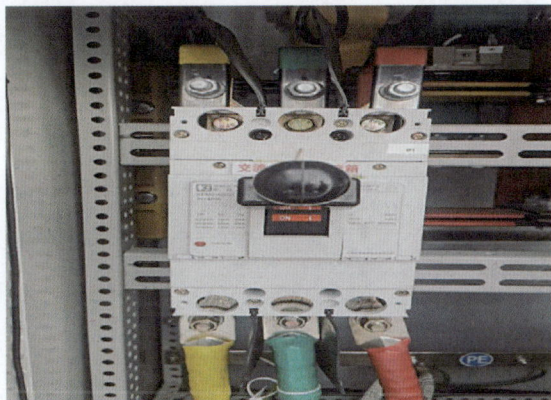

图 3-39　隐患示例

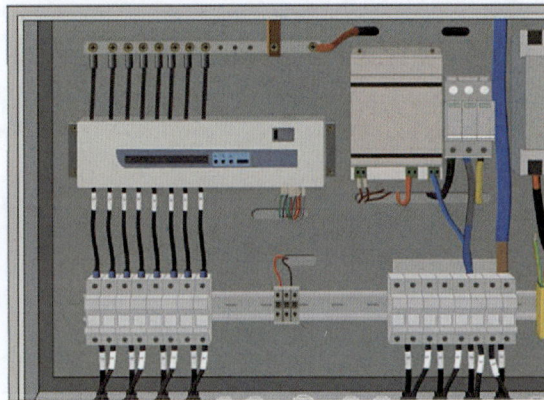

图 3-40　正确示例

隐患描述　断路器开关未断开就直接安装汇流箱。

危害分析　接线过程中易发生触电事故。

整改要求　立即断开断路器，安装前对断路器开关元件进行检查，保证其处于断开状态。

整改依据　GB 50794—2012《光伏发电站施工规范》5.4.1　汇流箱安装前应符合下列要求：汇流箱的所有开关和熔断器应处于断开状态。

六、汇流箱安装垂直偏差过大

图 3-41　隐患示例

图 3-42　正确示例

隐患描述　汇流箱安装垂直偏差过大。

危害分析　垂直偏差过大，导致汇流箱安装不稳固。

整改要求　重新安装汇流箱，保证汇流箱垂直偏差不超过 1.5mm。

整改依据　GB 50794—2012《光伏发电站施工规范》　5.4.2　汇流箱安装的垂直偏差应小于 1.5mm。

第四节　逆变器安装与调试

一、进行逆变器接线安装时未关闭汇流箱的断路器

图 3-43　隐患示例

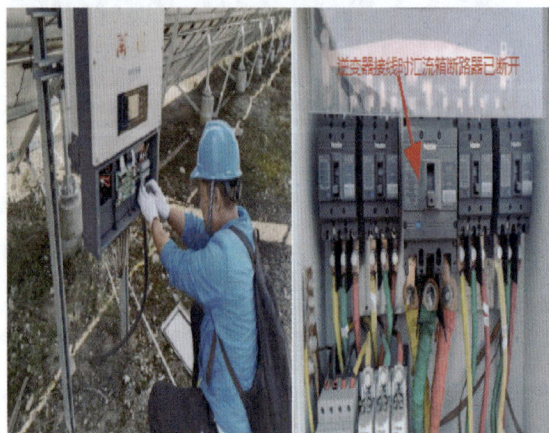

图 3-44　正确示例

隐患描述　进行逆变器接线安装时未关闭汇流箱处的断路器。

危害分析　人员在进行接线安装时易发生触电事故。

整改要求　立刻关闭汇流箱的断路器，关闭后方可继续作业。

整改依据　GB 50794—2012《光伏发电站施工规范》　5.5.4　逆变器直流侧电缆接线前必须确认汇流箱侧有明显断开点。

二、逆变器电缆线接线后电缆管口未使用防火封堵泥封堵

图 3-45　隐患示例

图 3-46　正确示例

隐患描述　逆变器电缆线接线后电缆管口未使用防火封堵材料封堵。

危害分析　突发事故起火时无法阻止火灾事故扩大，造成损失过大。

整改要求　对接线完成的电缆线管口进行防火封堵。

整改依据　GB 50794—2012《光伏发电站施工规范》5.5.5　电缆接引完毕后，逆变器本体的预留孔洞及电缆管口应进行防火封堵。

三、逆变器安装时逆变室内屋顶楼板渗水

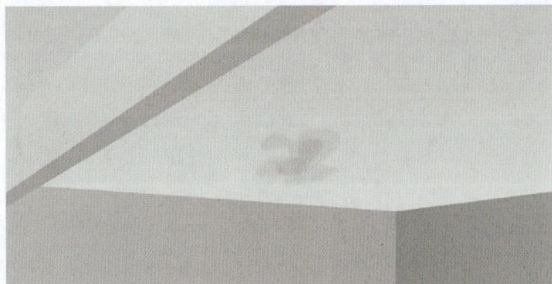

图 3-47　隐患示例

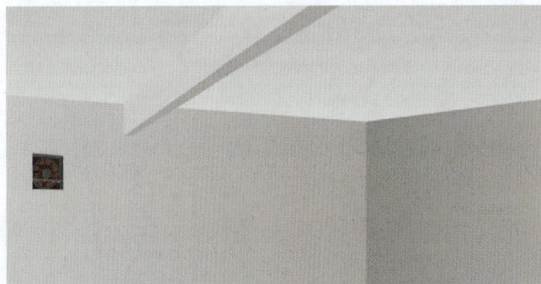

图 3-48　正确示例

隐患描述　逆变器安装时逆变室内屋顶楼板渗水。

危害分析　逆变室内屋顶漏水易导致设备故障、漏电。

整改要求　立即对渗水部位进行修补。安装逆变器前对室内建筑进行检查。

整改依据　GB 50794—2012《光伏发电站施工规范》5.5.1　逆变器安装前应做下列准备：屋内、楼板应施工完毕，不得渗漏。

四、逆变室内沟道有积水、杂物未清理

图 3-49　隐患示例

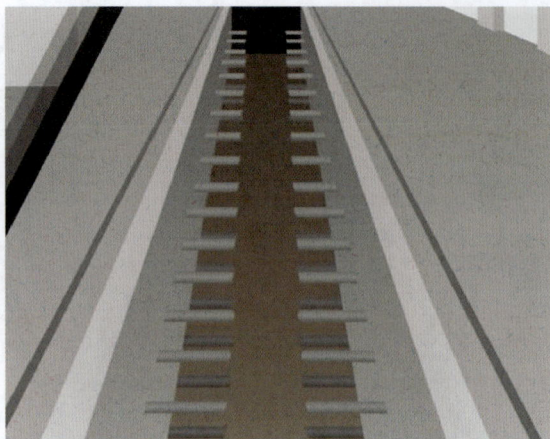

图 3-50　正确示例

隐患描述　逆变室内沟道有积水、杂物未清理。

危害分析　影响逆变器安装，存在触电危险。

整改要求　立即对沟道积水及杂物进行清理。逆变器安装前对室内建筑进行检查。

整改依据　GB 50794—2012 《光伏发电站施工规范》 5.5.1　逆变器安装前应做下列准备：室内地面基层应施工完毕，并应在墙上标出抹面标高；室内沟道无积水，杂物；门、窗安装完毕。

五、逆变器基础型钢未接地

图 3-51　隐患示例

图 3-52　正确示例

隐患描述　逆变器基础型钢未接地。

危害分析　设备漏电易导致基础型钢带电，发生触电事故。

整改要求　对基础型钢进行接地处理。

整改依据　GB 50794—2012 《光伏发电站施工规范》 5.5.2　逆变器的安装与调整应符合下列要求：基础型钢安装后，其顶部宜高出抹平地面 10mm。基础型钢应有明显的可靠接地。

六、逆变器与基础型钢间的连接松动

图 3-53　隐患示例

图 3-54　正确示例

隐患描述　逆变器与基础型钢间的连接松动

危害分析　逆变器易失稳，导致设备故障、漏电。

整改要求　加固逆变器与基础型钢间的连接。

整改依据　GB 50794—2012 《光伏发电站施工规范》 5.5.2　逆变器的安装与调整应符合下列要求：逆变器与基础型钢间的固定应牢固可靠。

七、逆变器交流侧和直流侧电缆线相序错误

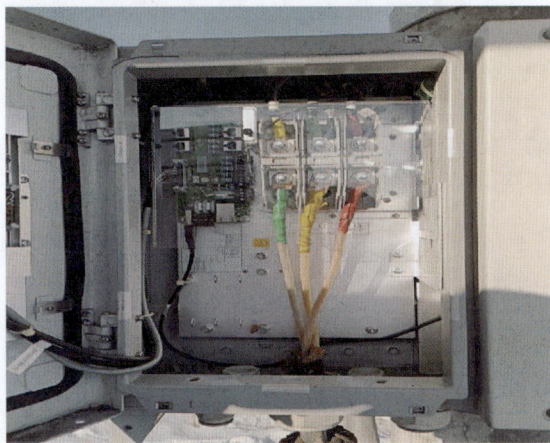

图 3-55　隐患示例

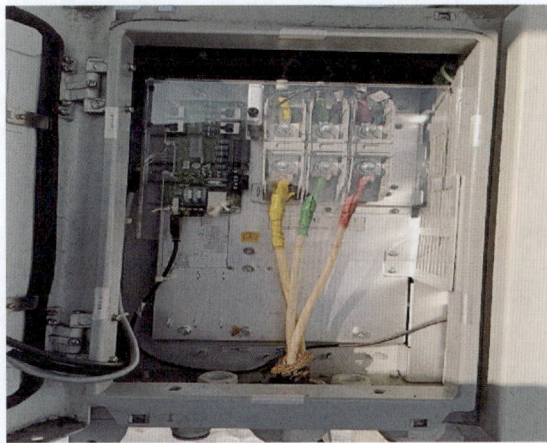

图 3-56　正确示例

隐患描述　逆变器交流侧和直流侧电缆线相序错误。

危害分析　电缆线相序错误易导致设备短路故障。

整改要求　立即对电缆线相序进行校对。加强对电缆线相序的检查。

整改依据　GB 50794—2012 《光伏发电站施工规范》 5.5.3　逆变器交流侧和直流侧电缆接线前应检查电缆绝缘，校对电缆相序和极性。

第五节　电气设备安装与调试

一、配电柜金属框架未采取接地措施

图 3-57　隐患示例

图 3-58　正确示例

隐患描述　配电柜金属框架未采取接地措施。

危害分析　设备漏电时会导致整个设备外壳带电，易发生触电事故。

整改要求　立即设置箱门外壳接地线。

整改依据　GB 50194—2014 《建设工程施工现场供用电安全规范》 6.2.4　配电柜的金属框架及基础型钢应可靠接地，门和框架的接地端子间应采用软铜线进行跨接。

二、安装调试完成后，盘、柜进出电缆线处及电缆管口处未进行防火封堵

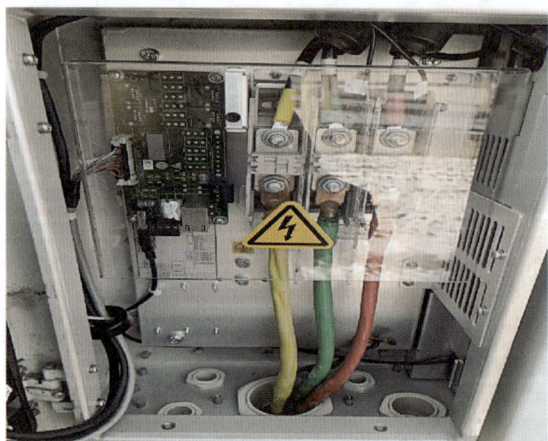

图 3-59　隐患示例

图 3-60　正确示例

隐患描述　安装调试完成后，盘、柜进出电缆线处及电缆管口处未进行防火封堵。

危害分析　突发事故起火时无法阻止火灾事故扩大，造成损失过大。

整改要求　对进出电缆线处及电缆线管口进行防火封堵。

整改依据　GB 50171—2012 《电气装置安装工程　盘、柜及二次回路接线施工及验收规范》 3.0.12　安装调试完毕后，在电缆进出盘、柜的底部或顶部以及电缆管口处应进行防火封堵，封堵应严密。

三、盘、柜内带电母线未设置防触摸的隔离装置

图 3-61 隐患示例

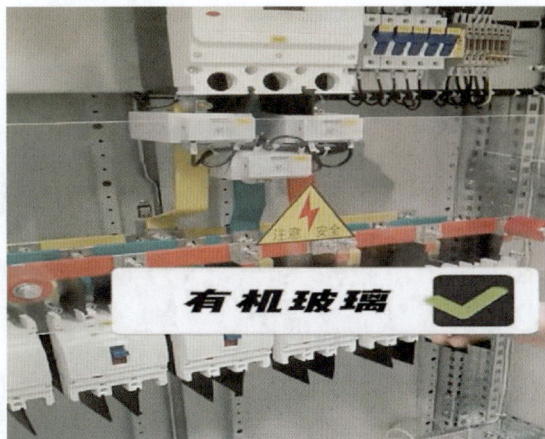

图 3-62 正确示例

隐患描述 盘、柜内带电母线未设置防触摸的隔离装置。

危害分析 人员误触导致发生触电事故。

整改要求 立即设置防触摸的隔离防护装置。

整改依据 GB 50171—2012《电气装置安装工程 盘、柜及二次回路接线施工及验收规范》5.0.7 盘、柜内带电母线应有防止触及的隔离防护装置。

四、成列开关柜的接地母线未设置与接地网相接的可靠连接点

图 3-63 隐患示例

图 3-64 正确示例

隐患描述 成列开关柜的接地母线未设置与接地网相接的可靠连接点。

危害分析 设备漏电易导致人员触电事故。

整改要求 立即设置两处明显的与接地网可靠连接的连接点。

整改依据 GB 50147—2010《电气装置安装工程 高压电器施工及验收规范》6.3.4 成列开关柜的接地母线，应有两处明显的与接地网可靠连接点。金属柜门应以铜软线与接地的金属构架可靠连接。成套柜应装有供检修用的接地装置。

五、高压开关柜安装时螺栓未设置防松措施

图 3-65　隐患示例

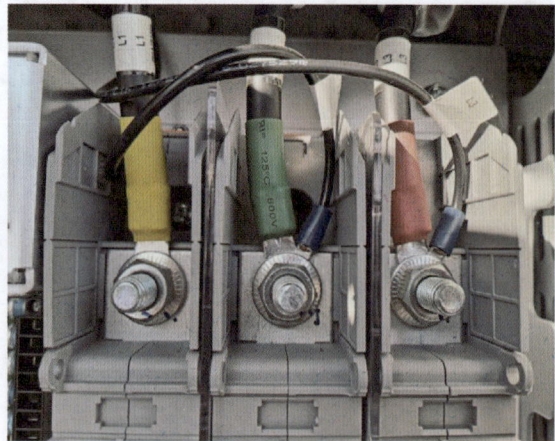

图 3-66　正确示例

隐患描述　高压开关柜安装时螺栓未设置防松措施。

危害分析　固定螺栓易发生松动，造成开关柜倒塌、设备损坏。

整改要求　螺栓固定应紧固、牢靠，并设置防松动措施。

整改依据　GB 50147—2010《电气装置安装工程　高压电器施工及验收规范》　6.3.5　开关柜的安装应符合产品技术文件要求，并应符合下列规定：螺栓应紧固，并应具有防松措施。

六、在雨雪天气进行六氟化硫断路器安装

图 3-67　隐患示例

图 3-68　正确示例

隐患描述　在雨雪天气进行六氟化硫断路器安装。

危害分析　六氟化硫断路器易受天气影响造成设备进水故障。

整改要求　停止六氟化硫断路器安装，改在天气良好时进行安装。

整改依据　GB 50147—2010《电气装置安装工程　高压电器施工及验收规范》　4.2.3　六氟化硫断路器的安装，应在无风沙、无雨雪的天气下进行；灭弧室检查组装时，空气相对湿度应小于80%，并应采取防尘、防潮措施。

七、机械牵引变压器时运输倾斜角超过 15°

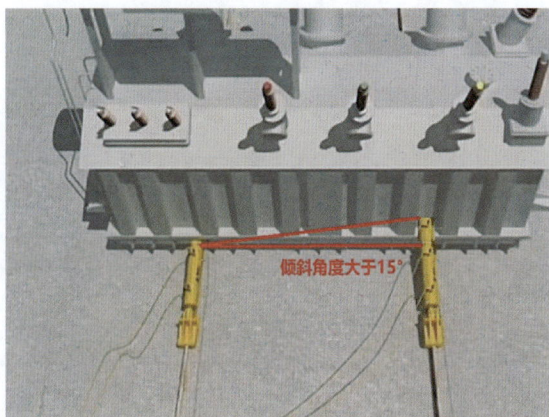

图 3-69 隐患示例

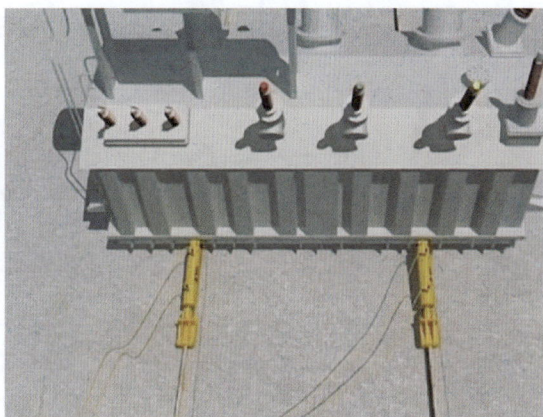

图 3-70 正确示例

隐患描述 机械牵引变压器时运输倾斜角超过 15°。

危害分析 倾斜角度过大会导致变压器倾覆。

整改要求 采用机械牵引变压器时,应保证牵引过程平稳,不得存在倾斜。

整改依据 GB 50148—2010《电气装置安装工程 电力变压器、油浸电抗器、互感器施工及验收规范》4.1.4 当利用机械牵引变压器、电抗器时,牵引着力点应在设备重心以下并符合制造厂规定。运输倾斜角不得超过 15°。变压器、电抗器装卸及就位应使用产品设计的专用受力点,并应采取防滑、防溜措施,牵引速度不应超过 2m/min。

八、施工人员进入变压器进行内检时,排氮不彻底,未对内部进行通排风,含氧量低于 18%

图 3-71 隐患示例

图 3-72 正确示例

隐患描述 施工人员进入变压器进行内检时,排氮不彻底,未对内部进行通排风,含氧量低于 18%。

危害分析 变压器内部氧气不足,造成中毒、窒息事故。

整改要求 进入变压器内部进行内检前,须将变压器内部彻底排氮,保持变压器内部通排风,当氧气含量在 18%~23.5% 时方可进行作业。

整改依据 GB 50148—2010《电气装置安装工程 电力变压器、油浸电抗器、互感器施工及验收规范》4.5.5 在没有排氮前,任何人不得进入油箱。当油箱内的含氧量未达到 18% 以上时,人员不得进入。在内检过程中,必须向箱体内持续补充露点低于 –40℃的干燥空气,以保持含氧量不得低于 18%,相对湿度不应大于 20%。

第六节　架空线路及电缆安装

一、运输、贮存电缆盘过程中，将电缆盘平放运输、平放贮存

<table>
<tr><td>图 3-73　隐患示例</td><td>图 3-74　正确示例</td></tr>
</table>

隐患描述　运输、贮存电缆盘过程中，将电缆盘平放运输、平放贮存。

危害分析　平放电缆盘可能造成电缆绝缘层破损，损伤电缆的导电性能和机械性能。

整改要求　现场电缆线盘按照要求横向放置。

整改依据　GB 50168—2018《电气装置安装工程　电缆线路施工及验收规范》 4.0.2　在运输装卸过程中，不得使电缆及电缆盘受到损伤。电缆盘不应平放运输、平放贮存。

二、电缆盘运输装卸过程中直接将电缆盘从高处推下

图 3-75　隐患示例　　　　　　图 3-76　正确示例

隐患描述　电缆盘运输装卸过程直接将电缆盘将从高处推下。

危害分析　可能造成电缆绝缘层、护套层开裂，损伤电缆的导电性能和机械性能。

整改要求　禁止将电缆盘从高处推下，可采用汽车吊等设备辅助进行装卸。

整改依据　GB 50168—2018《电气装置安装工程　电缆线路施工及验收规范》 4.0.1　电缆及其附件的运输、保管，应符合产品标准的要求，应避免强烈的振动、倾倒、受潮、腐蚀，确保不损坏箱体外表面以及箱内构件。

三、电缆线封端不严密，有裂纹

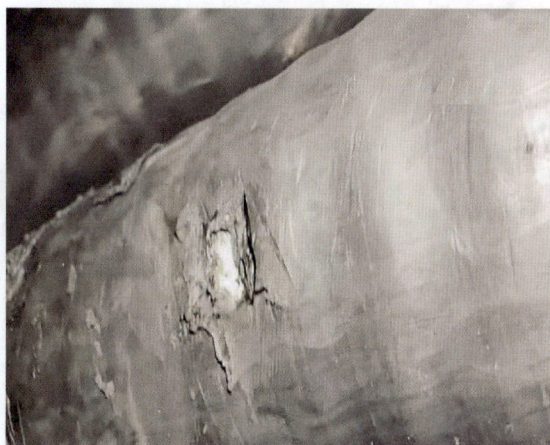

图 3-77　隐患示例

图 3-78　正确示例

隐患描述　电缆线封端不严密，有裂纹。

危害分析　电缆线可能受潮，影响使用。

整改要求　对电缆线进行受潮判断或试验。运送电缆线时应保证电缆线封端严密。

整改依据　GB 50168—2018《电气装置安装工程　电缆线路施工及验收标准》　3.0.4　电缆及其附件到达现场后，应按下列要求及时进行检查：电缆外观不应受损，电缆封端应严密。当外观检查有怀疑时，应进行受潮判断或试验。

四、电缆线路铺设时电缆沟中有积水

图 3-79　隐患示例

图 3-80　正确示例

隐患描述　电缆线路铺设时电缆沟中有积水。

危害分析　电缆线泡水、冬天结冰导致设备故障。

整改要求　对电缆线内积水进行抽排，设置排水设施。电缆沟排水通畅方可进行电缆线路铺设。

整改依据　GB 50168—2018《电气装置安装工程　电缆线路施工及验收标准》　4.3.1　与电缆线路安装有关的建筑工程的施工应符合下列要求：电缆沟排水畅通，电缆室的门窗安装完毕。

第四章　风电建设典型隐患

第一节　大件运输

一、重大件运输前未编制交通运输方案

隐患描述　重大件运输前未编制交通运输方案。

危害分析　行驶道路上的荷载、宽度、转弯半径、纵横坡度等参数不满足运输要求，车辆在行驶过程中发生侧翻、碰撞等交通事故。

整改要求　运输前根据风力发电设备运输所需的路面或桥涵的设计荷载、路面宽度、转弯半径、纵横坡度等参数要求，选择运输路线，了解运输路线的通行条件，以及满足车辆通行所需要的清障工作等内容与要求，制订交通运输方案。

整改依据　GB/T 51121—2015《风力发电工程施工与验收规范》 4.1.1　风力发电设备大件运输前，应收集风力发电设备的基本参数，提出路面或桥涵的设计荷载、路面宽度、转弯半径、纵横坡度等参数要求，编制交通运输方案。必要时，应向沿途交通运输管理部门申请协助。

二、重大件运输前未对运输线路进行勘察评估

隐患描述　重大件运输前未对运输线路进行勘察评估。

危害分析　运输线路的宽度、转弯半径、纵横坡度等参数不满足运输要求，车辆在行驶过程中发生侧翻、碰撞等交通事故。

整改要求　运输前安排人员对运输线路进行勘察、评估，并应对当地地理和气候环境等进行调研。

整改依据　GB/T 51121—2015《风力发电工程施工与验收规范》 4.1.2　在风力发电设备大件运输前，应对运输线路进行勘察评估，并应对当地地理和气候环境等进行调研。

DL/T 1071—2014《电力大件运输规范》 8.2.1.1　应了解电力大件运输所经路段的公路等级、公路桥梁的设计荷载标准，查验路基是否坚实牢固，路面宽度，弯道半径，纵、横坡度是否满足电力大件运输通行要求；对设计荷载不足、不明或受损的桥梁，应详细记录，并向相关部门进行咨询；查明运输沿途公交、隧道、线缆、牌架、收费站、建筑等对电力大件运输通行尺寸的限制要求；对可能发生滑坡、山崩、塌陷、落石等不良地质灾害的路段，应了解其易发时段、发生概率和影响程度。

图 4-1　隐患示例

图 4-2　正确示例

图 4-3　隐患示例

图 4-4　正确示例

三、重大件装车时无人指挥或监护

图 4-5　隐患示例

图 4-6　正确示例

隐患描述　重大件装车时无人指挥或监护。

危害分析　塔架、叶片等重大件掉落，发生起重伤害事故。

整改要求　作业前安排有资格证的人员进行指挥和监护，作业时应在起重指挥的统一指挥下进行装车作业；作业期间应有专人进行安全监护。

整改依据　NB/T 10208—2019《陆上风电场工程施工安全技术规范》 4.3.3　重大件装车时，应设统一的起重指挥和专人安全监护，应在起重指挥的统一指挥下进行装车、绑扎作业。

四、重大件与载货平台接触处未铺设防滑材料

图 4-7　隐患示例

图 4-8　正确示例

隐患描述　重大件与载货平台接触处未铺设防滑材料。

危害分析　塔架、叶片等重大件移动、滑落，造成车辆侧翻或物体打击事故。

整改要求　在载货平台上铺设防滑材料，并在重大件装车时使用钢丝绳等对重大件进行固定。

整改依据　NB/T 10208—2019《陆上风电场工程施工安全技术规范》 4.3.3　重大件与载货平台接触处应铺设防滑材料，应选择合适规格的绑扎钢丝绳、手拉葫芦、卸扣、绞绳、绞筒、橡胶垫、钢质挡块、木方等，采用合适的方式进行绑扎固定，以避免侧翻和滑移。

五、重大件运输车辆未按规定的路线行驶

图 4-9 隐患示例

图 4-10 正确示例

隐患描述 重大件运输车辆未按规定的路线行驶。

危害分析 行驶道路上的荷载、宽度、转弯半径、纵横坡度等参数不满足车辆运输要求，车辆行驶过程中发生车辆侧翻、碰撞等交通事故。

整改要求 给车辆安装 GPS 定位系统，实时在线监测车辆行驶状态，当发现车辆未按规定路线行驶时立即要求司机按规定路线行驶。运输前做好驾驶员的安全教育培训和安全技术交底工作，告知安全注意事项。

整改依据 NB/T 10208—2019 《陆上风电场工程施工安全技术规范》 4.3.4 运输车辆应按规定的路线和要求行驶。

DL/T 1071—2014 《电力大件运输规范》 9.2.3.1 电力大件运输车辆应严格按照方案中规定的路线和要求行驶；沿途道路最低净空高度、最小通行宽度、最大横坡、最大纵坡、道路凹凸曲线、弯道最小内弯半径、最小外弯半径、通道宽度、扫空半径应满足车组安全通行要求；施工现场道路要平整，道路荷载应满足车组安全通行要求。

六、重大件运输途中未停车检查车况、设备绑扎情况

图 4-11 隐患示例

图 4-12 正确示例

隐患描述 重大件运输途中未停车检查车况、设备绑扎情况。

危害分析 未及时发现车辆故障、设备绑扎不牢固等情况，导致发生车辆侧翻、碰撞等事故。

整改要求 重大件运输时要配备引导车辆、监护车辆。加强司机的安全教育培训，要求司机适时停车检查。

整改依据 NB/T 10208—2019 《陆上风电场工程施工安全技术规范》 4.3.4 运输途中应适时停车检查，重点检查车况及监测仪表数据、重大件设备绑扎情况，发现异常应及时处理。

七、重大件运输途中停车时，车辆未设置防溜措施

图 4-13 隐患示例

图 4-14 正确示例

隐患描述 重大件运输途中停车时，车辆未设置防溜措施。

危害分析 车辆滑动，发生车辆侧翻、碰撞等事故。

整改要求 车辆停车时需拉紧手刹，并在车轮处放置三角木等阻挡物。在车辆四周设警示标志，并派专人值守。

整改依据 DL/T 1071—2014《电力大件运输规范》 9.2.3.1 运输途中停车时，应做好车辆防溜措施，在车辆四周设警示标志，并派专人值守。

八、重大件卸车时未设专人指挥或监护

图 4-15 隐患示例

图 4-16 正确示例

隐患描述 重大件卸车时未设专人指挥或监护。

危害分析 重大件未同步卸下或未注意周边人员，导致发生物体打击事故。

整改要求 卸车时安排有资格证的人员进行指挥和监护。作业时统一信号，同步作业。作业期间应有专人进行安全监护。

整改依据 NB/T 10208—2019《陆上风电场工程施工安全技术规范》 4.3.5 重大件卸车作业应设专人指挥和安全监护，统一信号，作业人员应按运输作业方案与技术交底内容执行。

九、使用吊装法卸车时，起吊前未进行试吊

图 4-17　隐患示例

图 4-18　正确示例

　　隐患描述　使用吊装法卸车时，起吊前未进行试吊。

　　危害分析　重大件掉落，发生起重伤害事故。

　　整改要求　作业前进行安全技术交底，作业过程中加强现场监管。作业前对吊具进行检查，确保吊具合格且配置符合要求。吊装作业时要求作业人员起吊前进行试吊。

　　整改依据　DL/T 1071—2014 《电力大件运输规范》 9.2.4.4　起吊前应进行试吊操作，对起重机械做全面细致检查，确认良好后方可正式起吊。

十、使用卷扬滚排法卸车时，在牵引作业过程中有人员跨越卷扬钢丝绳

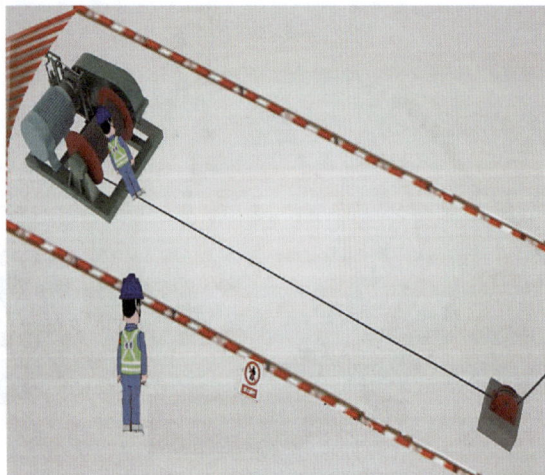

图 4-19　隐患示例

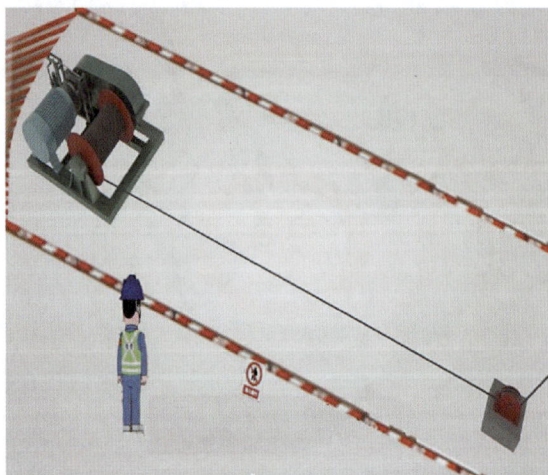

图 4-20　正确示例

　　隐患描述　使用卷扬滚排法卸车时，在牵引作业过程中有人员跨越卷扬钢丝绳。

　　危害分析　人员摔跤、受伤；带动钢丝绳，造成重大件滑落，设备受损。

　　整改要求　设置警戒区域，悬挂警示告知牌，禁止非作业人员进入；安排人员监护，禁止人员跨越卷扬钢丝绳。

　　整改依据　DL/T 1071—2014 《电力大件运输规范》 9.2.4.6　牵引作业时，任何人不得跨越卷扬钢丝绳，在拖拉钢丝绳导向滑轮内侧的危险区内严禁有人逗留或通过。

第二节 风电机组安装与调试

一、风电机组安装

（一）起重机的斜梯未设置防护栏杆

图 4-21 隐患示例　　　　　　图 4-22 正确示例

隐患描述 起重机的斜梯未设置防护栏杆。

危害分析 人员行走时坠落，导致人身伤亡事故。

整改要求 在斜梯两侧设置防护栏杆，栏杆的间距不应小于 0.5m、高度不小于 1m。

整改依据 GB/T 6067.1—2010《起重机械安全规程 第 1 部分：总则》3.7.1.2 斜梯两侧应设置栏杆，两侧栏杆的间距：主要斜梯不应小于 0.6m；其他斜梯可取为 0.5m。斜梯的一侧靠墙壁时，只在另一侧设置栏杆，栏杆高度不小于 1m。

（二）起重机的直梯未设置护圈

图 4-23 隐患示例　　　　　　图 4-24 正确示例

隐患描述 起重机的直梯未设置护圈。

危害分析 人员行走时坠落，导致人身伤亡事故。

整改要求 在直梯上安装直径为 0.6~0.8m 的护圈。

整改依据 GB/T 6067.1—2010《起重机械安全规程 第 1 部分：总则》3.7.2.3 高度 2m 以上的直梯应有护圈，护圈从 2.0m 高度起开始安装，护圈直径宜取为 0.6~0.8m。

（三）起重机械的安全防护装置缺失或失效

图 4-25　隐患示例

图 4-26　正确示例

隐患描述　起重机械的安全防护装置缺失或失效。

危害分析　起重机械突发故障或操作不当时，不能及时预警、保护起重机械，发生起重伤害事故。

整改要求　定期对起重机械进行检查、检测，按照《特种设备安全监察条例》对安全防护装置定期检验，确保起重机械各零部件和安全防护装置齐全有效。对起重机械的主要受力结构件、安全附件、安全保护装置，运行机构，控制系统等进行日常维护保养，并做出记录。

整改依据　《特种设备安全监察条例》（中华人民共和国国务院令第 549 号）第二十七条：特种设备使用单位应当对在用特种设备的安全附件、安全保护装置、测量调控装置及有关附属仪器仪表进行定期校验、检修，并作出记录。

GB/T 6067.1—2010 《起重机械安全规程　第 1 部分：总则》 9　应保证起重机械上各类形程限位、限量开关与联锁保护装置、声光报警装置完好有效。

（四）吊装作业现场未设置警戒线

图 4-27　隐患示例

图 4-28　正确示例

隐患描述　吊装作业现场未设置警戒线。

危害分析　人员随意进出，易发生起重伤害事故。

整改要求　在吊装场地周围设置栏杆或警戒线，悬挂"禁止通行"、"禁止停留"等安全警示标志。

整改依据　NB/T 10208—2019 《陆上风电场工程施工安全技术规范》 6.2.4　风电机组吊装现场应设置警示标志，在吊装场地周围设置警戒线，非作业人员不得入内。禁止人员和车辆在起重作业半径内停留，当作业人员需要在吊物下方作业时，应采取防止吊物突然落下的措施。

（五）风力发电机组安装前未对塔架、机舱、轮毂、叶片等进行检查

图 4-29 隐患示例

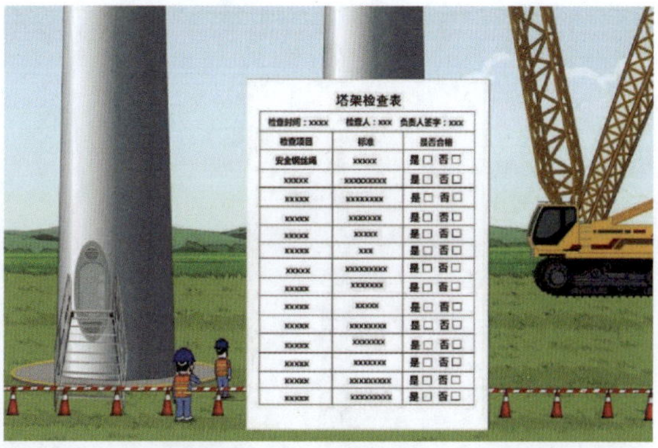

图 4-30 正确示例

隐患描述 风力发电机组安装前未对塔架、机舱、轮毂、叶片等进行检查。

危害分析 塔架、机舱、轮毂、叶片变形。

整改要求 加强安全操作规程的培训，对作业人员进行安全技术交底，要求作业人员严格执行安装作业指导书。督促作业人员、监督人员在安装前对塔架、机舱、轮毂、叶片等进行检查，确保其无变形或损伤。

整改依据 GB/T 51121—2015《风力发电工程施工与验收规范》 6.1.2 风力发电机组安装前应对塔架、机舱、轮毂和叶片进行检查，应无变形或损伤。

（六）塔架吊装时，未设置缆绳进行导向

图 4-31 隐患示例

图 4-32 正确示例

隐患描述 塔架吊装时，未设置缆绳进行导向。

危害分析 塔架吊装时晃动，撞击人员或设备。

整改要求 塔架吊装前，应在塔架上设置吊装缆绳。

整改依据 NB/T 10208—2019《陆上风电场工程施工安全技术规范》 6.2.9 起吊塔架时，应保证塔架直立后下端处于水平位置，并至少有一根缆绳导向。

（七）底部塔架安装完成后未与接地网连接，其他塔架安装完成后未连接引雷导线

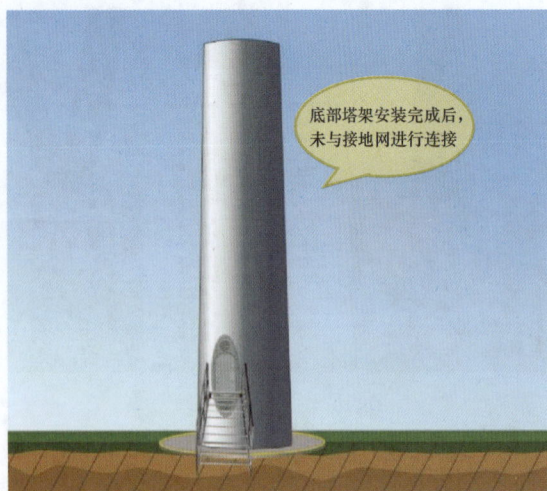

图 4-33　隐患示例

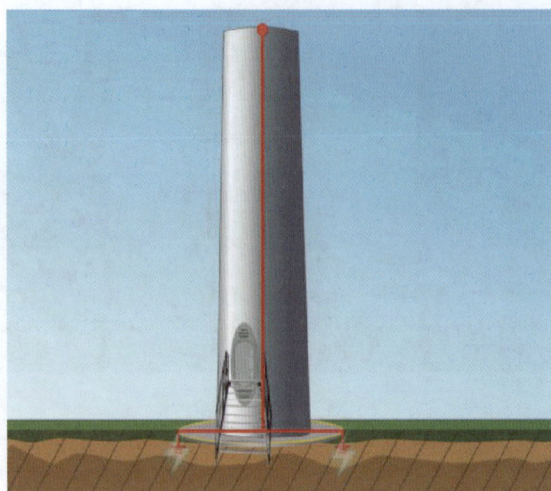

图 4-34　正确示例

隐患描述　底部塔架安装完成后未与接地网连接，其他塔架安装完成后未连接引雷导线。

危害分析　遭遇雷击伤害。

整改要求　将底部塔架与接地网连接，其他塔架与引雷导线连接，并检查连接是否完好。

整改依据　NB/T 10208—2019《陆上风电场工程施工安全技术规范》 6.2.9　底部塔架安装完成后应立即与接地网进行连接，其他塔架安装就位后应立即连接引雷导线。

（八）塔架安装时人员未佩戴临时防坠装置

图 4-35　隐患示例

图 4-36　正确示例

隐患描述　塔架安装时人员未佩戴临时防坠装置。

危害分析　塔架安装时，操作不当导致人员坠落。

整改要求　要求作业人员正确穿戴安全带或自锁钩等装置后才能进行作业。如无临时防坠装置，人员作业时应使用双钩安全绳进行交替固定。

整改依据　NB/T 10208—2019《陆上风电场工程施工安全技术规范》 6.2.9　塔架安装过程中应安装临时防坠装置。

（九）机舱起吊时，有人员在机舱上

图 4-37　隐患示例

图 4-38　正确示例

隐患描述　机舱起吊时，有人员在机舱上。

危害分析　机舱起吊时晃动，人员坠落。

整改要求　机舱起吊前，应确认机舱内及机舱上无人员后，方可进行机舱吊装。

整改依据　NB/T 10208—2019《陆上风电场工程施工安全技术规范》6.2.10　起吊机舱时，人员不应随机舱一起起吊。

（十）叶轮起吊时未设置导向绳

图 4-39　隐患示例

图 4-40　正确示例

隐患描述　叶轮起吊时未设置导向绳。

危害分析　叶轮起吊时晃动、操作不当，导致叶轮撞击人员或设备。

整改要求　叶轮起吊前，设置两根导向绳，确保起吊时能把控起吊方向后方可起吊叶轮。

整改依据　NB/T 10208—2019《陆上风电场工程施工安全技术规范》6.2.11　起吊叶轮时应配置足够的起吊设备，应配有两根导向绳，导向绳长度和强度应满足要求，应保证起吊方向，避免触及其他物体。

（十一）叶轮吊离地面 1.5m 后，未安装叶轮定位导向销

图 4-41　隐患示例

图 4-42　正确示例

隐患描述　叶轮吊离地面 1.5m 后，未安装叶轮定位导向销。

危害分析　叶轮安装就位时不能有效定位导向，影响吊装作业安全进行。

整改要求　暂停作业，待安装叶轮定位导向销后再起吊。加强作业人员安全操作规程的培训，加强作业过程监督，严格按照作业指导书进行吊装。

整改依据　NB/T 10208—2019《陆上风电场工程施工安全技术规范》 6.2.11　当叶轮吊离地面 1.5~1.8m 时，应安装叶轮定位导向销。

（十二）安装塔架内提升机时，工作钢丝绳、安全绳上、下端未固定

图 4-43　隐患示例

图 4-44　正确示例

隐患描述　安装塔架内提升机时，工作钢丝绳、安全绳上、下端未固定。

危害分析　提升机安装不符合技术规范。

整改要求　安装塔架内提升机时，及时将工作钢丝绳、安全绳上端固定在横梁吊点上，并将下端穿过提升机后立即进行固定。加强作业人员安全操作规程的培训，加强作业过程监督。

整改依据　NB/T 10208—2019《陆上风电场工程施工安全技术规范》 6.2.13　安装塔架内提升机时，工作钢丝绳、安全绳上端应固定在横梁吊点上，下端穿过提升机后应固定。

二、风电机组调试

（一）调试作业时未设置通信设施或通信设施不能正常工作

图 4-45　隐患示例

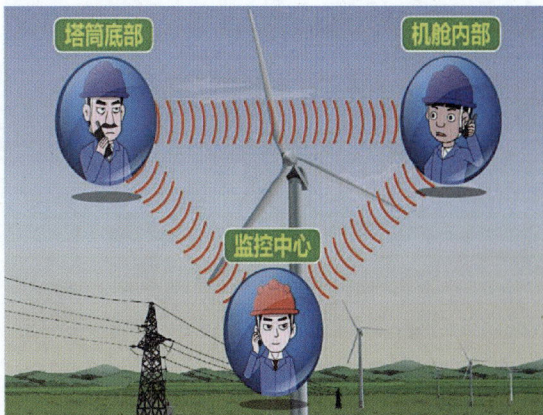

图 4-46　正确示例

隐患描述　调试作业时未设置通信设施或通信设施不能正常工作。

危害分析　工作指令、工作要求、设备状态及异常信息等不能及时传达，影响风电机组调试运行安全。

整改要求　配置充足的对讲机、移动电话、卫星电话等通信设施，并定期测试，确保通信设施完好有效。

整改依据　NB/T 10208—2019《陆上风电场工程施工安全技术规范》6.3.1　调试作业时，应保持可靠通信，随时保持各作业点、监控中心之间的联络，作业人员不得在风电机组内单独作业。

（二）调试作业时，未在控制盘、远程控制系统处悬挂安全警示标识

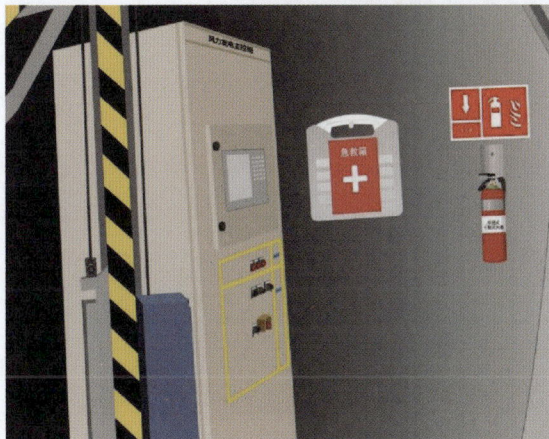

图 4-47　隐患示例

图 4-48　正确示例

隐患描述　调试作业时，未在控制盘、远程控制系统处悬挂安全警示标识。

危害分析　其他人员误操作，造成设备损坏或人身伤亡事故。

整改要求　严格执行调试作业安全操作规程。在控制盘、远程控制系统区域进行隔离、警示管理，并悬挂"禁止操作"等标志牌。作业前进行检查，作业过程中进行巡视。

整改依据　NB/T 10208—2019《陆上风电场工程施工安全技术规范》6.3.2　调试作业时，应在控制盘、远程控制系统处挂"禁止操作"标志牌。

（三）液压系统调试时，作业人员未佩戴防护口罩等防护用品

图 4-49　隐患示例　　　　　　　　　　图 4-50　正确示例

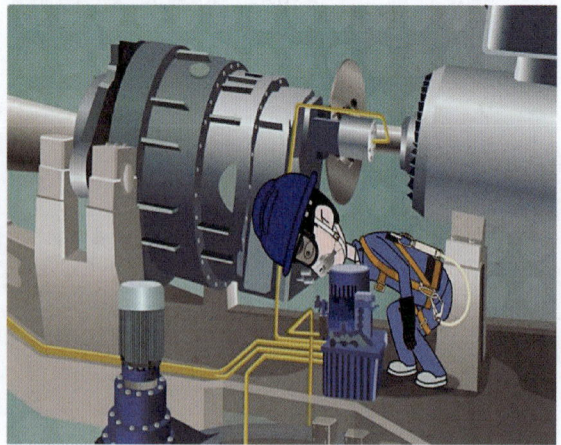

隐患描述　液压系统调试时，作业人员未佩戴防护口罩等防护用品。

危害分析　作业人员操作不当，误吸入液压油雾气或蒸汽，造成人员伤害事件。

整改要求　加强安全教育培训，作业前进行安全技术交底。督促作业人员穿防护服，佩戴防冲击眼镜、化学防护手套和防护口罩等防护用品。

整改依据　NB/T 10208—2019《陆上风电场工程施工安全技术规范》6.3.3　液压系统调试作业应穿防护服，佩戴防冲击眼镜、化学防护手套和防护口罩，应避免吸入液压油雾气或蒸汽。

（四）电气调试作业过程中，断开主开关在机舱工作时，未在主开关把手上悬挂警示牌

图 4-51　隐患示例　　　　　　　　　　图 4-52　正确示例

隐患描述　电气调试作业过程中，断开主开关在机舱工作时，未在主开关把手上悬挂警示牌。

危害分析　其他作业人员误操作，影响调试工作，发生人员触电事故。

整改要求　加强作业人员安全操作规程的培训。严格执行工作票、操作票制度。作业前进行检查，确保主开关断开，悬挂"禁止合闸，有人工作"的警示牌后再进行作业。作业过程中加强巡视、监护。

整改依据　NB/T 10208—2019《陆上风电场工程施工安全技术规范》6.3.4　电气调试作业应符合下列要求：断开主开关在机舱工作时，应在主开关把手上悬挂警示牌，专人摘挂。在一经合闸即送电到作业点的开关操作把手上应挂"禁止合闸，有人工作"警示牌。

（五）在机舱内进行调试作业时，进入机舱内平台后未关闭机舱平台盖板

图 4-53 隐患示例

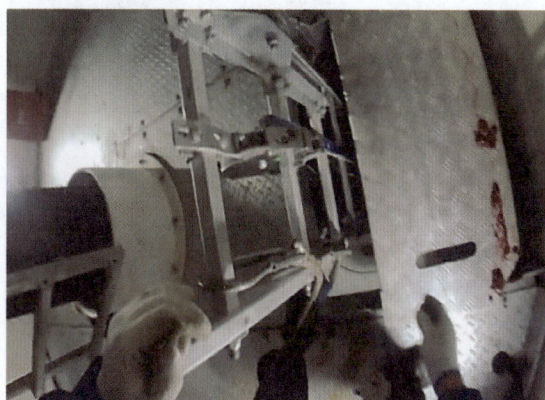

图 4-54 正确示例

隐患描述 在机舱内进行调试作业时，进入机舱内平台后未关闭机舱平台盖板。

危害分析 人员操作不当、防护不到位，造成人员坠落或物品掉落。

整改要求 加强作业人员安全操作规程的培训。作业前进行检查，确保机舱平台盖板关闭。加强作业过程中监管。

整改依据 NB/T 10208—2019 《陆上风电场工程施工安全技术规范》 6.3.5 在机舱上调试作业时，进入机舱内平台后，应关闭机舱平台盖板。

（六）轮毂内照明设施配备不足或异常

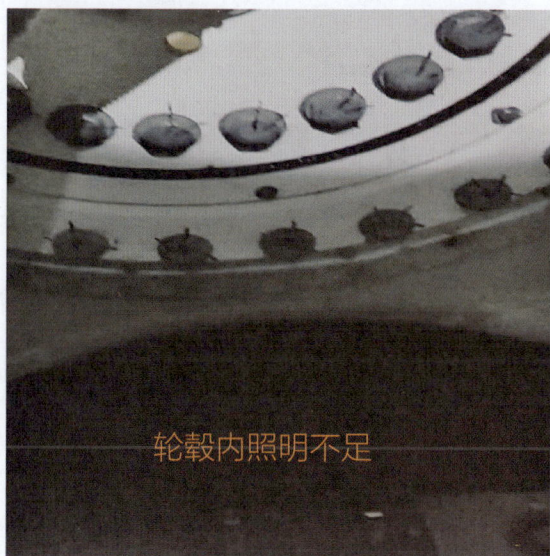

图 4-55 隐患示例

图 4-56 正确示例

隐患描述 轮毂内照明设施配备不足或异常。

危害分析 作业人员工作时照明度不满足要求，易发生人身伤亡事故。

整改要求 增设照明设施，或对现有照明设施进行检修，确保照明充足。

整改依据 NB/T 10208—2019 《陆上风电场工程施工安全技术规范》 6.3.5 进入轮毂作业应有足够照明，确认叶片盖板安全，防止绳索等接触转动部件。

（七）变桨系统调试时，进入导流罩工作前未关闭变桨电源

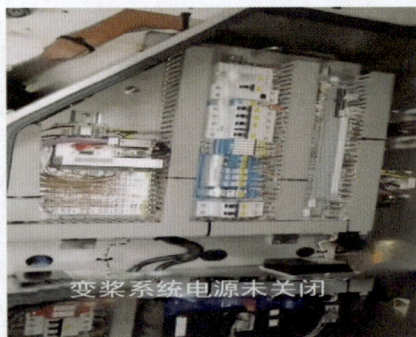

图 4-57　隐患示例

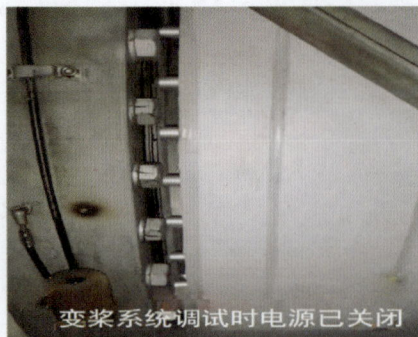

图 4-58　正确示例

隐患描述　变桨系统调试时，进入导流罩工作前未关闭变桨电源。

危害分析　造成机械伤害或触电等事故。

整改要求　加强作业人员安全操作规程的培训。作业前进行安全技术交底。变桨系统调试时，进入导流罩工作前，确保变桨电源已切断。

整改依据　NB/T 10208—2019《陆上风电场工程施工安全技术规范》6.3.5　变桨系统调试时，进入导流罩工作前应将机舱内变桨电源切断；在变桨柜接线检查及更换工作中，应切断变桨柜供电电源。

第三节　电气设备安装与调试

一、电气设备安装

（一）作业人员进入充氮变压器箱内时，变压器箱外无人员进行监护

图 4-59　隐患示例

图 4-60　正确示例

隐患描述　作业人员进入充氮变压器箱内时，变压器箱外无人员进行监护。

危害分析　氮气浓度超标，作业人员操作不当或环境不良时，无人员在旁监护、救助等，易发生人身伤亡事故。

整改要求　作业人员进入充氮变压器箱前，进行氮气浓度检测；安排人员在变压器箱外进行安全监护，加强作业过程管控。

整改依据　NB/T 10208—2019《陆上风电场工程施工安全技术规范》7.2.1　充氮变压器应充分排氮，通入干燥空气，并测定含氮浓度降低到要求值后，作业人员才能进入变压器箱体内。作业人员进入变压器箱内时，变压器箱外应有相应的人员进行安全监护。

（二）进入变压器、电抗器内检查工作时，作业人员未戴头套

图 4-61　隐患示例

图 4-62　正确示例

隐患描述　进入变压器、电抗器内检查工作时，作业人员未戴头套。

危害分析　离机械转动部位距离过近，作业人员头发被卷入机械内，发生机械伤害事故。

整改要求　加强作业人员安全教育培训。督促作业人员穿无扣及金属制品的耐油工作服、耐油鞋，戴头套，袖口、裤脚应扎紧。

整改依据　NB/T 10208—2019 《陆上风电场工程施工安全技术规范》 7.2.1　进入变压器、电抗器内检查工作时，应穿无扣及金属制品的耐油工作服、耐油鞋，戴头套，袖口、裤脚应扎紧。

（三）在变压器或电抗器内工作完成后，未核实所有工器具、材料是否带出

图 4-63　隐患示例

图 4-64　正确示例

隐患描述　在变压器或电抗器内工作完成后，未核实所有工器具、材料是否带出。

危害分析　工器具、材料遗留在变压器或电抗器内，影响设备运行安全。

整改要求　作业前对作业人员带入的工器具、材料等进行登记，作业完成后逐一进行检查核实，确保工器具、材料全部带出。

整改依据　NB/T 10208—2019 《陆上风电场工程施工安全技术规范》 7.2.1　进入变压器、电抗器内检查工作时，对工作人员带入的所有工器具、材料等应登记，工作完后应全部带出并检查核实，不得将任何物品遗留在设备内。

（四）室内 GIS 安装时，门窗、孔洞未封堵

图 4-65　隐患示例

图 4-66　正确示例

隐患描述　室内 GIS 安装时，门窗、孔洞未封堵。

危害分析　六氟化硫气体泄漏，造成人员窒息。

整改要求　作业前对室内的门窗、孔洞进行检查，发现未封堵之处时组织人员进行封堵。室内安装漏气监测、报警装置，通风设施良好，加强作业过程中巡视、监护。

整改依据　NB/T 10208—2019《陆上风电场工程施工安全技术规范》 7.2.2　室内 GIS 安装时，建筑门窗、孔洞应封堵完成，照明、通风设施良好，具备投用条件，并应有六氟化硫气体回收装置和漏气监测装置。

（五）室内 GIS 安装时，未设置六氟化硫漏气监测装置

图 4-67　隐患示例

图 4-68　正确示例

隐患描述　室内 GIS 安装时，未设置六氟化硫漏气监测装置。

危害分析　室内六氟化硫气体泄漏，人员窒息。

整改要求　作业前安装漏气监测装置，进入 GIS 室内先通风 15min，打开门窗。作业过程中感觉身体不适时立即撤离现场，保持呼吸道畅通。作业时有专人监护。

整改依据　NB/T 10208—2019《陆上风电场工程施工安全技术规范》 7.2.2　室内 GIS 安装时，建筑门窗、孔洞应封堵完成，照明、通风设施良好，具备投用条件，并应有六氟化硫气体回收装置和漏气监测装置。

（六）断路器、隔离开关、组合电器安装时，施工人员与被试开关之间未设置防护隔离设施或距离被试开关过近

图 4-69 隐患示例

图 4-70 正确示例

隐患描述 断路器、隔离开关、组合电器安装时，施工人员与被试开关之间未设置防护隔离设施或距离被试开关过近。

危害分析 与试验无关人员进入到试验区域，造成人员触电事故。

整改要求 加强作业人员安全操作规程的培训。施工人员与被试开关保持一定的安全距离或者在被试开关周围设置防护栏杆进行隔离。作业时安全监护到位。

整改依据 NB/T 10208—2019《陆上风电场工程施工安全技术规范》 7.2.3 凡可慢分慢合的开关，初次动作时不得快分快合。施工人员应与被试开关保持一定的安全距离或设置防护隔离设施。

（七）就地操作分合、空气断路器时，作业人员未佩戴耳塞

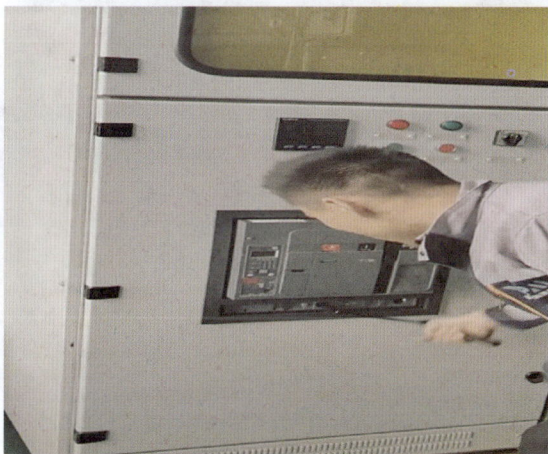

图 4-71 隐患示例

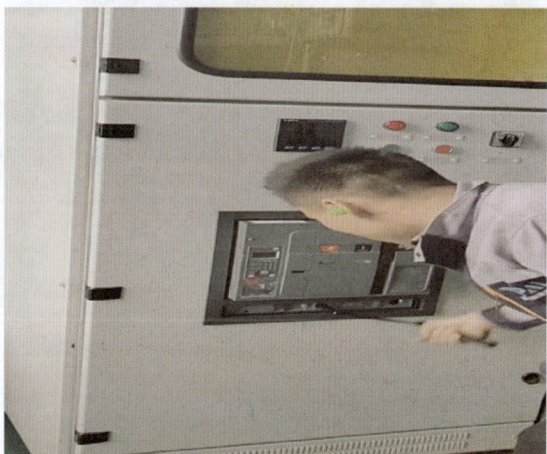

图 4-72 正确示例

隐患描述 就地操作分、合空气断路器时，作业人员未佩戴耳塞。

危害分析 工作场所噪声较大，造成听力受损。周围人员受惊从高处坠落。

整改要求 加强作业人员安全教育培训。作业前督促作业人员正确佩戴耳塞等防护用品，并通知周边作业人员注意防范。

整改依据 NB/T 10208—2019《陆上风电场工程施工安全技术规范》 7.2.3 就地操作分、合空气断路器时，工作人员应佩戴耳塞，并应事先通知附近的作业人员，特别是高处作业人员。

（八）蓄电池安装时，蓄电池室内的照明灯具、通风和空调设施未采用防爆型

图 4-73　隐患示例

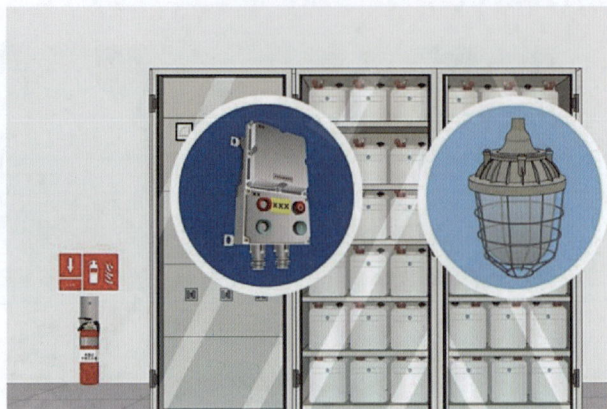

图 4-74　正确示例

隐患描述　蓄电池安装时，蓄电池室内的照明灯具、通风和空调设施未采用防爆型。

危害分析　照明灯具、通风和空调设施开断时产生静电火花，导致爆炸。

整改要求　更换照明灯具、通风和空调设施，使用防爆型的照明灯具、通风和空调设施，或在现有设备设施外设置防爆措施。

整改依据　NB/T 10208—2019 《陆上风电场工程施工安全技术规范》 7.2.4　蓄电池室内照明灯具、通风和空调设施应采用防爆型，控制开关应安装在蓄电池室外，并作明显标志。

（九）蓄电池室的照明灯具、通风和空调设施的控制开关处未张贴明显标志

图 4-75　隐患示例

图 4-76　正确示例

隐患描述　蓄电池室的照明灯具、通风和空调设施的控制开关处未张贴明显标志。

危害分析　操作照明灯具、通风或空调设施的开关时，操作错误。

整改要求　蓄电池室的照明灯具、通风和空调设施的控制开关安装在蓄电室外，并在控制开关处张贴开关的标志，明确开关对应的设备设施。

整改依据　NB/T 10208—2019 《陆上风电场工程施工安全技术规范》 7.2.4　蓄电池室内照明灯具、通风和空调设施应采用防爆型，控制开关应安装在蓄电池室外，并作明显标志。

（十）蓄电池设备安装时，现场未配备消防器材

图 4-77　隐患示例

图 4-78　正确示例

隐患描述　蓄电池设备安装时，现场未配备消防器材。

危害分析　发生突发火灾事故时，不能及时灭火，导致事故扩大。

整改要求　蓄电池设备安装时，在现场配备有效的消防器材，加强作业过程巡视。

整改依据　NB/T 10208—2019《陆上风电场工程施工安全技术规范》 7.2.4 蓄电池设备安装应禁止烟火，并配备消防器材。

（十一）蓄电池设备安装时，未对蓄电池外观进行检查

图 4-79　隐患示例

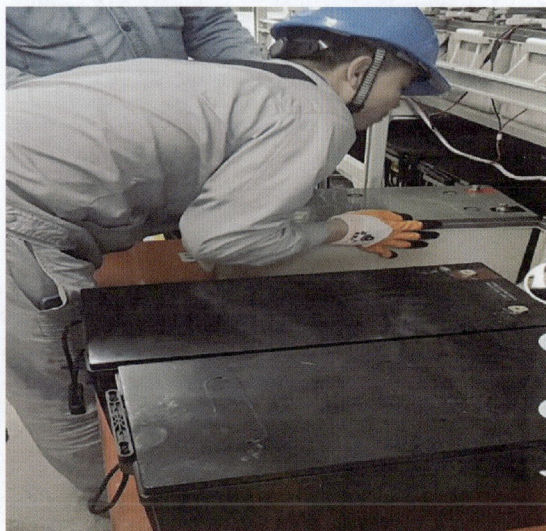

图 4-80　正确示例

隐患描述　蓄电池设备安装时，未对蓄电池外观进行检查。

危害分析　蓄电池有裂纹、损伤、变形等故障现象。

整改要求　安装前对蓄电池的外观进行检查，不合格的蓄电池不得安装。

整改依据　GB 50172—2012《电气装置安装工程　蓄电池施工及验收规范》 蓄电池安装前，应按4.1.1 及 5.1.1 的要求进行外观检查。

（十二）蓄电池组安装过程中，连接蓄电池连接条时未佩戴绝缘手套

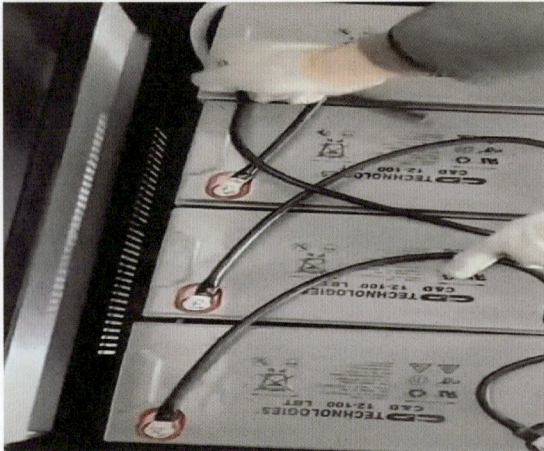

图 4-81　隐患示例

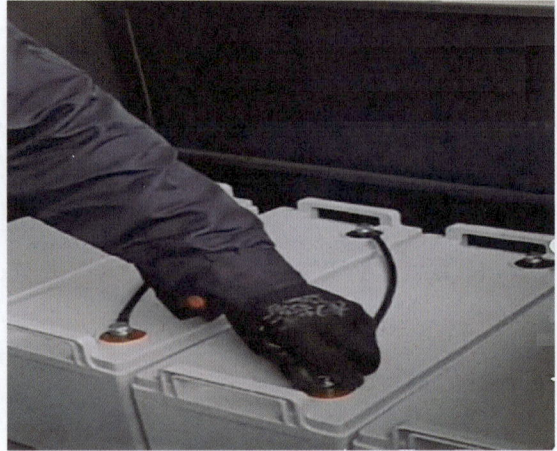

图 4-82　正确示例

隐患描述　蓄电池组安装过程中，连接蓄电池连接条时未佩戴绝缘手套。

危害分析　操作不当，人员触电。

整改要求　加强作业人员安全教育培训，要求作业人员正确佩戴绝缘手套等防护用品。

整改依据　GB 50172—2012《电气装置安装工程　蓄电池施工及验收规范》4.1.3　连接蓄电池连接条时应使用绝缘工具，并应佩戴绝缘手套。

（十三）蓄电池安装过程中，工具使用不当

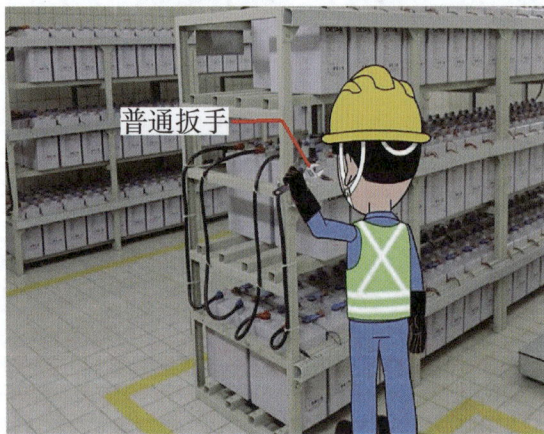

图 4-83　隐患示例

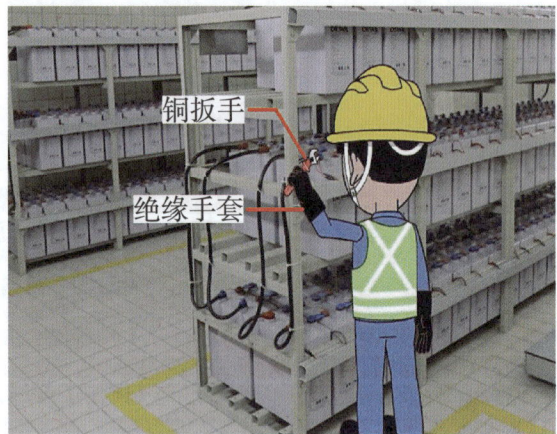

图 4-84　正确示例

隐患描述　蓄电池安装过程中，工具使用不当。

危害分析　未使用铜质扳手，扳手手柄无绝缘防护，作业过程中容易造成蓄电池短路，造成蓄电池损坏。

整改要求　加强作业人员技能培训、安全教育培训。要求作业人员使用铜质扳手或带绝缘套的扳手，并佩戴绝缘手套。

整改依据　GB 50172—2012《电气装置安装工程　蓄电池施工及验收规范》4.1.3　连接蓄电池连接条时应使用绝缘工具，并应佩戴绝缘手套。

（十四）盘、柜安装时，备用的盘、柜孔洞未设置防护措施

图 4-85 隐患示例

图 4-86 正确示例

隐患描述 盘、柜安装时，备用的盘、柜孔洞未设置防护措施。

危害分析 人员掉落或物品掉落，导致人身伤亡。

整改要求 使用钢板或硬质木板盖住备用的盘、柜孔洞，在孔洞周围搭设栏杆进行防护，并在栏杆上悬挂"禁止翻越"、"当心坑洞"等安全警示标志。增加照明亮度。

整改依据 NB/T 10208—2019 《陆上风电场工程施工安全技术规范》 7.2.5 备用的盘柜孔洞，应有防止人员踏空和物品掉落的措施。

（十五）在带电体周围安装盘、柜时，未设置隔离措施

图 4-87 隐患示例

图 4-88 正确示例

隐患描述 在带电体周围安装盘、柜时，未设置隔离措施。

危害分析 人员操作不当、接触带电体、与带电部分安全距离不够等，导致触电、电气设备停止供电。

整改要求 作业前对全部作业人员进行安全风险告知。加强作业过程管控。停止作业，用栏杆将带电体与作业区域隔开，并悬挂"禁止翻越"、"止步，高压危险"等安全警示标志。

整改依据 NB/T 10208—2019 《陆上风电场工程施工安全技术规范》 7.2.5 在带电体周围安装盘、柜时，应采取隔离措施，保持与带电部分的安全距离。

（十六）母线安装区域下方有人员走动

图 4-89　隐患示例

图 4-90　正确示例

隐患描述　母线安装区域下方有人员走动。

危害分析　母线及相关附件掉落，砸伤人员。

整改要求　作业人员正确佩戴安全帽。在母线安装区域周围安装栏杆进行防护，在栏杆上悬挂"禁止翻越"、"当心落物"等安全警示标志，并安排专人进行监护，禁止人员走动。

整改依据　NB/T 10208—2019《陆上风电场工程施工安全技术规范》7.2.6　母线安装时，作业区下方人员不得站立或行走。

（十七）高空安装硬母线时，作业区域未设置安全警戒线

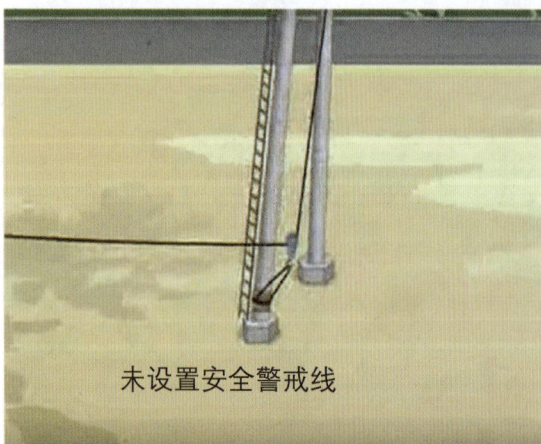

图 4-91　隐患示例

图 4-92　正确示例

隐患描述　高空安装硬母线时，作业区域未设置安全警戒线。

危害分析　作业人员随意进出，被落物砸伤。

整改要求　停止作业，在作业区域周围安装栏杆进行警戒，并在栏杆上悬挂"禁止翻越"、"当心落物"等安全警示标志。

整改依据　NB/T 10208—2019《陆上风电场工程施工安全技术规范》7.2.6　在高空安装硬母线时，工作人员应系好安全带，并设置安全警戒线及警示标志。

（十八）电缆安装时，电缆井内未设置照明设施

图 4-93 隐患示例

图 4-94 正确示例

隐患描述 电缆安装时，电缆井内未设置照明设施。

危害分析 作业人员视线不清，导致碰头、摔倒、坠落。

整改要求 设置照明设施，当照明不足时配备手持照明或（头）灯。督促作业人员正确佩戴安全帽，防止碰头。

整改依据 NB/T 10208—2019《陆上风电场工程施工安全技术规范》 7.2.7 电缆的敷设通道，应保持畅通，井内有照明设施。

（十九）电缆安装过程中，通过孔洞时，对侧未设置监护人

图 4-95 隐患示例

图 4-96 正确示例

隐患描述 电缆安装过程中，通过孔洞时，对侧未设置监护人。

危害分析 电缆通过孔洞时捅伤其他人员。

整改要求 在电缆安装的孔洞对侧安排专人进行作业监护，禁止其他人员接近洞口。

整改依据 NB/T 10208—2019《陆上风电场工程施工安全技术规范》 7.2.7 电线、电缆通过孔洞、管子时，对侧应设监护人，人员不应接近洞口、管口。

（二十）在电缆导管内敷设电缆过程中，穿过楼板的电缆未设置防护措施

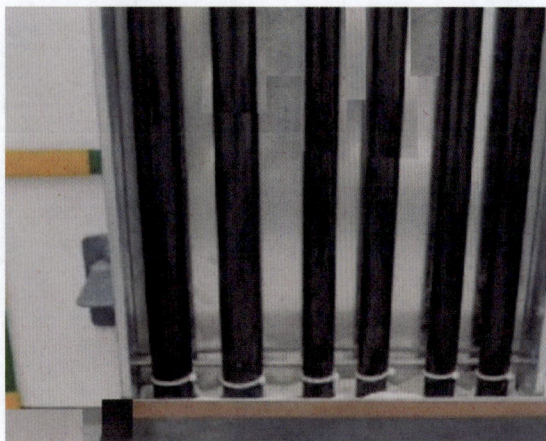

图 4-97　隐患示例

图 4-98　正确示例

隐患描述　在电缆导管内敷设电缆过程中，穿过楼板的电缆未设置防护措施。

危害分析　造成电缆损坏。

整改要求　当电缆穿过楼板、墙壁等区域时，在电缆上设置保护管或加装保护罩，防止电缆损坏。

整改依据　GB 50168—2018《电气装置安装工程　电缆线路施工及验收标准》6.3.1　在易受机械损伤的地方和在受力较大处直埋电缆管时，应采用足够强度的管材。在下列地点，电缆应有足够机械强度的保护管或加装保护罩：电缆进入建筑物、隧道，穿过楼板及墙壁处。

二、场内集电线路安装

（一）组立或拆、换杆塔时未设安全监护人

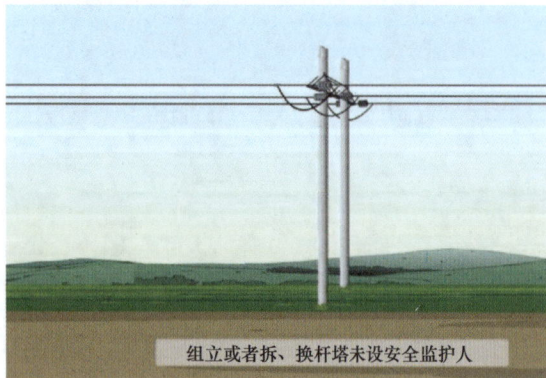

图 4-99　隐患示例

图 4-100　正确示例

隐患描述　组立或拆、换杆塔时未设安全监护人。

危害分析　作业过程中视野小，无人监护或指挥，指挥人员无证操作，未采取防止杆塔倾倒的措施，杆塔掉落造成人身伤亡。作业人员站在杆塔下行走、作业人员未佩戴安全帽，造成物体打击伤害。

整改要求　作业前安排人员进行安全监护及安全风险告知。杆塔下方设置临时围栏，悬挂"禁止翻越"、"当心落物"等安全警示标志。加强作业过程的管控，作业人员正确佩戴安全帽，采取防止杆塔倾倒的措施。

整改依据　NB/T 10208—2019《陆上风电场工程施工安全技术规范》7.3.1　组立或拆、换杆塔时应设安全监护人。

（二）组立杆塔前未对抱杆进行检查

图 4-101 隐患示例

正直、焊接、铆固、连接螺栓紧固
判定合格

图 4-102 正确示例

隐患描述 组立杆塔前未对抱杆进行检查。

危害分析 抱杆歪曲，抱杆设计不当，连接螺栓松动，部件掉落。

整改要求 加强作业过程的管控，组立杆塔前对抱杆正直、焊接、铆固、连接螺栓紧固等情况进行检查，确定合格后方可安装。

整改依据 NB/T 10208—2019《陆上风电场工程施工安全技术规范》 7.3.1 组立杆塔前应检查抱杆正直、焊接、铆固、连接螺栓紧固等情况，判定合格后方可开始安装。

（三）铁塔组立过程中，未与接地装置连接

图 4-103 隐患示例

图 4-104 正确示例

隐患描述 铁塔组立过程中，未与接地装置连接。

危害分析 突遇雷雨天气时，易导致雷击触电事故。

整改要求 在铁塔组立的过程中，及时与接地装置连接。接地网检测合格，并定期检查，确保连接牢固。

整改依据 NB/T 10208—2019《陆上风电场工程施工安全技术规范》 7.3.1 铁塔组立过程中及电杆组立后，应及时与接地装置连接。

（四）跨越架搭设过程中，临近带电体作业时，作业现场无人员监护

图 4-105　隐患示例

图 4-106　正确示例

隐患描述　跨越架搭设过程中，临近带电体作业时，作业现场无人员监护。

危害分析　作业人员操作不当，导致人员触电或损坏带电体。

整改要求　作业前进行安全技术交底及安全风险告知，加强作业过程中的管控。当作业现场临近带电体时，设置临时围栏，防止导线落入带电部位，并安排专人进行监护。

整改依据　NB/T 10208—2019《陆上风电场工程施工安全技术规范》7.3.2　临近带电体作业时，上下传递物体应使用绝缘绳索，作业全过程应设专人监护。

（五）金属结构跨越架架体组立完成后，未及时接地

图 4-107　隐患示例

图 4-108　正确示例

隐患描述　金属结构跨越架架体组立完成后，未及时接地。

危害分析　人员操作不当或遇雷雨天，导致人员触电。

整改要求　作业前进行安全技术交底或培训，确保作业人员了解作业步骤。组立完成后，及时采取可靠的接地措施。现场负责人对现场进行检查，确保作业步骤全部完成。

整改依据　NB/T 10208—2019《陆上风电场工程施工安全技术规范》7.3.2　金属结构跨越架架体组立过程中，应确保上层内侧拉线部不停电导线的安全距离，不得大幅度晃动；组立完成后，应采取可靠的接地措施。

（六）放线时，作业人员在无通信联络的情况下放线

图 4-109　隐患示例

图 4-110　正确示例

隐患描述　放线时，作业人员在无通信联络的情况下放线。

危害分析　放线时甩到作业人员或设备。

整改要求　配备通信设施。加强作业过程管控，要求作业人员在接收到通信信息之后放线。

整改依据　NB/T 10208—2019《陆上风电场工程施工安全技术规范》 7.3.3　放线时的通信应畅通、清晰、指令统一，不得在无通信联络的情况下放线。

（七）线盘架未固定

图 4-111　隐患示例

图 4-112　正确示例

隐患描述　线盘架未固定。

危害分析　放线时线盘架松动、垮塌，砸伤人员或砸坏设备。

整改要求　放线前将线盘架固定。作业过程中检查线盘架，确保稳固。

整改依据　NB/T 10208—2019《陆上风电场工程施工安全技术规范》 7.3.3　线盘架应稳固，转动灵活，制动可靠。

（八）线盘展放处未安排人员传递信号

图 4-113　隐患示例

图 4-114　正确示例

隐患描述　线盘展放处未安排人员传递信号。

危害分析　导致放线过长、线盘处无线、线盘架倒塌等。

整改要求　放线前安排专人在线盘处监护，及时向外传递信息。

整改依据　NB/T 10208—2019《陆上风电场工程施工安全技术规范》 7.3.3　线盘或线圈展放处，应设专人传递信号。

（九）导线、地线升空作业时，直接使用人力压线

图 4-115　隐患示例

图 4-116　正确示例

隐患描述　导线、地线升空作业时，直接使用人力压线。

危害分析　开空作业时导线、地线受力较大，易将人员拉高、摔伤。

整改要求　作业前进行安全技术交底，要求作业人员使用压线装置进行压线。作业前进行检查，作业过程中进行巡视，发现问题及时制止。

整改依据　NB/T 10208—2019《陆上风电场工程施工安全技术规范》 7.3.5　升空作业应使用压线装置，不得直接用人力压线。

（十）紧线作业时监护人员站在悬空导线的下方

图 4-117　隐患示例

图 4-118　正确示例

隐患描述　紧线作业时监护人员站在悬空导线的下方。

危害分析　紧线作业人员操作不当，导线砸伤监护人员。

整改要求　加强作业过程管控，发现监护人员站位不当时，立即停止作业，让监护人员转换地点。

整改依据　NB/T 10208—2019《陆上风电场工程施工安全技术规范》7.3.6　紧线过程中监护人员不得站在悬空导线、地线的垂直下方。不得跨越将离地面的导线或地线。

三、电气设备调试

（一）电气设备试验电源上未张贴标志

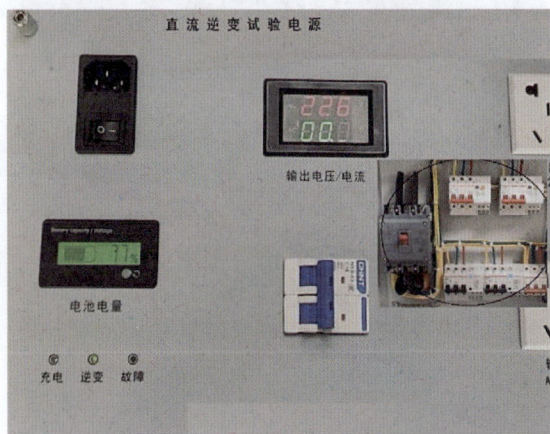

图 4-119　隐患示例

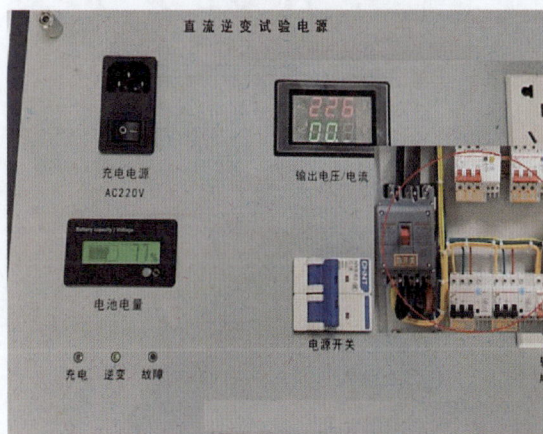

图 4-120　正确示例

隐患描述　电气设备试验电源上未张贴标志。

危害分析　作业人员操作时误合上其他设备电源，人员作业时触电。

整改要求　在电气设备试验电源上张贴标志，标明管控的设备。

整改依据　NB/T 10208—2019《陆上风电场工程施工安全技术规范》7.4.2　电气设备试验电源应按电源类别、相别、电压等级合理布置，并设相应标志，试验场地内应有良好的接地线。

（二）高压试验时，地面未铺设绝缘垫

图 4-121　隐患示例

图 4-122　正确示例

隐患描述　高压试验时，地面未铺设绝缘垫。

危害分析　作业人员操作不当，导致人员触电。

整改要求　作业前在地面铺设绝缘垫，加强作业前检查、作业过程中管控。

整改依据　NB/T 10208—2019《陆上风电场工程施工安全技术规范》 7.4.3　高压试验台上及地面应铺设绝缘垫，操作人员应穿绝缘靴或站在绝缘台上，并戴绝缘手套。

（三）高压试验时，试验用电源无过载自动跳闸装置

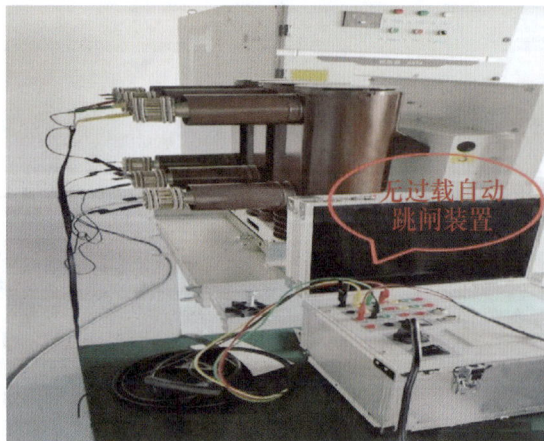

图 4-123　隐患示例

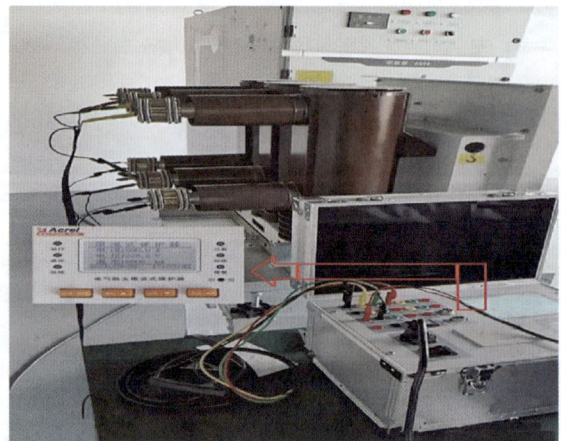

图 4-124　正确示例

隐患描述　高压试验时，试验用电源无过载自动跳闸装置。

危害分析　试验时电源超负荷使用，导致电源或被试电气设备损坏。

整改要求　试验前进行检查，确保电源安装了过载自动跳闸装置。

整改依据　NB/T 10208—2019《陆上风电场工程施工安全技术规范》 7.4.3　试验用电源应使用有明显断开点的开关、电源指示灯和过载自动跳闸装置。

（四）雨雪天气时进行高压试验

图 4-125　隐患示例

图 4-126　正确示例

隐患描述　雨雪天气时进行高压试验。

危害分析　雨雪天气时进行高压试验，导致人员有触电的风险。

整改要求　做好安全交底及作业审批，禁止在雷电、雨、雪、雹、雾和六级以上大风天气进行高压试验。

整改依据　NB/T 10208—2019《陆上风电场工程施工安全技术规范》 7.4.3　遇雷电、雨、雪、雹、雾和六级以上大风时应停止高压试验。

（五）对电压互感器二次回路作通电试验时，一次回路未与系统隔离

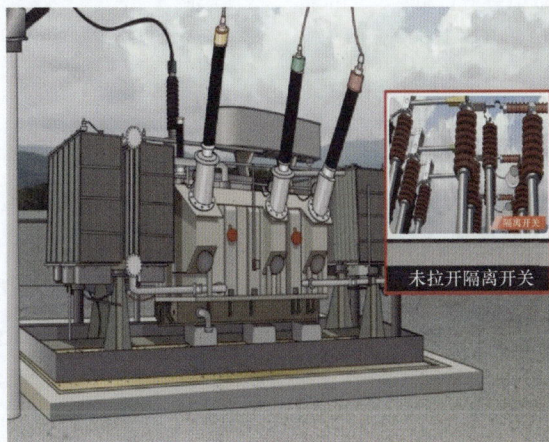

图 4-127　隐患示例

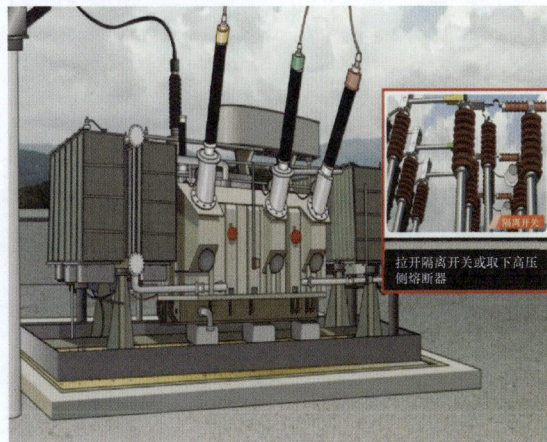

图 4-128　正确示例

隐患描述　对电压互感器二次回路作通电试验时，一次回路未与系统隔离。

危害分析　试验时人员操作不当，电压互感器二次侧短路，发生人员触电事故或损坏设备。

整改要求　作业前采取隔离措施将一次回路与系统隔离，确保安全距离，并检查确认。

整改依据　NB/T 10208—2019《陆上风电场工程施工安全技术规范》 7.4.4　对电压互感器二次回路作通电试验时，一次回路应与系统隔离，二次回路应与电压互感器断开，应拉开隔离开关、取下高压侧熔断器；不得使电压互感器二次侧短路。

（六）二次回路传动试验过程中，使用钳形电流表进行测量时，作业人员未佩戴绝缘手套

图 4-129　隐患示例

图 4-130　正确示例

隐患描述　二次回路传动试验过程中，使用钳形电流表进行测量时，作业人员未佩戴绝缘手套。

危害分析　测量时人员操作不当，发生触电事故。

整改要求　加强作业人员安全教育培训。作业前要求作业人员正确佩戴绝缘手套，作业过程中站在绝缘垫上测量。

整改依据　NB/T 10208—2019《陆上风电场工程施工安全技术规范》 7.4.4　使用钳形电流表时，其电压等级应与被测电压相符。测量时应戴绝缘手套。

第四节　试运行

一、试运行前未对设备、系统内部进行检查

图 4-131　隐患示例

图 4-132　正确示例

隐患描述　试运行前未对设备、系统内部进行检查。

危害分析　设备、系统内部有杂物，影响设备运行安全；设备、系统内部有人员，导致发生触电事故。

整改要求　加强安全操作规程的培训。作业前对设备、系统内部进行检查，确保设备、系统内部无杂物，无人员逗留。试运行前，系统应有相应的工作票及风险预控措施票，配备必要的消防设施及器材。

整改依据　NB/T 10208—2019《陆上风电场工程施工安全技术规范》 8.0.2　试运行前，应确认各设备、系统内部清洁无杂物，人员已全部撤出，封闭合格，应确认现场消防系统正常投运，试运行区域消防器材和设施齐备、合格。

二、试运行区域未配备消防器材

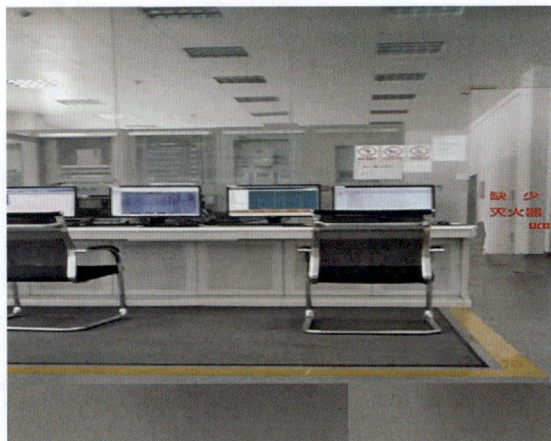

图 4-133 隐患示例

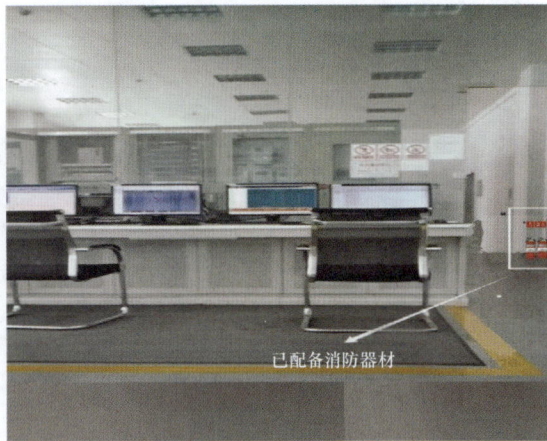

图 4-134 正确示例

隐患描述 试运行区域未配备消防器材。

危害分析 发生突发事件时，应急处置或救援不及时，扩大事件损失。

整改要求 配备齐全、有效的消防器材，并在作业前进行检查确认。

整改依据 NB/T 10208—2019《陆上风电场工程施工安全技术规范》 8.0.2 试运行前，应确认各设备、系统内部清洁无杂物，人员已全部撤出，封闭合格，应确认现场消防系统正常投运，试运行区域消防器材和设施齐备、合格。

三、试运行区域未设置警戒区

图 4-135 隐患示例

图 4-136 正确示例

隐患描述 试运行区域未设置警戒区。

危害分析 其他人员随意进出，影响作业人员的正常工作，易发生人身伤亡事故。

整改要求 在试运行现场周围设置栏杆或警戒带，悬挂"禁止通行"、"在此工作"、"设备带电、不得靠近"等安全警示标志，并安排人员进行监护。

整改依据 NB/T 10208—2019《陆上风电场工程施工安全技术规范》 8.0.3 试运行区域应设警戒区，悬挂警示标志。

四、试运行区域的通道被堵塞

图 4-137　隐患示例

图 4-138　正确示例

隐患描述　试运行区域的通道被堵塞。

危害分析　导致人员摔跤、绊倒；遇突发状况时无法及时处理或撤离。

整改要求　作业前对现场进行检查，清理作业区域通道上的杂物，确保通道畅通，保持充足的照明。

整改依据　NB/T 10208—2019 《陆上风电场工程施工安全技术规范》 8.0.4 试运行系统设备应与正在施工、运行的系统设备可靠隔离。试运行区域的通道应保持畅通。

五、试运行现场的孔洞未进行防护

图 4-139　隐患示例

图 4-140　正确示例

隐患描述　试运行现场的孔洞未进行防护。

危害分析　作业人员操作不当，导致人员坠落或物品掉落。

整改要求　作业前对试运行现场的孔、洞等区域使用防护栏杆、盖板等进行防护，并在栏杆上悬挂"禁止翻越"、"当心坑洞"等安全警示标志。

整改依据　NB/T 10208—2019 《陆上风电场工程施工安全技术规范》 8.0.5 试运行现场的井、坑、孔、洞、沟道、楼梯、平台等区域临边应做好安全防护设施。工作中确需拆除盖板或围栏时，应装设牢固的临时遮拦，并设有明显的警示标志，施工结束后，应立即恢复原状。

六、试运行时擅自扩大作业范围

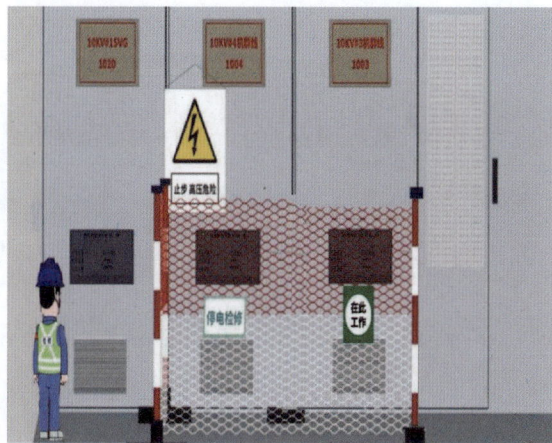

图 4-141　隐患示例

图 4-142　正确示例

隐患描述　试运行时擅自扩大作业范围。

危害分析　安全防护措施不到位或无措施，造成人员受伤或设备受损。

整改要求　作业前对试运行区域进行有效隔离封闭，并对作业人员进行安全技术交底。作业前办理相应的工作票及安全风险预控措施票，明确带电区域及带电范围，并设立专人监护。加强作业过程的监管，发现擅自扩大作业范围的情况时及时制止。

整改依据　NB/T 10208—2019《陆上风电场工程施工安全技术规范》8.0.8　试运行阶段应执行经审批后的运行规程，进入试运区域作业时应办理工作票，作业时不得擅自操作试运行范围内设备及扩大作业范围。

七、试运行时主控室未设专人值班

图 4-143　隐患示例

图 4-144　正确示例

隐患描述　试运行时主控室未设专人值班。

危害分析　无关人员操作设备开关，影响设备运行或人身安全。

整改要求　作业前安排专人在主控室值班，禁止人员未经允许进入主控室。

整改依据　NB/T 10208—2019《陆上风电场工程施工安全技术规范》8.0.9　主控室、配电室、危险区域应设专人值班，未经授权的人员不得进入。

八、试运行时，设备转动部分未安装防护装置

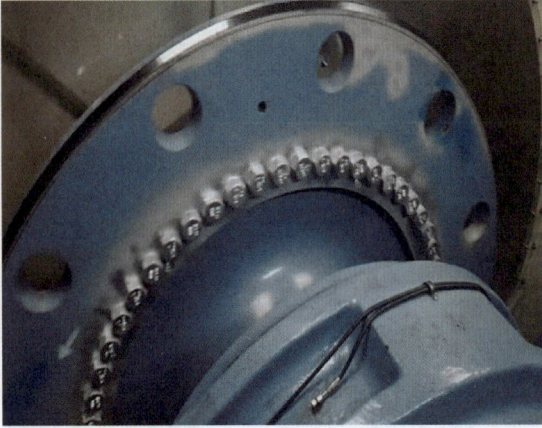

图 4-145　隐患示例

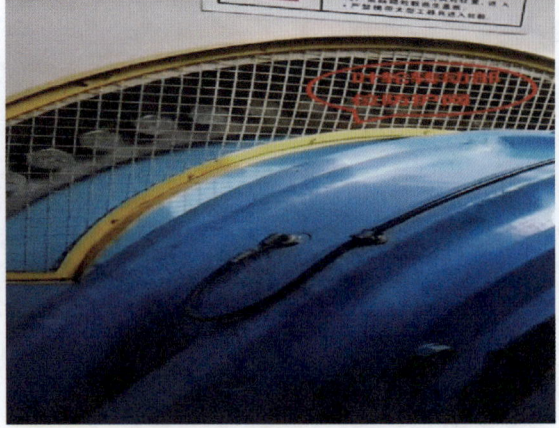

图 4-146　正确示例

隐患描述　试运行时，设备转动部分未安装防护装置。

危害分析　作业人员操作不当，发生机械伤害事故。

整改要求　在设备转动部分装设防护罩或栅栏等安全防护装置，在作业过程中不得取下安全防护装置，不得靠近转动设备，不得对运行设备的旋转、移动部分进行清扫、擦拭或润滑。擦拭设备的固定部分时，不得将抹布缠在手上。设立警示线。

整改依据　NB/T 10208—2019 《陆上风电场工程施工安全技术规范》 8.0.11　设备转动部分应装设防护罩或栅栏等其他防护装置。转动设备试运行过程中或未切断电源时，不得取下设备的防护设施。不得对运行设备的旋转、移动部分进行清扫、擦拭或润滑。擦拭设备的固定部分时，不得将抹布缠在手上。

第三篇　运行篇

第五章　光伏运行典型隐患

第一节　基本要求

一、作业环境

（一）光伏电站直埋电缆沿线未设标桩和警示标志

图 5-1　隐患示例

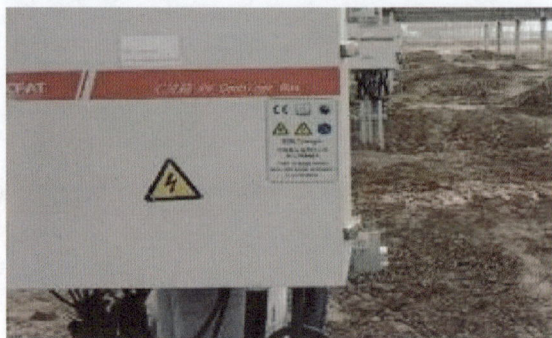

图 5-2　正确示例

隐患描述　光伏电站直埋电缆沿线未设标桩和警示标志。

危害分析　动土施工作业时，因无电缆线标桩和警示标志，导致电缆线被挖断，造成电力中断事故。

整改要求　在光伏电站直埋电缆沿线设置标桩和警示标志。

整改依据　NB/T 32040—2017《光伏发电工程劳动安全与职业卫生设计规范》 4.0.6　光伏发电工程直埋电缆沿线应设标桩和警示标志。

（二）人、畜易进入的光伏电站未设置围墙

图 5-3　隐患示例

图 5-4　正确示例

隐患描述　人、畜易进入的光伏电站未设置围墙。

危害分析　人、畜进入后对光伏方阵造成损坏，或发生触电事故。

整改要求　在光伏电站周界设置 1.8m 高的围墙，并在入口围墙上设置"非工作人员禁止入内"的警示标志。

整改依据　NB/T 32040—2017《光伏发电工程劳动安全与职业卫生设计规范》 4.0.4　处于旅游景区或其他人、畜容易进入的光伏发电工程，应在工程周界设置 1.8m 高围墙，且入口处围墙外侧应设置"非工作人员禁止入内"、"进入请登记"等安全标志。

（三）光伏组件区杂草灌木丛生

图 5-5　隐患示例

图 5-6　正确示例

隐患描述　光伏组件区杂草灌木丛生。

危害分析　杂草灌木长得太高会遮挡光伏组件，导致光伏组件阴影，严重时可能导致光伏组件起火。

整改要求　定期对光伏组件区进行除草，防止杂草灌木长势太旺对组件运行产生不良影响。

整改依据　GB/T 38335—2019《光伏发电站运行规程》6.3.1　及时对引起光伏组件阴影的遮挡物进行清理。

（四）光伏方阵排涝沟滑坡、堰塞、积淤

图 5-7　隐患示例

图 5-8　正确示例

隐患描述　光伏方阵排涝沟滑坡、堰塞、积淤。

危害分析　上游雨水无法往下游排出，造成光伏方阵设备被淹漫。

整改要求　定期对排涝沟进行检查，确保排涝沟无滑坡、堵塞、积淤现象。

整改依据　GB/T 35694—2017《光伏发电站安全规程》6.3.1　光伏发电站应做好防排洪（涝）工作，充分利用现有的防排洪（涝）设施，当必须新建时，可因地制宜选用防排洪（涝）堤、排洪（涝）沟或挡水围墙。

（五）坑洞内作业盖板取下后，未设置遮挡和警示标志

图 5-9　隐患示例

图 5-10　正确示例

隐患描述　坑洞内作业盖板取下后，未设置遮挡和警示标志。

危害分析　人员意外跌入，造成人身伤亡。

整改要求　在坑、洞内进行作业，必须设置遮挡和警示标志，施工结束后将盖板复原。

整改依据　GB 26164.1—2010 《电业安全工作规程　第 1 部分：热力和机械》 3.2.12　工作场所的井、坑、孔、洞或沟道，必须覆以与地面齐平的坚固盖板。在检修工作中如需将盖板取下，必须设有牢固的临时围栏，并设有明显的警告标志。临时打的孔洞施工结束后，必须恢复原状。

（六）楼梯、平台工作安全护栏缺失

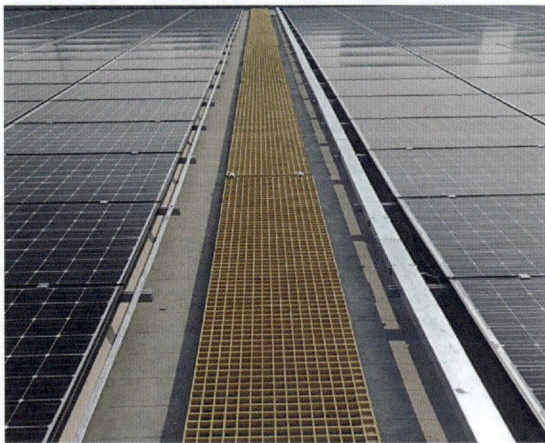

图 5-11　隐患示例

图 5-12　正确示例

隐患描述　楼梯、平台安全护栏缺失。

危害分析　导致人员意外跌落、摔伤。

整改要求　楼梯和平台安装围栏，防止人员意外跌落、摔伤。

整改依据　GB 26164.1—2010 《电业安全工作规程　第 1 部分：热力和机械》 3.2.10　所有楼梯、平台、通道、栏杆都应保持完整，铁板必须铺设牢固。铁板表面应有纹路以防滑跌。在楼梯的始级应有明显的安全警示。

二、消防安全

（一）逆变器室未配置灭火装置或未配置正确的灭火装置

图 5-13　隐患示例

图 5-14　正确示例

隐患描述　逆变器室未配置灭火装置或未配置正确的灭火装置。

危害分析　缺少灭火装置，或灭火装置与可能发生的火灾类型不适配，突发异常起火事故后无法及时扑灭火灾。

整改要求　逆变器室配置灭火器、消防报警灭火装置等正确的灭火装置。

整改依据　DL 5027—2015《电力设备典型消防规程》9.2.3　逆变器室宜配备灭火装置。

（二）在草原光伏发电站区域吸烟、使用明火

图 5-15　隐患示例

图 5-16　正确示例

隐患描述　在草原光伏发电站区域吸烟、使用明火。

危害分析　烟头、明火将枯草点燃，造成火灾事故。

整改要求　光伏电站非吸烟区严禁使用明火。

整改依据　DL 5027—2015《电力设备典型消防规程》9.2.4　草原光伏发电站严禁吸烟、严禁明火。

（三）灭火器外观腐蚀严重，喷管破损

图 5-17　隐患示例

图 5-18　正确示例

隐患描述　灭火器（如干粉、二氧化碳灭火器等）外观腐蚀严重，喷管破损。

危害分析　发生火灾时灭火器无法正常使用，火灾无法被及时扑灭。

整改要求　定期对灭火器进行检查，将故障或失效的灭火器进行更换。

整改依据　XF 95—2015 《灭火器维修》 6.5.6　灭火器的压把、提把等金属件有严重损伤、变形、锈蚀等影响使用的缺陷，贮气瓶式灭火器的顶针不得有肉眼可见的缺陷，应作更换。

（四）干粉灭火器压力表指针指在红色区间

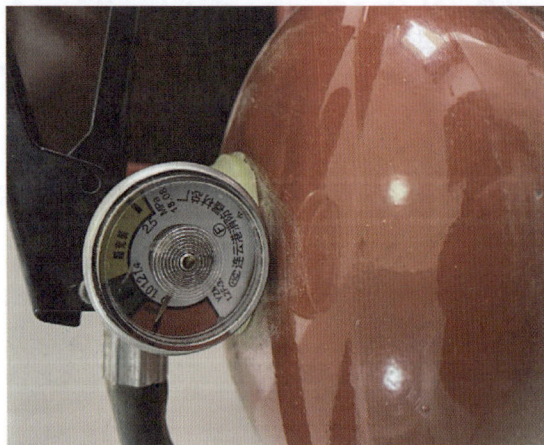

图 5-19　隐患示例

图 5-20　正确示例

隐患描述　干粉灭火器压力表指针指在红色区间。

危害分析　灭火器失效，无法起到灭火作用。

整改要求　定期对灭火器进行检查，将故障或失效的灭火器进行更换。

整改依据　GB 4351.1—2005 《手提式灭火器　第 1 部分：性能和结构要求》 6.13.2.2　指示器表盘上可工作的压力范围用绿色表示；从零位到可工作压力的下限的范围用红色表示，并在该范围的刻度线上标上"再充装"字样；从可工作压力的上限到指示器的最大量程的范围用黄色表示，并在该范围的刻度线上标上"超充装"字样。

（五）干粉或二氧化碳灭火器超过使用寿命或超期未检验

图 5-21　隐患示例

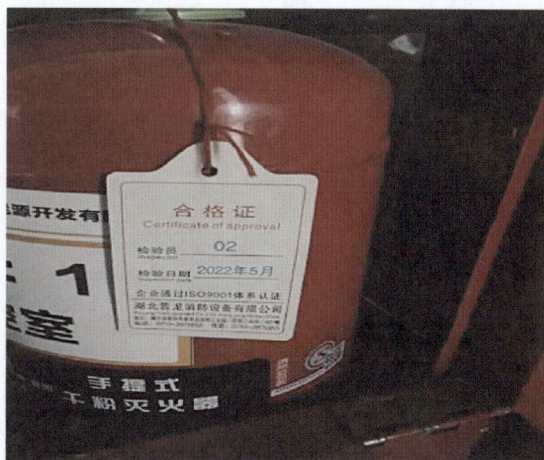

图 5-22　正确示例

隐患描述　干粉或二氧化碳灭火器超过使用寿命或超期未检验。

危害分析　灭火器钢瓶内介质失效，灭火器无法使用。

整改要求　定期对灭火器进行检查，将故障或失效的灭火器进行更换或维修。

整改依据　GB 50444—2008《建筑灭火器配置验收及检查规范》5.3.2　灭火器的维修期限应符合本标准表 5.3.2 的规定，干粉灭火器和二氧化碳灭火器出厂日期满 5 年进行首次维修，首次维修后每满 2 年进行维修。

5.4.3　灭火器出厂时间达到或超过本标准表 5.4 规定的报废期限时应报废。从出厂日期算起，达到如下年限的必须报废：干粉灭火器报废期限为 10 年；二氧化碳灭火器报废期限为 12 年。

（六）灭火器被遮挡

图 5-23　隐患示例

图 5-24　正确示例

隐患描述　灭火器被遮挡。

危害分析　突发异常情况时，无法第一时间取用灭火器进行灭火。

整改要求　定期对消防器材进行检查，保证灭火器不被遮挡、堵塞。

整改依据　《中华人民共和国消防法》（中华人民共和国主席令第二十九号）第二十八条　任何单位、个人不得损坏、挪用或者擅自拆除、停用消防设施、器材，不得埋压、圈占、遮挡消火栓或者占用防火间距，不得占用、堵塞、封闭疏散通道、安全出口、消防车通道。

（七）应急照明灯故障

图 5-25　隐患示例

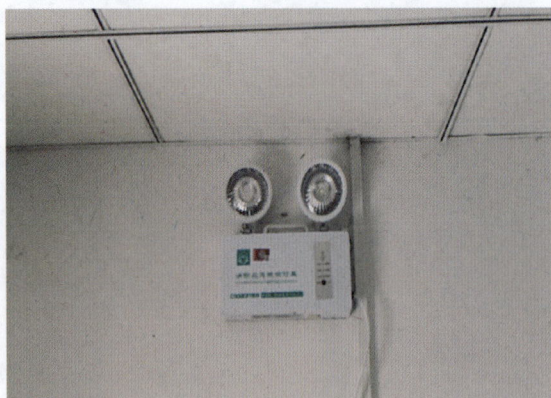

图 5-26　正确示例

隐患描述　应急照明灯故障。

危害分析　应急照明灯故障，导致异常断电情况下无法起到应急照明的作用。

整改要求　日常及时检查、更换应急照明灯。

整改依据　DL 5027—2015《电力设备典型消防规程》6.1.6　疏散通道、安全出口应保持通畅，并设置符合规定的消防安全疏散指示标志和应急设施。保持防火门、防火卷帘、消防安全疏散指示标志、应急照明、机械排烟送风、火灾事故广播等设施处于正常状态。

（八）发光型安全出口指示牌损坏

图 5-27　隐患示例

图 5-28　正确示例

隐患描述　发光型安全疏散指示牌损坏。

危害分析　异常断电情况下无法指引作业人员疏散撤离。

整改要求　日常及时检查、更换发光型安全出口指示牌。

整改依据　DL 5027—2015《电力设备典型消防规程》6.1.6　疏散通道、安全出口应保持通畅，并设置符合规定的消防安全疏散指示标志和应急设施。保持防火门、防火卷帘、消防安全疏散指示标志、应急照明、机械排烟送风、火灾事故广播灯设施处于正常状态。

（九）疏散通道、安全出口堵塞

图 5-29　隐患示例　　　　图 5-30　正确示例

隐患描述　疏散通道、安全出口堵塞。

危害分析　突发火灾事故时，无法疏散逃生。

整改要求　清理疏散通道、安全出口障碍物，保持通道、出口通畅。

整改依据　DL 5027—2015《电力设备典型消防规程》6.1.6　疏散通道、安全出口应保持通畅，并设置符合规定的消防安全疏散指示标志和应急设施。保持防火门、防火卷帘、消防安全疏散指示标志、应急照明、机械排烟送风、火灾事故广播等设施处于正常状态。

三、安全工器具和个体防护

（一）绝缘工器具未进行试验

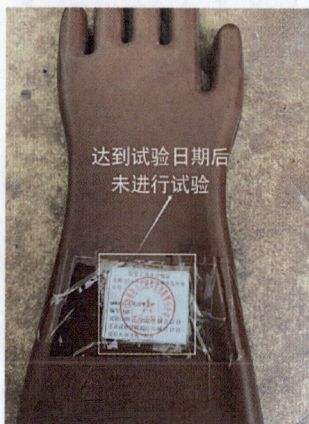

图 5-31　隐患示例　　　　图 5-32　正确示例

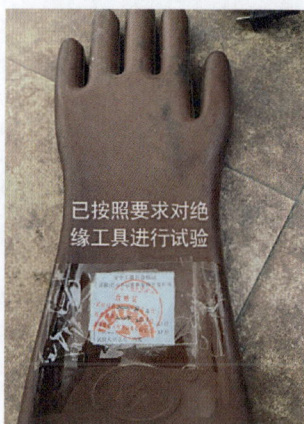

隐患描述　绝缘工器具未进行试验。

危害分析　无法对绝缘工器具（如绝缘鞋、绝缘手套、绝缘垫、绝缘杆、绝缘夹钳、绝缘罩、绝缘隔板、验电器、短路接地线等）的功能进行判定，可能导致工作中因绝缘工具失效而造成触电事故。

整改要求　按照绝缘工器具试验周期对绝缘工器具（绝缘鞋、绝缘手套、绝缘垫、绝缘杆、绝缘夹钳、绝缘罩、绝缘隔板、验电器、短路接地线等）进行检查，发现超过试验周期的绝缘工器具，及时进行试验。

整改依据　GB 26860—2011《电力安全工作规程　发电厂和变电站电气部分》6.1.3　工作所使用的绝缘安全工器具应满足本标准附录 E 的要求。

（二）保安接地线护套破损、断股、夹具断裂

图 5-33　隐患示例

图 5-34　正确示例

隐患描述　保安接地线护套破损、断股、夹具断裂。

危害分析　保安接地线失去功能。

整改要求　将旧的保安接地线淘汰，更换新的保安接地线。

整改依据　GB 26860—2011《电力安全工作规程　发电厂和变电站电气部分》9.4.2　不应使用损坏、受潮、变形、失灵的带电作业工具。

（三）绝缘杆磨损严重、附着油污和水渍

图 5-35　隐患示例

图 5-36　正确示例

隐患描述　绝缘杆磨损严重、附着油污和水渍。

危害分析　绝缘杆失效，导致使用绝缘杆时发生触电事故。

整改要求　将旧的绝缘杆进行淘汰，更换新的绝缘杆。

整改依据　GB 26860—2011《电力安全工作规程　发电厂和变电站电气部分》9.4.2　不应使用损坏、受潮、变形、失灵的带电作业工具。

（四）绝缘垫破损、割裂

图 5-37　隐患示例

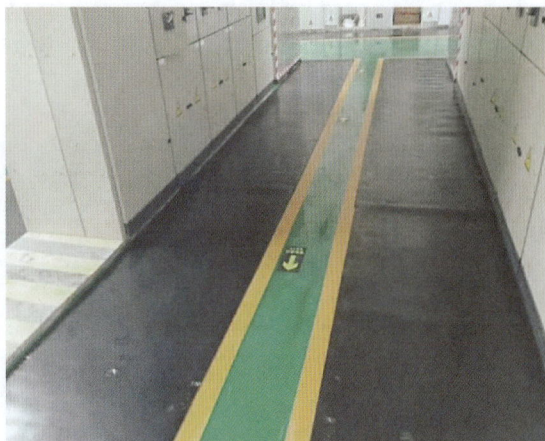

图 5-38　正确示例

隐患描述　绝缘垫破损、割裂。

危害分析　造成在绝缘垫上作业的人员发生触电事故。

整改要求　更换新的绝缘垫。

整改依据　DL/T 853—2015《带电作业用绝缘垫》6.4.1　绝缘垫上下表面不应存在破坏均匀性、损坏表面光滑轮廓的有害不规则缺陷，如小孔、裂缝、切口、局部隆起、夹杂导电异物，折缝、空隙、凹凸波纹及模压标志等。

（五）安全带的卡钩无保险装置、绳索断股、带扣松动

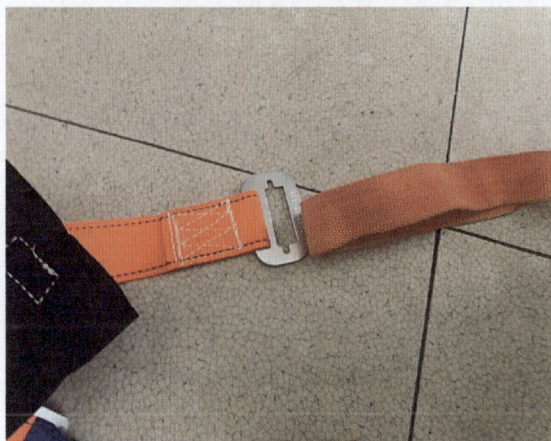

图 5-39　隐患示例

图 5-40　正确示例

隐患描述　安全带的卡钩无保险装置、绳索断股、带扣松动。

危害分析　高处作业时，安全带失效造成高处坠落事故。

整改要求　定期检查、更换安全带。

整改依据　GB 6095—2021《坠落防护　安全带》5.4.3　带扣不应松脱，连接器不应打开，零部件不应断裂。

（六）安全帽帽顶存在裂纹、凹陷

图 5-41　隐患示例

图 5-42　正确示例

隐患描述　安全帽帽顶存在裂纹、凹陷。

危害分析　设施、工具掉落砸到时，安全帽无法起到头部防护作用。

整改要求　淘汰有缺陷的安全帽，更换新的安全帽。

整改依据　GB 2811—2019 《头部防护　安全帽》 5.2.4　帽壳表面不能有气泡、缺损及其他有损性能的缺陷。

（七）绝缘手套存在老化、裂纹和漏气

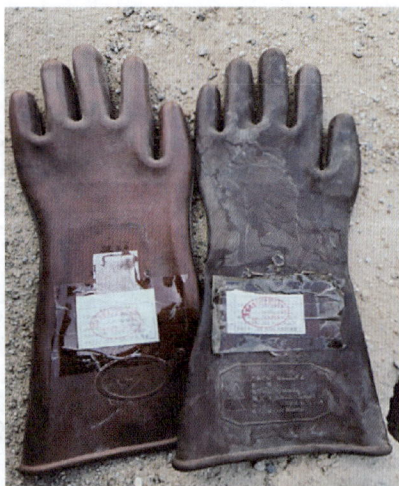

图 5-43　隐患示例

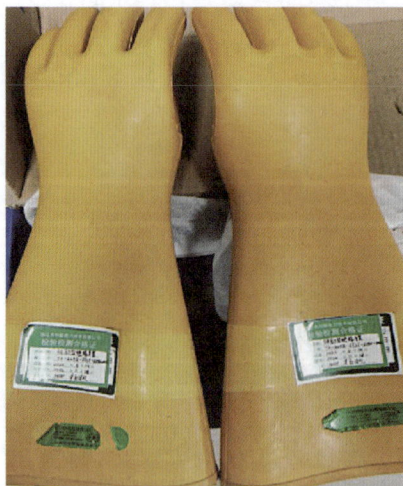

图 5-44　正确示例

隐患描述　绝缘手套存在老化、裂纹和漏气。

危害分析　带电作业时，因为绝缘手套破损造成触电事故。

整改要求　将破损的绝缘手套废弃，更换新的绝缘手套。

整改依据　GB/T 29512—2013 《手部防护　防护手套的选择、使用和维护指南》 7.2.1　使用前佩戴者应检查防护手套有无明显缺陷，损坏的防护手套不允许继续使用，防护手套出现渗透、裂痕、开裂、严重磨损、变形、洞眼等情形应更换新的防护手套。

（八）绝缘鞋绝缘层破损、有划痕和水渍

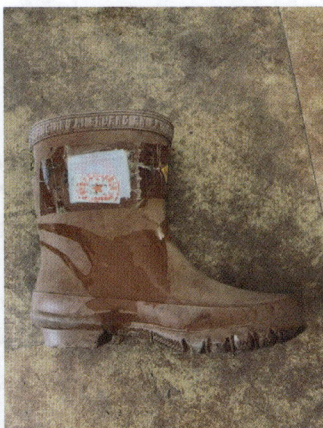

图 5-45　隐患示例　　　　　　图 5-46　正确示例

隐患描述　绝缘鞋绝缘层破损、有划痕和水渍。

危害分析　带电作业时，因为绝缘鞋破损或失效造成触电事故。

整改要求　将破损的绝缘鞋废弃，更换新的绝缘鞋。

整改依据　GB 21148—2020《足部防护　安全鞋》9.2.3　每次使用前应仔细检查，如果发现机械或化学损伤，鞋不宜使用。如有疑问，鞋必须经过耐压测试。鞋帮必须干燥。

四、高处作业

（一）高处作业时未正确使用安全带

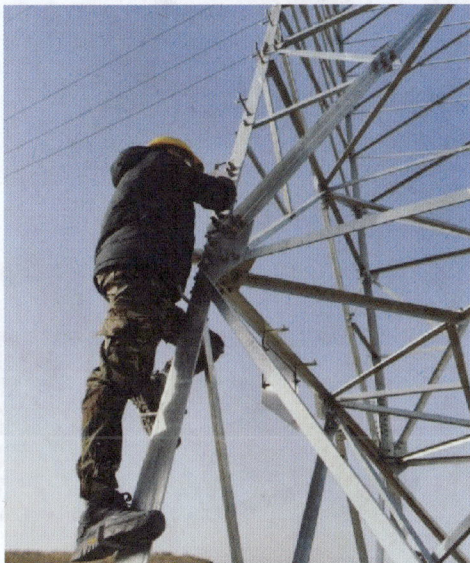

图 5-47　隐患示例　　　　　　图 5-48　正确示例

隐患描述　高处作业时未正确使用安全带。

危害分析　高处坠落，导致人身伤亡。

整改要求　高处作业时正确使用安全带。

整改依据　GB 26859—2011《电力安全工作规程　电力线路部分》9.2.1　高处作业应使用安全带，安全带应采用高挂低用的方式，不应系挂在移动或不牢固的物件上。转移作业位置时不应失去安全带保护。

（二）线路作业中使用梯子时，无人扶梯

图 5-49　隐患示例

图 5-50　正确示例

隐患描述　线路作业中使用梯子时，无人扶梯。

危害分析　人员跌落。

整改要求　线路作业中使用梯子时，应安排专人扶梯。

整改依据　GB 26859—2011 《电力安全工作规程　电力线路部分》 9.2.3　在线路作业中使用梯子时，应采取防滑落措施并设专人扶梯。

（三）携带工具进行高处作业时未使用工具袋

图 5-51　隐患示例

图 5-52　正确示例

隐患描述　携带工具进行高处作业时未使用工具袋。

危害分析　工具掉落，引发物体打击事故。

整改要求　高处作业时，所携带的工具应装入工具袋内，防止工具掉落。

整改依据　GB 26859—2011 《电力安全工作规程　电力线路部分》 9.2.2　高处作业应使用工具袋，较大的工具应予固定，上下传递物件应用绳索拴牢传递，不应上下投掷。

（四）高处作业时，在空中抛接零部件或工器具

图 5-53　隐患示例

图 5-54　正确示例

隐患描述　高处作业时，在空中抛接零部件或工器具。

危害分析　物体掉落，发生物体打击事故。

整改要求　高处作业时，工作中所需零部件、工器具必须传递，不应空中抛接。

整改依据　DL/T 796—2012《风力发电场安全规程》5.3.9　高处作业时，使用的工器具和其他物品应放入专用工具袋中，不应随手携带；工作中所需零部件、工器具必须传递，不应空中抛接；工器具使用完后应及时放回工具袋或箱中，工作结束后应清点。

五、动火作业

（一）动火作业现场附近有易燃易爆物品

图 5-55　隐患示例

图 5-56　正确示例

隐患描述　动火作业现场附近有易燃易爆物品。

危害分析　引燃易燃易爆物品，发生火灾、爆炸事故，导致人身伤亡。

整改要求　作业现场附近应做彻底清理或者采取有效安全措施，不得堆放易燃易爆物品。

整改依据　DL 5027—2015《电力设备典型消防规程》5.2　禁止动火条件：作业现场附近堆有易燃易爆物品，未做彻底清理或者采取有效安全措施前。

（二）氧气瓶和乙炔瓶倒放在地面

图 5-57 隐患示例

图 5-58 正确示例

隐患描述 氧气瓶和乙炔瓶倒放在地面。

危害分析 可能造成气瓶爆炸。

整改要求 将氧气瓶和乙炔气瓶垂直固定放置。

整改依据 DL 5027—2015 《电力设备典型消防规程》 12.1.13 使用中的氧气瓶和乙炔瓶应垂直固定放置。

（三）氧割作业时气瓶间安全距离不足

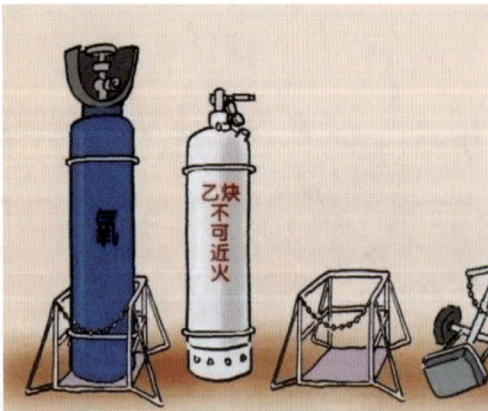

图 5-59 隐患示例

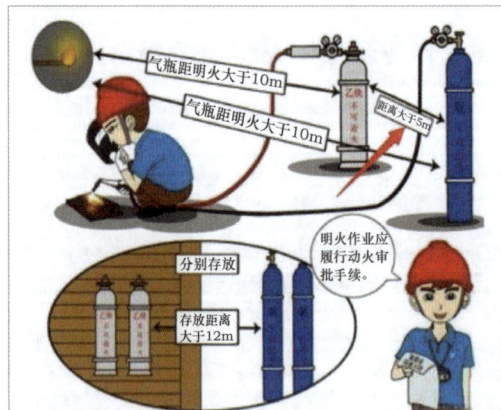

图 5-60 正确示例

隐患描述 氧割作业时气瓶间安全距离不足。

危害分析 可能造成火灾爆炸事故。

整改要求 氧气瓶与乙炔瓶的距离至少保持 5m。

整改依据 DL 5027—2015 《电力设备典型消防规程》 12.1.14 乙炔气瓶禁止放在高温设备附近，应距离明火 10m，使用中应与氧气瓶保持 5m 以上距离。

（四）焊接与切割作业现场未设置灭火器具

图 5-61　隐患示例

图 5-62　正确示例

隐患描述　焊接与切割作业现场未设置灭火器具。

危害分析　周围可燃物和易燃物被点燃后无法及时扑灭。

整改要求　焊接与切割作业现场设置足够的灭火器具。

整改依据　GB 9448—1999《焊接与切割安全》6.4.1　在进行焊接及切割操作的地方必须配置足够的灭火设备。

（五）焊接作业时未佩戴护目眼镜

图 5-63　隐患示例

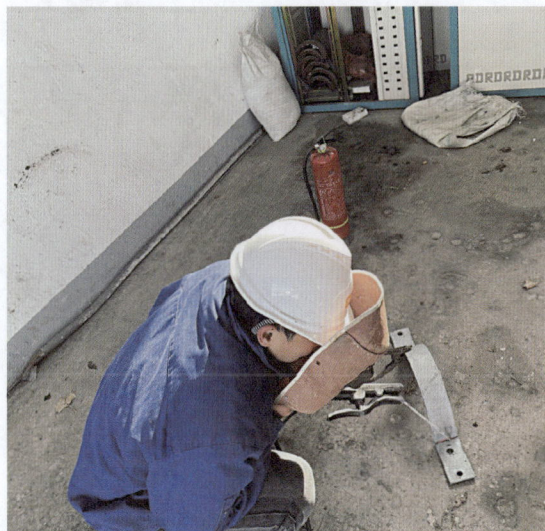

图 5-64　正确示例

隐患描述　焊接作业时未佩戴护目眼镜。

危害分析　对眼睛造成伤害，严重的可能导致电光性眼疾。

整改要求　焊接作业观察电弧时，佩戴具有滤光的护目眼镜。

整改依据　GB 9448—1999《焊接与切割安全》4.2.1　作业人员在观察电弧时，必须使用带有滤光镜的头罩或手持面罩，或佩戴安全镜、护目镜和其他适合的眼镜。

（六）焊接回路线电缆外皮破损

图 5-65　隐患示例

图 5-66　正确示例

隐患描述　焊接回路线电缆外皮破损。

危害分析　绝缘层破损，造成电缆线漏电，严重的可能导致触电事故。

整改要求　对电焊机回路电缆线进行更换。

整改依据　GB 9448—1999 《焊接与切割安全》 11.4.2　构成焊接的回路电缆外皮必须完整，绝缘良好。

（七）焊接与切割作业区域未设置警戒区域

图 5-67　隐患示例

图 5-68　正确示例

隐患描述　焊接与切割作业区域未设置警戒区域。

危害分析　作业范围内其他无关人员进入，造成交叉作业事故。

整改要求　焊接与切割作业现场使用警示带进行围蔽，并在现场设置安全警示标志。

整改依据　GB 9448—1999 《焊接与切割安全》 4.1.2　焊接与切割作业区域应明确标明，并且应有必要的警告标志。

六、起重与运输作业

（一）吊装作业时吊物下站人

图 5-69　隐患示例

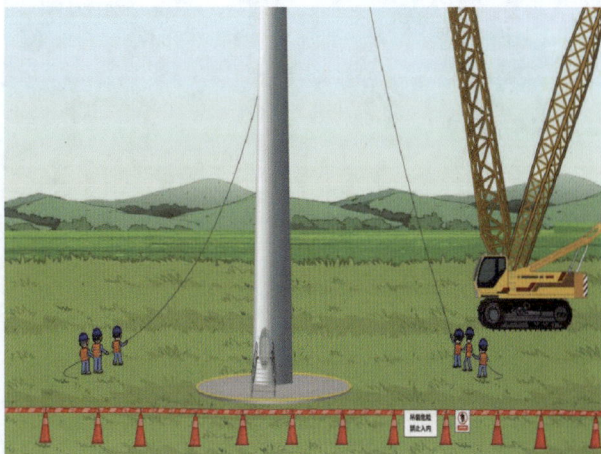

图 5-70　正确示例

隐患描述　吊装作业时吊物下站人。

危害分析　吊物坠落，发生起重伤害，导致人身伤亡。

整改要求　吊装作业周围设置隔离围挡，禁止人员靠近。

整改依据　GB 26859—2011《电力安全工作规程　电力线路部分》9.7.1　在起吊、牵引过程中，受力钢丝绳的周围、上下方、内角侧，以及起吊物和吊臂的下面，不应有人逗留和通过。

（二）起重作业时吊臂接近架空输电线

图 5-71　隐患示例

图 5-72　正确示例

隐患描述　起重作业时吊臂接近架空输电线。

危害分析　吊臂与架空输电线未保持安全距离，会导致高压放弧，严重的可能导致高压电弧触电。

整改要求　吊装作业时，按照输电线路的电压等级，保持足够的安全距离。

整改依据　GB 26859—2011《电力安全工作规程　电力线路部分》9.7.3　在电力设备附近进行起重作业时，起重机械臂架、吊具、钢丝绳及吊物等与架空输电线及其他带电体最小安全距离应符合本标准表 5 的规定。

（三）起吊重物时，起吊物体棱角处未进行包垫

图 5-73　隐患示例

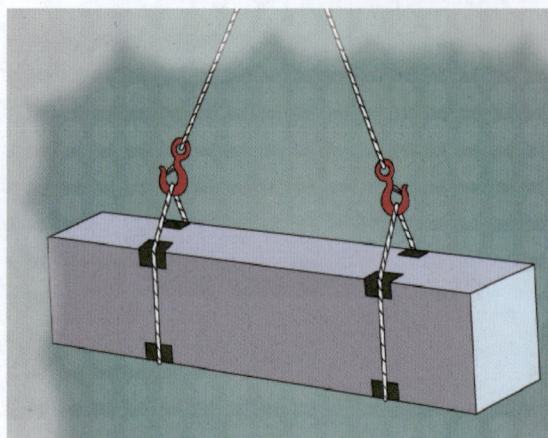

图 5-74　正确示例

隐患描述　起吊重物时，起吊物体棱角处未进行包垫。

危害分析　起吊重物时，重物棱角将吊带或钢丝绳割断，吊物掉落，造成起重伤害事故。

整改要求　起吊作业时，检查吊物吊装部位是否有棱角，将棱角处进行包垫。

整改依据　GB 26859—2011《电力安全工作规程　电力线路部分》5.6.5　起吊物体必须绑牢，物体若有棱角或特别光滑的部分时，在棱角和滑面接触处加以包垫。

（四）起重机超工作荷重吊装

图 5-75　隐患示例

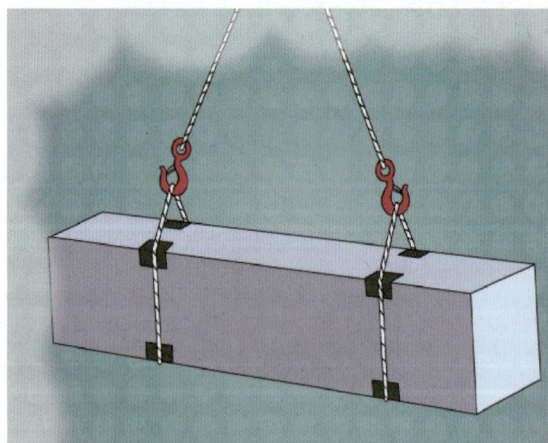

图 5-76　正确示例

隐患描述　起重机超工作荷重吊装。

危害分析　吊装作业超荷重作业，会造成起重机翻覆。

整改要求　起吊作业前，清楚待吊物体的重量后，在起重机允许的工作荷重进行作业。

整改依据　GB 6067.1—2010《起重机械安全规程　第 1 部分：总则》17.2.2　除了按 18.2.1 规定的试验要求之外，起重机械不得起吊超过额定载荷的物品。

七、电气作业

（一）单人进行倒闸作业，无人进行监护

图 5-77 隐患示例

图 5-78 正确示例

隐患描述 单人进行倒闸作业，无人进行监护。

危害分析 作业人员误操作造成触电事故。

整改要求 倒闸操作必须填写操作票，经审批通过后由两人进行，一人操作，一人监护。

整改依据 DL/T 969—2005《变电站运行导则》 5.1.5 倒闸操作由两人进行，一人操作，一人监护。

（二）高压设备停电检修、维修作业时未经充分放电

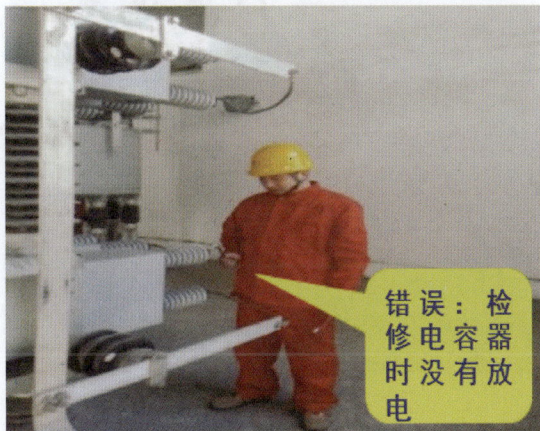

错误：检修电容器时没有放电

图 5-79 隐患示例

正确：电容器组检修作业前必须单个放电完毕方可开始工作

图 5-80 正确示例

隐患描述 高压设备停电检修、维修作业时未经充分放电。

危害分析 造成人员触电事故。

整改要求 高压设备停电检修、维修作业时必须经放电、验电和临时短接后再作业。

整改依据 GB 26860—2011《电力安全工作规程 发电厂和变电站电气部分》 6.1.1 在电气设备上工作，应有停电、验电、装设接地线、悬挂标识牌和装设遮拦（围栏）等保证安全的技术措施。

（三）停电检修、维修作业时，作业人员擅自移除遮拦，扩大工作范围

图 5-81　隐患示例

图 5-82　正确示例

隐患描述　停电检修、维修作业时，作业人员擅自移除遮拦，扩大工作范围。

危害分析　人员误操作造成触电事故。

整改要求　停电检修、维修作业必须办理停电检修票，经审批后在规定范围内进行作业，不允许擅自扩大作业范围。

整改依据　GB 26860—2011《电力安全工作规程　发电厂和变电站电气部分》　6.5.10　工作人员不得擅自移除或拆除遮拦、标示牌。

（四）高压设备验电时没有戴绝缘手套

图 5-83　隐患示例

图 5-84　正确示例

隐患描述　高压设备验电时没有佩戴绝缘手套。

危害分析　造成人员触电事故。

整改要求　高压设备验电时必须佩戴绝缘手套。

整改依据　GB 26859—2011《电力安全工作规程　电力线路部分》　10.1.5　高压配电设备验电时，应戴绝缘手套。

（五）操作隔离开关时未挂警示标志牌

图 5-85 隐患示例

图 5-86 正确示例

隐患描述 操作隔离开关时未挂警示标志牌。

危害分析 缺少警示标志，造成其他人员误操作，导致作业中断，严重的可能导致触电事故。

整改要求 在隔离开关操作把手上悬挂"禁止合闸、有人工作！"的警示标志牌。

整改依据 GB 26860—2011 《电力安全工作规程 发电厂和变电站电气部分》 6.5.1 在一经合闸即可送电到工作地点的隔离开关操作把手上，应悬挂"禁止合闸，有人工作！"或"禁止合闸，线路有人工作！"的标示牌。

（六）低压不停电作业时作业人员未穿绝缘鞋

图 5-87 隐患示例

图 5-88 正确示例

隐患描述 低压不停电作业时作业人员未穿绝缘鞋。

危害分析 人员误操作造成触电事故。

整改要求 进行低压不停电作业时，严格要求作业人员穿绝缘鞋和其他绝缘防护劳保用品，防止触电事故。

整改依据 GB 26859—2011 《电力安全工作规程 电力线路部分》 10.4.1 低压不停电作业时，工作人员应穿绝缘鞋、全棉长袖工作服，戴手套、安全帽和护目眼镜，站在干燥的绝缘物上进行。

（七）同杆塔架设的多层电力线路进行验电和挂接地线时，未按照先挂下层、后挂上层的次序进行

图 5-89　隐患示例

图 5-90　正确示例

隐患描述　同杆塔架设的多层电力线路进行验电和挂接地线时，未按照先挂下层、后挂上层的次序进行。

危害分析　造成人员触电事故。

整改要求　拔插电缆接头时，应断开电源和负荷，防止发生触电事故。

整改依据　GB 26859—2011《电力安全工作规程　电力线路部分》6.3.4　对同杆塔架设的多层、同一横担多回线路验电时，先验低压、后验高压，先验下层、后验上层，先验近侧、后验远侧。

6.4.13　对同杆塔架设的多回电力线路装设接地线时，应先装低压、后装高压，先装下层、后装上层，先装近侧、后装远侧。

（八）在 10kV 及以下带电线路杆塔上作业时，作业人员距离带电导线安全距离不足

图 5-91　隐患示例

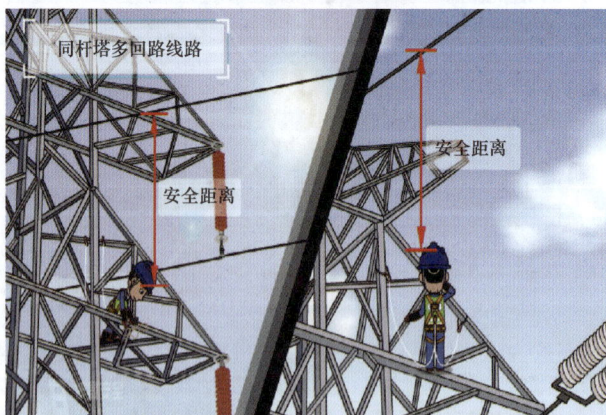

图 5-92　正确示例

隐患描述　在 10kV 及以下带电线路杆塔上作业时，作业人员距离带电导线安全距离不足。

危害分析　因作业人员与最下层高压导线垂直距离不足，导致发生触电事故。

整改要求　在 10kV 及以下带电线路杆塔上作业时，作业人员距离带电导线最小安全距离不得小于 0.7m。

整改依据　GB 26859—2011《电力安全工作规程　电力线路部分》5.3.2　在 10kV 及以下带电线路杆塔上工作，工作人员距带电导线的安全距离不得小于 0.7m。

（九）登杆塔作业时未设专人监护

图 5-93　隐患示例

图 5-94　正确示例

隐患描述　登杆塔作业时未设专人监护。

危害分析　出现错登杆塔或接触、接近其他带电线路等违章作业情况，造成触电事故。

整改要求　在登杆塔作业时，必须安排专人进行监护，保证作业人员遵章作业。

整改依据　GB 26859—2011《电力安全工作规程　电力线路部分》8.4.3　登杆塔和在杆塔上工作时，每基杆塔都应设专人监护。

（十）等电位作业时未穿全套屏蔽服

图 5-95　隐患示例

图 5-96　正确示例

隐患描述　等电位作业时未穿全套屏蔽服。

危害分析　造成人员触电事故。

整改要求　等电位作业时，作业人员必须穿全套屏蔽服（包括帽、衣、裤、手套、袜、鞋），且各部分连接完好。

整改依据　GB 26859—2011《电力安全工作规程　电力线路部分》11.2.2　等电位工作人员应穿着阻燃内衣，外面穿着全套屏蔽服，各部分连接良好。

第二节　光伏方阵

一、光伏方阵运行与维护

（一）光伏组件开裂、外表面损伤

图 5-97　隐患示例

图 5-98　正确示例

隐患描述　光伏组件开裂、外表面损伤。

危害分析　造成光伏组件功率衰减，严重的可能导致漏电。

整改要求　对光伏组件进行检查，更换破损的光伏组件，保证光伏组件完好。

整改依据　GB/T 36567—2018 《光伏组件检修规程》 5.3.2　检查光伏组件是否有开裂、弯曲、不规整、外表面损伤及破碎。

（二）背板接线盒接线端子存在烧灼痕迹

图 5-99　隐患示例

图 5-100　正确示例

隐患描述　背板接线盒接线端子存在烧灼痕迹。

危害分析　造成接线盒烧毁，引发背板烧焦，导致组件破损。

整改要求　对光伏组件进行检查，更换破损的光伏组件，保证光伏组件完好。

整改依据　GB/T 36567—2018 《光伏组件检修规程》 5.3.2　检查背板接线盒密封是否完好，检查接线端子是否有过热、烧灼痕迹，检查旁路二极管是否损坏。

（三）光伏组件金属边框接地线脱落

图 5-101　隐患示例

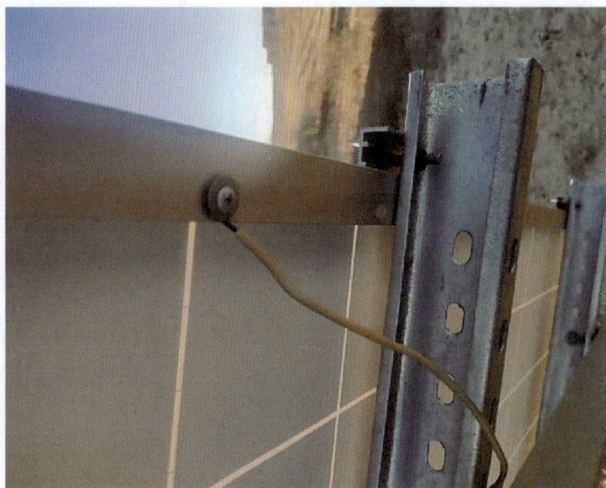

图 5-102　正确示例

隐患描述　光伏组件金属边框接地线脱落。

危害分析　出现漏电现象时无法将金属框架上的电引到大地，造成触电事故。

整改要求　将光伏组件金属边框有效接地，定期性进行检查，保证接地线完好。

整改依据　GB/T 36567—2018《光伏组件检修规程》 5.3.2　检查光伏组件金属边框的接地线连接是否紧固、可靠，有无松动、脱落与裸露。

（四）光伏组件插接头烧损

图 5-103　隐患示例

图 5-104　正确示例

隐患描述　光伏组件插接头烧损。

危害分析　影响光伏组件正常运行，造成连接引线烧毁，严重的可能导致光伏组件起火。

整改要求　更换光伏组件插接头。

整改依据　GB/T 36567—2018《光伏组件检修规程》 5.3.2　检查光伏组件插接头和连接引线是否破损、断开和连接不牢靠。连接不牢靠时应紧固；存在破损或断开时，应更换。

（五）光伏组件连接引线破损、烧毁

图 5-105　隐患示例

图 5-106　正确示例

隐患描述　光伏组件连接引线破损、烧毁。

危害分析　影响光伏组件正常运行，严重的可能导致光伏组件起火。

整改要求　更换光伏组件连接引线。

整改依据　GB/T 36567—2018 《光伏组件检修规程》 5.3.2　检查光伏组件插接头和连接引线是否破损、断开和连接不牢靠。连接不牢靠时应紧固；存在破损或断开时，应更换。

（六）光伏组件与支架的固定卡件脱落

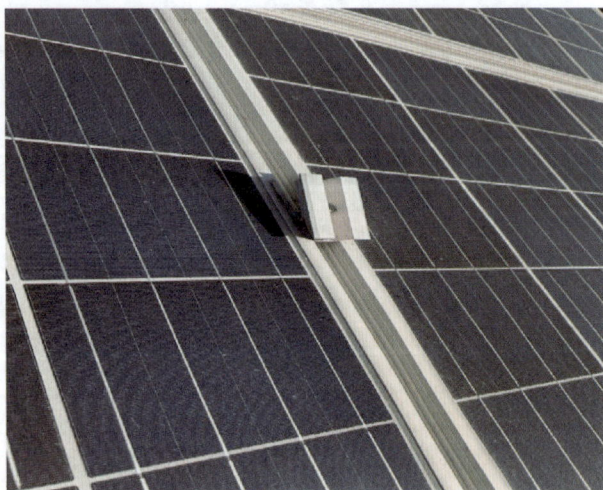

图 5-107　隐患示例

图 5-108　正确示例

隐患描述　光伏组件与支架的固定卡件脱落

危害分析　造成光伏组件太阳能板掉落。

整改要求　将光伏组件与支架间的固定卡件进行紧固。

整改依据　GB/T 36567—2018 《光伏组件检修规程》 5.3.2　检查光伏组件与支架的卡件固定是否牢固、卡件有无脱落，检查光伏卡件是否有锈蚀。

（七）光伏组件间接线松动、断开

图 5-109　隐患示例

图 5-110　正确示例

隐患描述　光伏组件间接线松动、断开。

危害分析　造成光伏组件间串联失效。

整改要求　更换光伏组件间接线。

整改依据　GB/T 36567—2018 《光伏组件检修规程》 5.3.2　检查光伏组件间的接线有无松动、断裂现象，接线绑扎是否牢固。存在松动、断裂现象时，应更换或重新绑扎。

（八）光伏组件表面有遮挡物

图 5-111　隐患示例

图 5-112　正确示例

隐患描述　光伏组件表面有遮挡物。

危害分析　引发"热斑效应"，导致电池局部烧毁，严重的可能导致整个组件报废或重大火灾。

整改要求　将光伏组件表面的遮挡物进行清理。

整改依据　GB/T 36567—2018 《光伏组件检修规程》 5.2　及时对引起光伏组件阴影的遮挡物进行清理。

（九）跟踪支架驱动装置齿轮卡涩、缺少润滑油

图 5-113　隐患示例

图 5-114　正确示例

隐患描述　跟踪支架驱动装置齿轮卡涩、缺少润滑油。

危害分析　跟踪支架异常运行。

整改要求　对跟踪支架驱动装置齿轮加润滑油。

整改依据　GB/T 36568—2018《光伏方阵检修规程》5.1.1.1　驱动装置齿轮应无卡涩，动作应平稳、灵活，无异常振动和噪声，润滑油应满足运行要求。

二、光伏方阵检修与调试

（一）光伏方阵检修与调试作业时停电后未进行验电

图 5-115　隐患示例

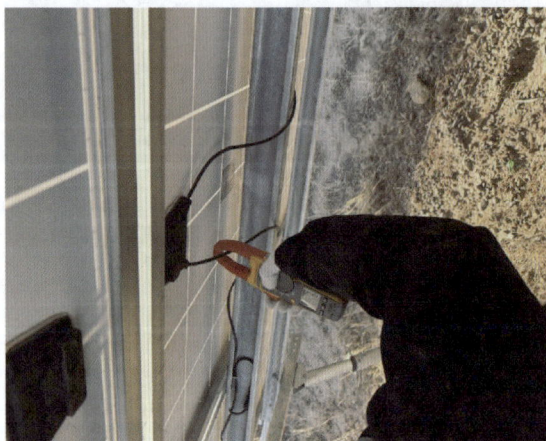

图 5-116　正确示例

隐患描述　光伏方阵检修与调试作业时停电后未进行验电。

危害分析　停电后未完全放电，造成人员触电事故。

整改要求　光伏方阵进行检修和调试作业时在停电后须经放电，对线路进行验电后方可作业。

整改依据　GB/T 35694—2017《光伏发电站安全规程》6.1.1　光伏方阵、汇流箱、配电柜、逆变器的检修与调试应满足停电、验电、接地、悬挂标示牌等有关技术要求。

（二）光伏组件现场电气作业时单人作业，无人监护

图 5-117　隐患示例

图 5-118　正确示例

隐患描述　光伏组件现场电气作业时单人作业，无人监护。

危害分析　人员触电后无法及时进行救援，导致事故伤害扩大。

整改要求　光伏组件现场电气作业时必须安排监护人员，待监护人员到场后方可进行作业。

整改依据　GB/T 35694—2017 《光伏发电站安全规程》 6.1.4　现场电气作业应有专人监护。

（三）光伏组件检修完后，未带走损坏的光伏组件和插接头

图 5-119　隐患示例

图 5-120　正确示例

隐患描述　光伏组件检修完后，未带走损坏的光伏组件和插接头。

危害分析　大风天气时现场遗留的设施、工具被刮起后砸到运行的光伏组件上，造成异常运行。

整改要求　光伏组件检修完后，将现场损坏的光伏组件、插接头等设施、工具清理干净。

整改依据　GB/T 36567—2018 《光伏组件检修规程》 5.1.5　光伏组件检修完毕，应带走更换以及损坏的光伏组件和插接头等，检查确认检修现场无遗留物品。

（四）现场作业时未佩戴安全帽

图 5-121　隐患示例

图 5-122　正确示例

隐患描述　现场作业时未佩戴安全帽。

危害分析　物体掉落或磕碰，造成头部受伤。

整改要求　光伏电站现场作业时佩戴安全帽。

整改依据　GB/T 35694—2017 《光伏发电站安全规程》 5.1.3　巡检过程中，要戴安全帽；在雨雪等天气下，应穿绝缘靴。

（五）雨天现场进行检修、维护作业时未穿绝缘靴

图 5-123　隐患示例

雨天检修，穿着绝缘鞋

图 5-124　正确示例

隐患描述　雨天现场进行检修、维护作业时未穿绝缘靴。

危害分析　光伏组件漏电，可能造成触电事故。

整改要求　雨天作业时要穿绝缘靴，防止发生触电事故。

整改依据　GB/T 35694—2017 《光伏发电站安全规程》 5.1.3　巡检过程中，要戴安全帽；在雨雪等天气下，应穿绝缘靴。

第三节　光伏汇流箱

一、汇流箱运行与维护

（一）汇流箱箱体电缆穿线孔未使用防火材料封堵

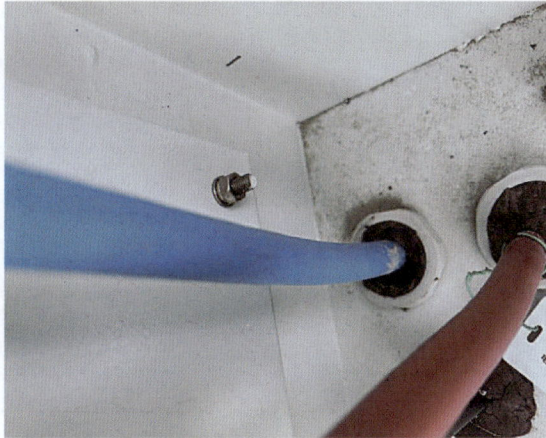

图 5-125　隐患示例

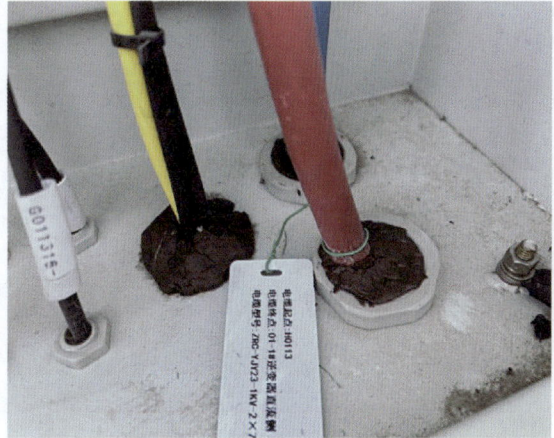

图 5-126　正确示例

隐患描述　汇流箱箱体电缆穿线孔未使用防火材料封堵。

危害分析　外部发生火灾后，火势顺着电缆穿线孔倾入汇流箱箱体内。

整改要求　使用防火材料将汇流箱箱体电缆穿线孔进行封堵。

整改依据　GB/T 36568—2018《光伏方阵检修规程》 5.1.1.1　汇流箱箱体电缆穿线孔防火封堵应严密。

（二）汇流箱箱体表面变形、损坏

图 5-127　隐患示例

图 5-128　正确示例

隐患描述　汇流箱箱体表面变形、损坏。

危害分析　影响汇流箱箱体的寿命。箱体破损后，导致灰尘和雨水侵入。

整改要求　维修或更换汇流箱箱体，保证箱体结构完好。

整改依据　GB/T 36568—2018《光伏方阵检修规程》 5.1.1.1　汇流箱表面应清洁、无锈蚀，箱体无变形、损坏且固定应牢靠。

（三）汇流箱密封不严，内部进水或有水渍痕迹

图 5-129　隐患示例

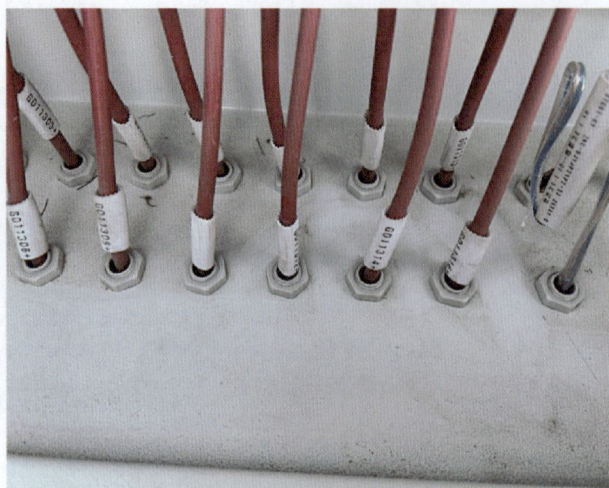

图 5-130　正确示例

隐患描述　汇流箱密封不严，内部进水或有水渍痕迹。

危害分析　汇流箱进水可能导致汇流箱内电气元件受潮，严重的可能导致短路起火事故。

整改要求　清理汇流箱内部积水，检查电气元件是否受潮，对汇流箱进行密封、防雨处理。

整改依据　GB/T 36568—2018《光伏方阵检修规程》 5.1.1.1　汇流箱门锁扣应完好，密封良好，动作可靠。

（四）汇流箱跨接线脱落

图 5-131　隐患示例

图 5-132　正确示例

隐患描述　汇流箱跨接线脱落。

危害分析　出现漏电现象后，无法将电引到大地，造成人员触电事故。

整改要求　恢复汇流箱跨接线，确保跨接线连接紧固。

整改依据　GB/T 50303—2015《建筑电气工程施工质量验收规范》 6.1.1　柜、屏、台、箱、盘的金属制结构框架及基础型钢必须接地（PE）或接零（PEN）牢靠；装有电气电线电缆的可开关门，门和框架的接地端子间应该使用裸编织铜线跨接，且有标识牌。

（五）汇流箱密封不良，内部积尘严重

图 5-133　隐患示例

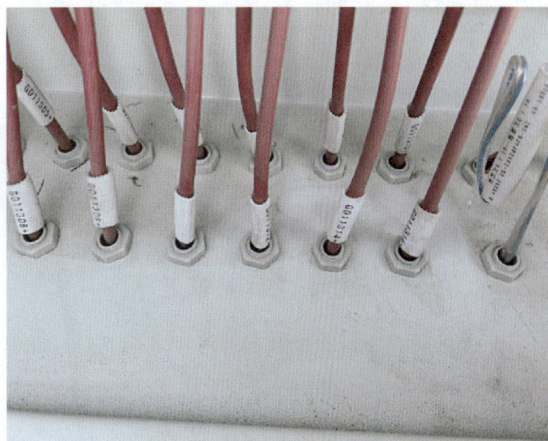
图 5-134　正确示例

　　隐患描述　汇流箱密封不良，内部积尘严重。

　　危害分析　造成汇流箱内部电子元器件散热不良、短路，导致导线的绝缘层热熔燃烧，严重的可能导致火灾事故。

　　整改要求　清理汇流箱内部积尘，将汇流箱密封严实。

　　整改依据　GB/T 36568—2018 《光伏方阵检修规程》 5.1.1.1 汇流箱门锁扣应完好，密封良好、动作可靠。

（六）汇流箱箱内接线端子松动、锈蚀

图 5-135　隐患示例

图 5-136　正确示例

　　隐患描述　汇流箱箱内接线端子松动、锈蚀。

　　危害分析　造成连接处接触不良，引起线路发热，严重的可能导致电气火灾。

　　整改要求　将锈蚀的接线端子进行更换，松动的接线端子进行紧固。

　　整改依据　GB/T 36568—2018 《光伏方阵检修规程》 5.1.1.1 直流电缆与母线或接线板应连接牢靠、无发热变色；各接线端子连接应紧固，无锈蚀、发热变色等异常现象。

二、汇流箱检修与调试

（一）汇流箱检修时，汇流箱的开关未断开

图 5-137　隐患示例

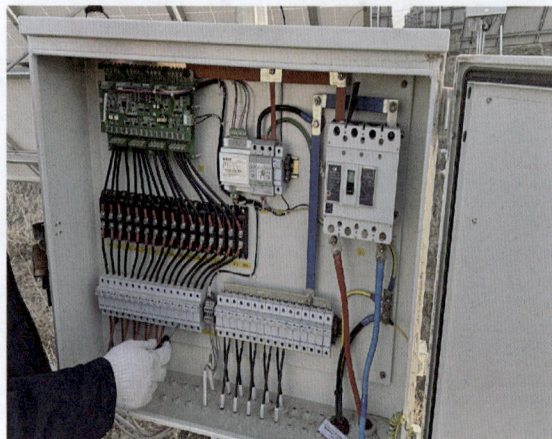

图 5-138　正确示例

隐患描述　汇流箱检修时，汇流箱的开关未断开。

危害分析　造成人员触电事故。

整改要求　在汇流箱检修时，将汇流箱开关处于断开状态方可进行作业。

整改依据　GB/T 35694—2017《光伏发电站安全规程》6.3.2　检修时，汇流箱的所有开关和熔断器应处于断开状态。

第四节　直流配电柜

一、直流配电柜冷却风扇故障，未启动

图 5-139　隐患示例

图 5-140　正确示例

隐患描述　直流配电柜冷却风扇故障，未启动。

危害分析　无法给配电柜降温，造成配电柜内元件受热故障。

整改要求　对直流配电柜冷却风扇进行检查维修，做好日常维护。

整改依据　GB/T 36568—2018《光伏方阵检修规程》5.1.1.2　柜内冷却风扇运转应正常，柜内照明应良好。

二、直流配电柜柜体腐蚀、变形

图 5-141 隐患示例

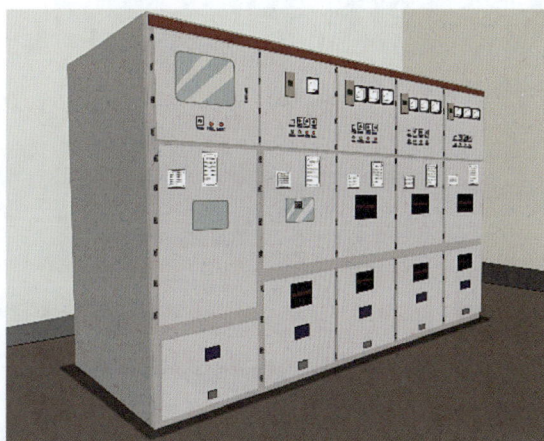

图 5-142 正确示例

隐患描述 直流配电柜柜体腐蚀、变形。

危害分析 使配电柜的使用寿命缩短。

整改要求 对直流配电柜进行维修、更换。

整改依据 GB/T 36568—2018 《光伏方阵检修规程》 5.1.1.2 配电柜表面应清洁，门锁应齐全完好，柜体应无严重变形、腐蚀。

三、直流配电柜内积尘严重

图 5-143 隐患示例

图 5-144 正确示例

隐患描述 直流配电柜内积尘严重。

危害分析 造成直流配电柜内部电子元器件散热不良、短路，导致导线的绝缘层热熔燃烧，严重的可能导致火灾事故。

整改要求 清理直流配电柜内积尘，将配电柜密封严实，防止积尘。

整改依据 GB/T 36568—2018 《光伏方阵检修规程》 5.1.1.2 配电柜表面应清洁，门锁应齐全完好，柜体应无严重变形、腐蚀。

四、直流配电柜穿线孔未封堵

图 5-145　隐患示例

图 5-146　正确示例

隐患描述　直流配电柜穿线孔未封堵。

危害分析　无法做到防潮防虫，发生火灾后无法有效隔离。

整改要求　将直流配电柜穿线孔用防火材料封堵严实。

整改依据　DL 5027—2015 《电力设备典型消防规程》 10.5.3　凡穿越墙壁、楼板和电缆沟进入控制室、电缆夹层、控制柜及仪表盘、保护盘等处的电缆孔、洞、竖井和进入油区的电缆入口处必须用防火堵料严密封堵。

第五节　光伏逆变器

一、光伏逆变器防护外壳变形、锈蚀

图 5-147　隐患示例

图 5-148　正确示例

隐患描述　光伏逆变器防护外壳变形、锈蚀。

危害分析　外壳变形、锈蚀会影响逆变器的寿命，导致灰尘、雨水侵入。

整改要求　及时更换逆变器防护外壳，做好日常检查、维修。

整改依据　GB/T 38330—2019 《光伏发电站逆变器检修维护规程》 6.1　逆变器出现标志名称、编号牌掉落、外观破损、门锁异常时，应及时进行处理。

二、光伏逆变器室内有水渍和积水

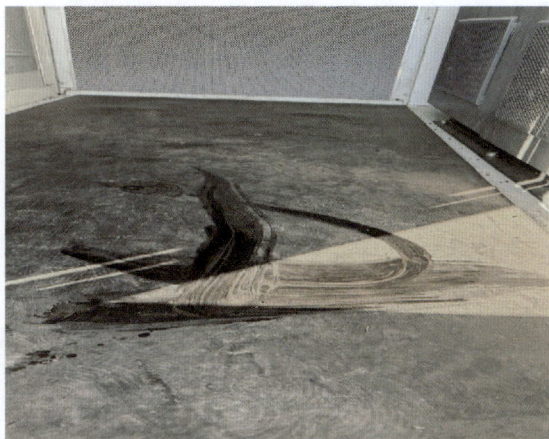

图 5-149　隐患示例

图 5-150　正确示例

隐患描述　光伏逆变器室内有水渍和积水。

危害分析　容易造成漏电或触电事故。

整改要求　及时对光伏逆变器室漏雨点进行检修，保证逆变器室内干燥、干净。

整改依据　GB/T 38330—2019　《光伏发电站逆变器检修维护规程》 6.4　逆变器内部应整洁、干净，无积尘、水渍，无渗水、水迹。

三、逆变器室密封不严，逆变器室积尘严重

图 5-151　隐患示例

图 5-152　正确示例

隐患描述　逆变器室密封不严，逆变器室积尘严重。

危害分析　造成逆变器内部积尘，电子元器件散热不良、短路，导致导线的绝缘层热熔燃烧，严重的可能导致火灾事故。

整改要求　将逆变器室内灰尘进行清理，同时将逆变器室密封严实，防止灰尘和雨水侵入。

整改依据　GB/T 38330—2019　《光伏发电站逆变器检修维护规程》 6.4　逆变器室内部应整洁、干净，无积尘、水渍，无渗水、水迹。

四、逆变器进风口和出风口堆放杂物

图 5-153　隐患示例

图 5-154　正确示例

隐患描述　逆变器进风口和出风口堆放杂物。

危害分析　逆变器无法有效进行空气置换，造成散热不佳，严重的可能导致逆变器烧毁。

整改要求　清理逆变器进风口和出风口的杂物，保持空气交换通畅。

整改依据　GB/T 35694—2017 《光伏发电站安全规程》 5.5.3 逆变器投入运行后，不应在进风口和排风口堆放物品。

五、逆变器室排风扇未启用

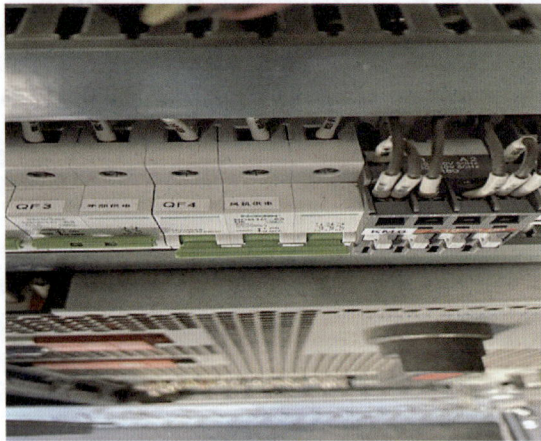

图 5-155　隐患示例

图 5-156　正确示例

隐患描述　逆变器室排风扇未启用。

危害分析　造成逆变器室局部温度升高，影响逆变器的性能。

整改要求　开启逆变器室排风扇，保持通风。

整改依据　GB/T 38330—2019 《光伏发电站逆变器检修维护规程》 6.4 逆变器应急灯、排气扇工作应正常，无积尘或杂物覆盖、遮挡。

六、逆变器室应急照明灯未启用

图 5-157　隐患示例

图 5-158　正确示例

隐患描述　逆变器室应急照明灯未启用。

危害分析　无法保障逆变器室的应急照明正常、有效，出现异常情况时无法保障应急照明。

整改要求　对逆变器室的应急灯进行维修更换，保证应急照明电源正常。

整改依据　GB/T 38330—2019 《光伏发电站逆变器检修维护规程》 6.4　逆变器应急灯、排气扇工作应正常，无积尘或杂物覆盖、遮挡。

七、逆变器百叶窗通风口有异物堵塞

图 5-159　隐患示例

图 5-160　正确示例

隐患描述　逆变器百叶窗通风口有异物堵塞。

危害分析　造成通风不畅，无法进行空气置换，导致设备表面高温。

整改要求　清理逆变器百叶窗，保证通风口无异物堵塞。

整改依据　GB/T 38330—2019 《光伏发电站逆变器检修维护规程》 6.1　清理逆变器百叶窗，保证通风口无异物堵塞，可以有足量的冷却风吸入。

第六节 就地升压系统

一、低压室

（一）断路器进出电缆孔洞未封堵

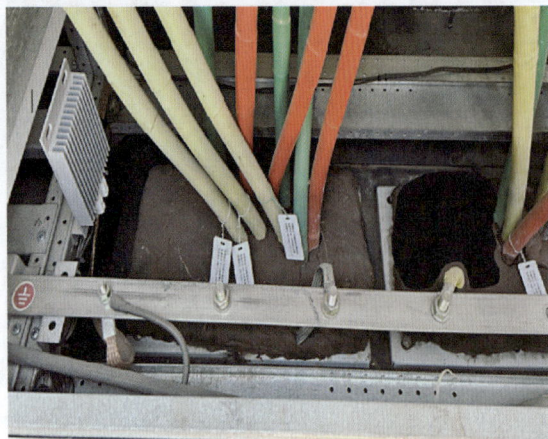

图 5-161 隐患示例

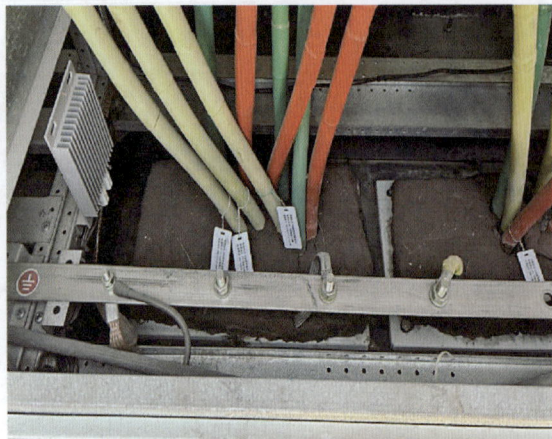

图 5-162 正确示例

隐患描述 断路器进出电缆孔洞未封堵。

危害分析 小动物进入，雨水、灰尘侵入。

整改要求 将孔洞封堵严实，防止小动物进入，防止雨水、灰尘侵入。

整改依据 DL/T 969—2005《变电站运行导则》6.6.1.3 端子箱、机构箱箱内整洁、箱门平整，开启灵活，关闭严密，有防雨、防尘、防潮、防小动物措施。电缆孔洞封堵严密，箱内电气元件标志清晰、正确，螺栓无锈蚀、松动。

（二）分、合闸指示灯故障、破损，实际运行工况与分、合闸指示灯不一致

图 5-163 隐患示例

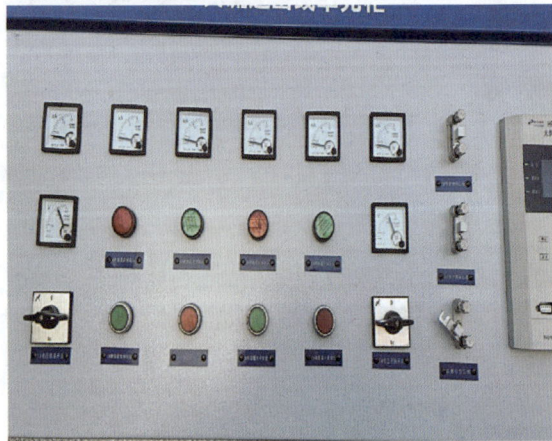

图 5-164 正确示例

隐患描述 分、合闸指示灯故障，破损，实际运行工况与分、合闸指示灯不一致。

危害分析 无法正确指示断路器运行工况，造成作业人员误操作。

整改要求 对分、合闸指示灯进行检查维修，保证分、合闸指示灯与正常工况一致。

整改依据 DL/T 969—2005《变电站运行导则》6.6.1.1 分、合闸指示器应指示清晰、正确。6.6.2.1 分、合闸位置与实际运行工况相符。

二、变压器室

（一）变压器室缺少运行编号和警示标志牌

图 5-165　隐患示例

图 5-166　正确示例

隐患描述　变压器室缺少运行编号和警示标志牌。

危害分析　缺少警示标志，无法进行警示告知。

整改要求　张贴运行编号标签，门外侧设置"止步，高压危险"等警示标志牌。

整改依据　DL/T 1102—2021《配电变压器运行规程》 5.1.1　变压器室应能防火、防雨水、防涝、防雷电、防小动物，门应采用阻燃或不燃材料，门向外开启并应上锁。门上应标明变压器室的名称和运行编号，门外侧设置"止步，高压危险"等警示标志牌。

（二）变压器外壳接地扁铁松动或锈蚀

图 5-167　隐患示例

图 5-168　正确示例

隐患描述　变压器外壳接地扁铁松动或锈蚀。

危害分析　严重的可能造成人员触电事故。

整改要求　更换锈蚀的接地扁铁，紧固松动的接地扁铁。

整改依据　DL/T 1102—2021《配电变压器运行规程》 5.1.1　变压器外壳应可靠接地。

（三）变压器室箱柜破损，存在积水和水渍

图 5-169　隐患示例

图 5-170　正确示例

隐患描述　变压器室箱柜破损，存在积水和水渍。

危害分析　变压器室渗、漏水，雨水侵入造成变压器异常运行，严重的可能导致变压器烧毁。

整改要求　对变压器室箱柜进行维护，保证变压器室没有破损、密封严实。

整改依据　DL/T 1102—2021《配电变压器运行规程》5.1.1　变压器室应能防火、防雨水、防涝、防雷电、防小动物，门应采用阻燃或不燃材料，门向外开启并应上锁。门上应标明变压器室的名称和运行编号，门外侧设置"止步，高压危险"等警示标志牌。

（四）变压器运行油温超高

图 5-171　隐患示例

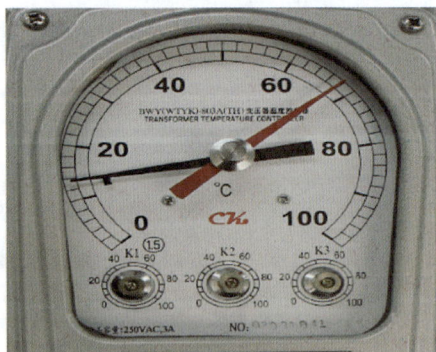

图 5-172　正确示例

隐患描述　变压器运行油温超高。

危害分析　变压器油温超过限值，可能造成绝缘下降，导致变压器寿命缩短或损坏，严重的导致爆炸起火。

整改要求　停止运行设备，检查变压器负荷和冷却系统是否存在异常，维修或更换变压器及元件。

整改依据　DL/T 572—2021《电力变压器运行规程》6.1.4　变压器的油温和温度计应正常，储油柜的油位应与温度相对应，各部位无渗油、漏油，套管油位应正常。

（五）变压器外壳及箱沿存在过热现象

图 5-173 隐患示例

图 5-174 正确示例

隐患描述 变压器外壳及箱沿存在过热现象。

危害分析 变压器负荷工作，造成变压器寿命缩短或损坏，严重的导致爆炸起火。

整改要求 停止运行设备，对变压器进行检查维修。

整改依据 DL/T 572—2021 《电力变压器运行规程》 6.1.5 变压器外壳及箱沿应无异常发热。

三、高压室

（一）高压室电缆进出孔洞未封堵

图 5-175 隐患示例

图 5-176 正确示例

隐患描述 高压室电缆进出孔洞未封堵。

危害分析 小动物侵入柜内，导致放电和短路故障。

整改要求 将开关柜电缆孔洞进行封堵。

整改依据 DL/T 969—2005 《变电站运行导则》 6.8.2.8 接地牢固可靠，封闭性能及防小动物设施应完好。

（二）高压室铜排及热缩绝缘套有明显烧灼痕迹、铜排氧化

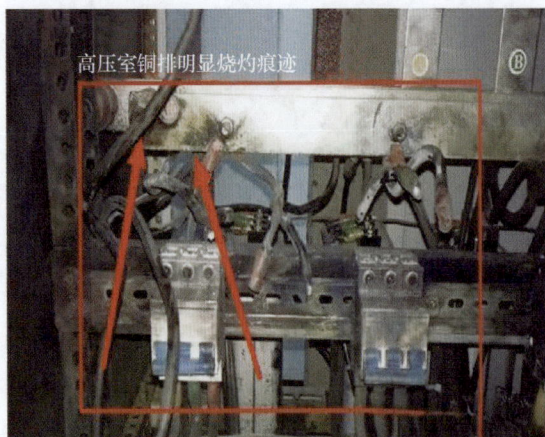

图 5-177 隐患示例

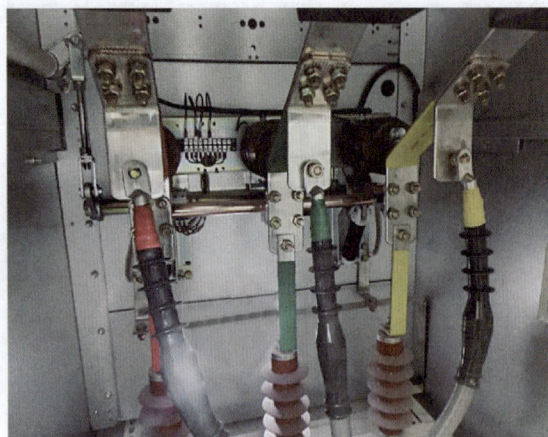

图 5-178 正确示例

隐患描述 高压室铜排及热缩绝缘套有明显烧灼痕迹、铜排氧化。

危害分析 严重的造成高压室发生电气火灾。

整改要求 停运设备，对铜排及热缩绝缘套管进行检查维修。

整改依据 GB/T 13869—2017《用电安全导则》5.1.2 电气线路须具有足够的绝缘强度、机械强度和导电能力，其安装应符合相应产品标准的规定。

（三）电气一次设备瓷绝缘子破损、有裂纹

图 5-179 隐患示例

图 5-180 正确示例

隐患描述 电气一次设备瓷绝缘子破损、有裂纹。

危害分析 造成电气一次设备（互感器、真空断路器、高压传感器、高压隔离开关、高压接地开关）绝缘下降或失效，出现放电情况，导致瓷绝缘子炸裂。

整改要求 停运设备，对电气一次设备瓷绝缘子进行维修、更换。

整改依据 DL/T 969—2005《变电站运行导则》6.6.2.1 断路器套管、绝缘子无裂纹、无闪络痕迹。

6.10.2.1 互感器外绝缘表面应清洁、无裂纹及放电痕迹。

（四）绝缘子或绝缘子串破损或存在裂纹

图 5-181　隐患示例

图 5-182　正确示例

隐患描述　绝缘子或绝缘子串破损或存在裂纹。

危害分析　绝缘损坏，造成爬电现象。

整改要求　对绝缘子或绝缘子串进行检查维护。

整改依据　DL/T 969—2005《变电站运行导则》6.12.2.10　绝缘子、套管无裂纹和破损，设备标志正确、相色正确清晰。

（五）未经许可开启高压室柜门进行检修作业

图 5-183　隐患示例

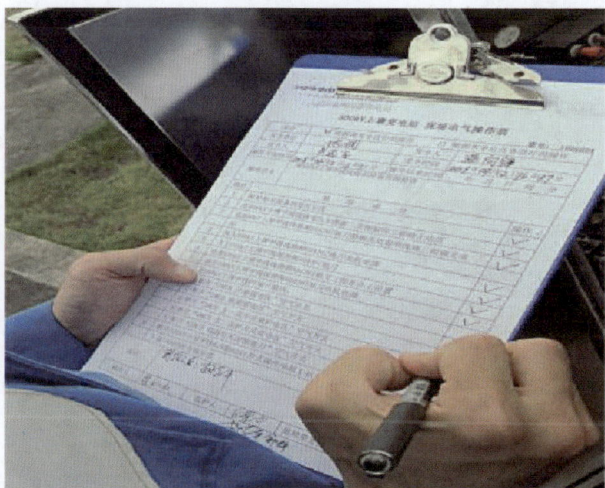

图 5-184　正确示例

隐患描述　未经许可开启高压室柜门进行检修作业。

危害分析　意外接触高压柜内电气元器件，造成触电事故。

整改要求　开启高压柜门进行检查需经审批通过，确认高压柜的运行工况后，在有人监护的情况下进行作业。

整改依据　GB 26859—2011《电力安全工作规程　电力线路部分》4.3.3　在检修工作前应进行工作布置，明确工作地点、工作任务、工作负责人、作业环境、工作方案和书面安全要求，以及工作班成员的任务分工。

第七节 集电线路

一、电力电缆

（一）敷设在地下的电缆线路的电缆井盖缺损

图 5-185 隐患示例

图 5-186 正确示例

隐患描述 敷设在地下的电缆线路的电缆井盖缺损。

危害分析 人员踩空或其他物体掉入电缆井。

整改要求 将电缆井盖板复原，防止人员或物体意外落入电缆井内。

整改依据 DL/T 1253—2013《电力电缆线路运行规程》7.2.4 对于敷设于地下的电缆线路，应查看路面是否正常，有无开挖痕迹，沟盖、井盖有无缺损，线路标志是否完整无缺等。

（二）电缆沟、夹层内孔洞未封堵

图 5-187 隐患示例

图 5-188 正确示例

隐患描述 电缆沟、夹层内孔洞未封堵。

危害分析 无法防水和防老鼠咬，突发电缆火灾事故时无法进行防火封堵，无法防止火势蔓延。

整改要求 将电缆沟、电缆夹层孔洞进行封堵。

整改依据 DL/T 1253—2013《电力电缆线路运行规程》7.2.4 检查电缆隧道、竖井、电缆夹层、电缆沟内孔洞是否封堵完好，通风、排水及照明设施是否完整，防火装置是否完好；监控系统是否运行正常。

（三）电缆终端杆塔有树木遮挡

图 5-189　隐患示例

图 5-190　正确示例

隐患描述　电缆终端杆塔有树木遮挡。

危害分析　影响电缆安全运行。

整改要求　清除电缆终端杆塔周围的树木。

整改依据　DL/T 1253—2013 《电力电缆线路运行规程》 7.2.4　检查电缆终端杆塔周围有无影响电缆安全运行的树木、爬藤、堆物及违章建筑等。

二、架空电力线路

（一）交流线路杆塔存在明显倾斜

图 5-191　隐患示例

图 5-192　正确示例

隐患描述　交流线路杆塔存在明显倾斜。

危害分析　倾斜角度过大，遇极端大风天气可能导致倒塔事故。

整改要求　修正杆塔倾斜角度，保证不超过最大允许倾斜度。

整改依据　DL/T 741—2019 《架空输电线路运行规程》 5.1.4　角钢塔：50m 以上高度铁塔，倾斜度最大允许值为 0.5%，50m 以下高度铁塔倾斜度最大允许值为 1.0%。

（二）铁塔连接的紧固螺栓松动

图 5-193　隐患示例

图 5-194　正确示例

隐患描述　铁塔连接紧固的螺栓松动。

危害分析　紧固螺栓松动导致铁塔倾斜角度过大，遇极端大风天气可能导致倒塔事故。

整改要求　紧固松动的螺栓。

整改依据　DL/T 741—2019 《架空输电线路运行规程》 5.1.14　铁塔连接螺栓不应出现松动。

（三）拉线张力出现严重松弛

图 5-195　隐患示例

图 5-196　正确示例

隐患描述　拉线张力出现严重松弛。

危害分析　无法平衡杆塔各个方向的拉力，造成杆塔倾斜。

整改要求　对杆塔进行扶正，将拉线进行紧固。

整改依据　DL/T 741—2019 《架空输电线路运行规程》 5.1.13　拉线张力应均匀，不应出现松弛。

（四）架空线路导、地线出现损伤、断股

图 5-197　隐患示例

图 5-198　正确示例

隐患描述　架空线路导、地线出现损伤、断股。

危害分析　影响线路载流量，降低线路机械强度，严重的可能导致导线断线掉落，造成跨步电压触电。

整改要求　对导、地线断股或损伤处进行钢预绞丝补强等补修措施。

整改依据　DL/T 741—2019《架空输电线路运行规程》5.2.2　导、地线不应出现损伤、断股、严重腐蚀等现象。

（五）架空线路横担出现严重裂纹和结垢

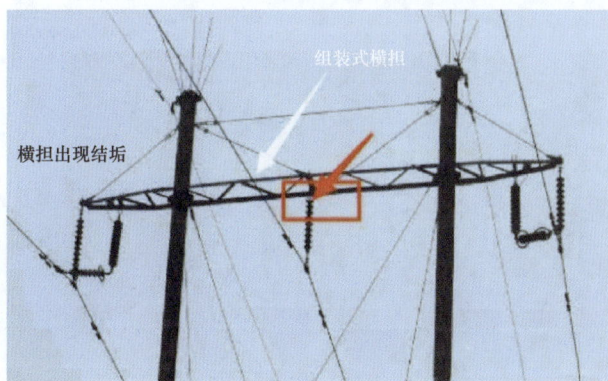

图 5-199　隐患示例

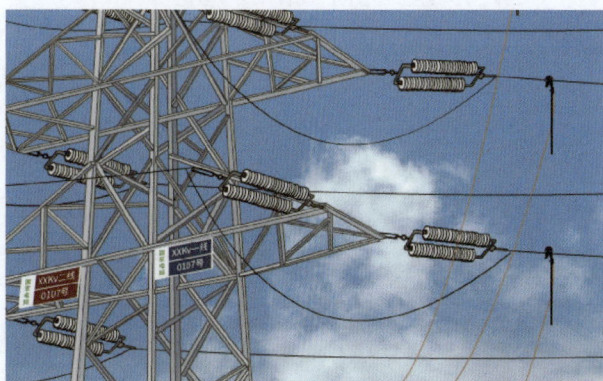

图 5-200　正确示例

隐患描述　架空线路横担出现严重裂纹和结垢。

危害分析　造成横担断裂掉落，严重的导致架空电力线路异常运行。

整改要求　对横担进行维护更换，保证运行正常。

整改依据　DL/T 741—2019《架空输电线路运行规程》5.3.8　瓷质绝缘横担不应有严重结垢、裂纹，不应出现瓷釉烧坏、瓷质损坏、伞裙破损。

（六）架空线路金具严重锈蚀、松动

图 5-201　隐患示例

图 5-202　正确示例

隐患描述　架空线路金具严重锈蚀、松动。

危害分析　耐张金具、悬垂金具等锈蚀、松动，造成线路运行故障。

整改要求　更换锈蚀的金具，对松动的金具进行紧固。

整改依据　DL/T 741—2019《架空输电线路运行规程》5.4.1　金具本体不应出现变形、锈蚀、磨损、烧伤、裂纹，连接处转动应灵活，强度不应低于原值的 80%。

（七）铁塔接地引下线锈蚀严重

图 5-203　隐患示例

图 5-204　正确示例

隐患描述　铁塔接地引下线锈蚀严重。

危害分析　可能导致接地失效，严重的可能导致雷电能量无法通过引下线引到大地。

整改要求　对引下线进行除锈防腐。

整改依据　DL/T 741—2019《架空输电线路运行规程》5.5.3　接地引下线不应断开、锈蚀或与接地体接触不良。

第八节　升压站

一、主变压器

（一）主变压器围栏入口缺少"止步，高压危险"的安全标志牌

图 5-205　隐患示例

图 5-206　正确示例

隐患描述　室外变压器围栏入口缺少"止步，高压危险"的安全标志牌。

危害分析　缺少警示标志，无法对人员进行警示告知。

整改要求　在变压器围栏入口处安装"止步，高压危险"的安全标志牌。

整改依据　DL/T 572—2021《电力变压器运行规程》4.2.13　在室外变压器围栏入口处，应安装"止步，高压危险"，在变压器爬梯处安装"禁止攀登"等安全警示标志牌。

（二）变压器爬梯处缺少"禁止攀登"的安全标志牌

图 5-207　隐患示例

图 5-208　正确示例

隐患描述　变压器爬梯处缺少"禁止攀登"的安全标志牌。

危害分析　缺少警示标志，无法对人员进行警示告知。

整改要求　在变压器爬梯处安装"禁止攀登"的安全标志牌。

整改依据　DL/T 572—2021《电力变压器运行规程》4.2.13　在室外变压器围栏入口处，应安装"止步，高压危险"，在变压器爬梯处安装"禁止攀登"等安全警示标志牌。

（三）变压器油储油柜、套管油位低于下限或见不到油位

图 5-209　隐患示例

图 5-210　正确示例

隐患描述　变压器油储油柜、套管油位低于下限或见不到油位。

危害分析　变压器存在严重渗、漏油，造成变压器绝缘下降，导致变压器被击穿或烧毁，严重的导致爆炸起火。

整改要求　停止设备运行，对油箱的密封件等进行排查，维修或更换变压器及元件。

整改依据　DL/T 572—2021《电力变压器运行规程》6.1.4　变压器的油温和温度计应正常，储油柜的油位应与温度相对应，各部位无渗油、漏油，套管油位应正常，套管外部无破损裂纹、无严重油污、无放电痕迹及其他异常现象。

（四）变压器顶层油温超过限值，温度传感器发出异常报警

图 5-211　隐患示例

图 5-212　正确示例

隐患描述　变压器顶层油温超过限值，温度传感器发出异常报警。

危害分析　变压器油温超过限值，可能造成绝缘下降，导致变压器寿命缩短或损坏，严重的导致爆炸起火。

整改要求　停止设备运行，检查变压器负荷和冷却系统是否存在异常，维修或更换变压器及元件。

整改依据　DL/T 572—2021《电力变压器运行规程》6.1.4　变压器的油温和温度计应正常，储油柜的油位应与温度相对应，各部位无渗油、漏油，套管油位应正常。

（五）套管外部有破损裂纹、严重油污和放电痕迹

图 5-213　隐患示例

图 5-214　正确示例

隐患描述　套管外部有破损裂纹、严重油污和放电痕迹。

危害分析　变压器存在严重渗、漏油，造成变压器绝缘下降，导致变压器被击穿或烧毁，严重的导致爆炸起火。

整改要求　停止设备运行，更换套管，防止持续渗、漏油。

整改依据　DL/T 572—2021《电力变压器运行规程》 6.1.4　套管油位应正常，套管外部无破损裂纹、无严重油污、无放电痕迹及其他异常现象，套管渗、漏油时，应及时处理，防止内部受潮损坏。

（六）变压器引线接头、电缆、母线过热

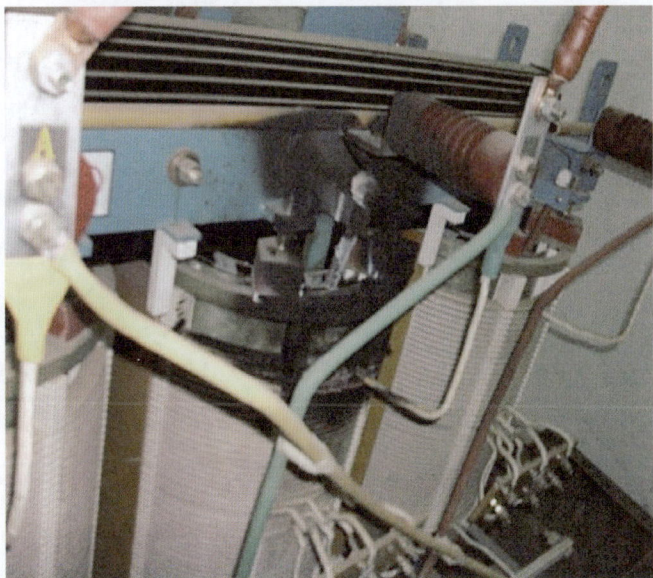

图 5-215　隐患示例

图 5-216　正确示例

隐患描述　变压器引线接头、电缆、母线过热。

危害分析　可能导致变压器运行故障。

整改要求　及时停电检修，待消除故障后再恢复运行。

整改依据　DL/T 572—2021《电力变压器运行规程》 6.1.4　引线接头、电缆、母线应无发热痕迹。

（七）变压器呼吸器硅胶变色

图 5-217 隐患示例

图 5-218 正确示例

隐患描述 变压器呼吸器硅胶变色。

危害分析 变压器呼吸器堵塞、不畅通或变压器出现假油位。

整改要求 排查呼吸器硅胶变色原因，消除隐患。

整改依据 DL/T 572—2021 《电力变压器运行规程》 6.1.4 变压器吸湿器完好，吸附剂干燥。

二、气体绝缘金属封闭电器（GIS）

（一）GIS 室未安装气体监测报警装置

图 5-219 隐患示例

图 5-220 正确示例

隐患描述 GIS 室未安装气体监测报警装置。

危害分析 发生六氟化硫气体泄漏时，无法有效监控场所的含氧量和六氟化硫浓度。

整改要求 在 GIS 室六氟化硫设备安装场所安装气体监测报警装置。

整改依据 DL/T 639—2016 《六氟化硫电气设备运行、试验及检修人员安全防护导则》 5.3.3 设备室应安装六氟化硫气体泄漏监控报警装置，应定期检测空气中的六氟化硫浓度和氧含量，采样口安装位置宜离地 20~50cm。

（二）进入 GIS 室前未开启通风换气设施

图 5-221　隐患示例

图 5-222　正确示例

隐患描述　进入 GIS 室前未开启通风换气设施。

危害分析　GIS 室内六氟化硫设备存在气体泄漏时，人员进入前未通风可能造成窒息、中毒事故。

整改要求　进入 GIS 室前应开启通风换气设施，通风至少 15min 后方可进入。

整改依据　DL/T 639—2016《六氟化硫电气设备运行、试验及检修人员安全防护导则》5.3.4　工作人员不应单独和随意进入设备室，进入设备室前，应先通风 15min。

（三）GIS 设备存在异常声响和异味

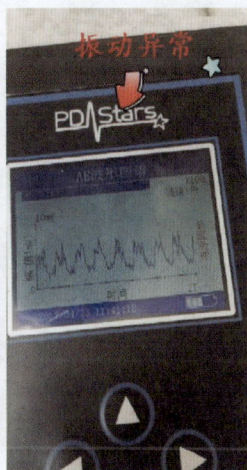

图 5-223　隐患示例

图 5-224　正确示例

隐患描述　GIS 设备存在异常声响和异味。

危害分析　GIS 异常运行，严重的可能导致设备故障。

整改要求　对 GIS 进行检查维修。

整改依据　DL/T 969—2005《变电站运行导则》6.7.2.4　无异常声响或异味。

（四）六氟化硫气瓶放在阳光下暴晒

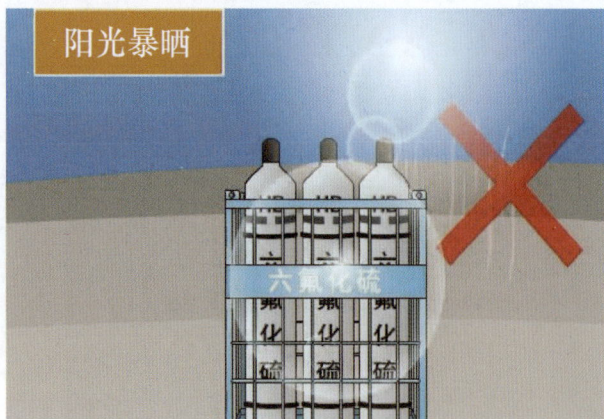

图 5-225　隐患示例

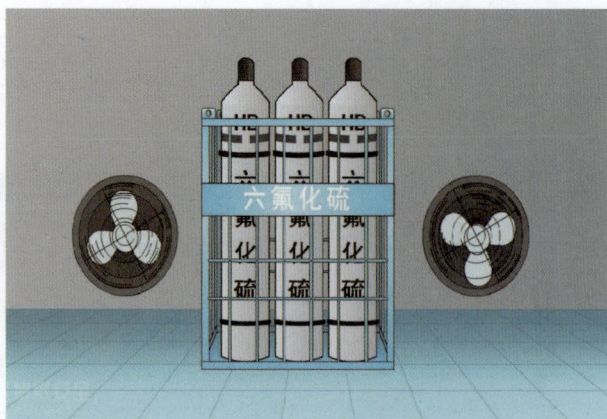

图 5-226　正确示例

隐患描述　六氟化硫气瓶放在阳光下暴晒。

危害分析　六氟化硫气瓶内部压力变大，导致发生物理爆炸。

整改要求　将六氟化硫气瓶贮存在阴凉、通风良好的库房内。

整改依据　DL/T 603—2017《气体绝缘金属封闭开关设备运行维护规程》 4.2.1 六氟化硫气瓶应储存在阴凉、通风良好的库房中，直立放置。气瓶严禁靠近易燃、油污地点。

（五）六氟化硫气瓶无定期检验标志或检验超期

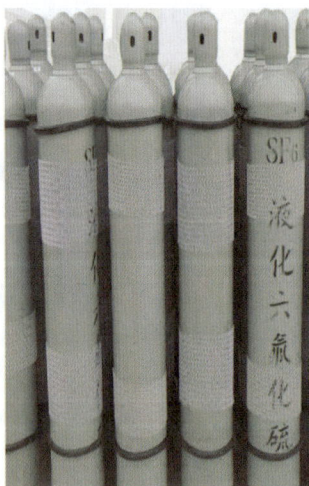

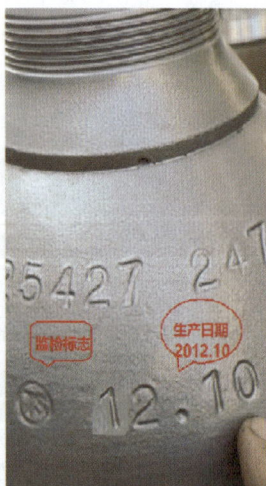

图 5-227　隐患示例

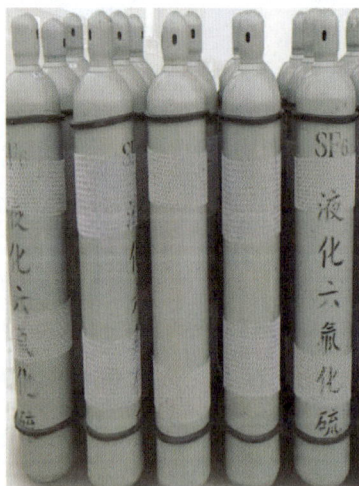

图 5-228　正确示例

隐患描述　六氟化硫气瓶无定期检验标志或检验超期。

危害分析　无法确定气瓶结构的稳定性，可能因气瓶结构隐患问题造成气瓶爆炸事故。

整改要求　委托具备检验资格的机构对六氟化硫气瓶进行检验，保证气瓶的有效性。

整改依据　DL/T 603—2017《气体绝缘金属封闭开关设备运行维护规程》 4.2.1 充装六氟化硫气体的钢瓶应按压力容器标准、周期进行检验，严禁使用无安全合格证钢瓶。

三、无功补偿装置（SVG）

（一）电容器接地装置锈蚀、松动

图 5-229　隐患示例

图 5-230　正确示例

隐患描述　电容器接地装置锈蚀、松动。

危害分析　接地装置锈蚀会导致接地线寿命下降，接地电阻增大，严重的可能导致人员触电。

整改要求　对接地装置进行除锈，将接地装置进行紧固。

整改依据　DL/T 969—2005 《变电站运行导则》 6.12.1.2　电容器架构牢固，无锈蚀，接地良好。

（二）电容器外壳膨胀，严重渗漏油

图 5-231　隐患示例

图 5-232　正确示例

隐患描述　电容器外壳膨胀，严重渗漏油。

危害分析　电容器渗、漏油会造成设备性能下降、加速老化，严重缺油会导致设备冒烟、爆炸、起火。

整改要求　停运设备，对电容器进行检查维修。

整改依据　DL/T 969—2005 《变电站运行导则》 6.12.1.2　电容器内部无异音，电容器外壳和软连接端子无过热，无膨胀变形和渗漏油。

（三）电容器油温超限值

图 5-233　隐患示例

图 5-234　正确示例

隐患描述　电容器油温超限值。

危害分析　影响电容器的寿命，造成电容器绝缘击穿故障。

整改要求　停运设备，对电容器进行检查维修。

整改依据　DL/T 969—2005《变电站运行导则》6.12.1.2　集合式电容器油位、油温、压力指示正常，吸湿器无潮解。

（四）电容器瓷质部分脏污、破损

图 5-235　隐患示例

图 5-236　正确示例

隐患描述　电容器瓷质部分脏污、破损。

危害分析　使瓷套绝缘能力降低，表面泄漏电流增大，造成瓷套表面闪络放电。

整改要求　停运设备，对电容器瓷质部分进行检查维修。

整改依据　DL/T 969—2005《变电站运行导则》6.12.1.2　电容器瓷质部分清洁、无裂纹、无放电。

（五）电容器室通风设施未开启

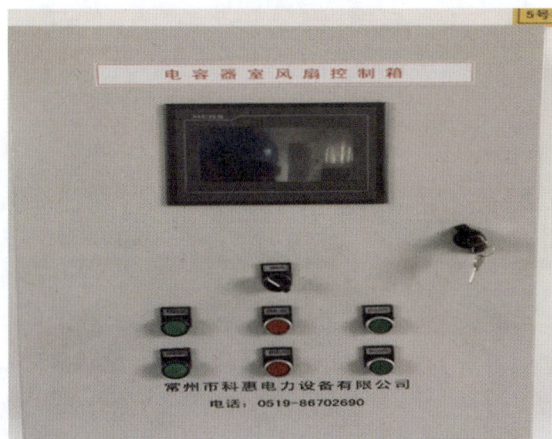

图 5-237 隐患示例

排风扇已开启

图 5-238 正确示例

隐患描述 电容器室排风设施未启动。

危害分析 电容器室通风不良。

整改要求 开启排风设施，保证电容器室正常通风。

整改依据 DL/T 969—2005《变电站运行导则》6.12.1.2 电容器室通风良好，室内温度不超过设备允许工作温度。

（六）电容器室未设置防鼠挡板

图 5-239 隐患示例

3 号防鼠挡板

图 5-240 正确示例

隐患描述 电容器室未设置防鼠挡板。

危害分析 老鼠等小动物进入到电容器室内啃咬电气线路，造成短路故障事故。

整改要求 在电容器室出入口设置防鼠挡板。

整改依据 DL/T 969—2005《变电站运行导则》8.7.1 配电室、电容器室出入口应有一定高度的防小动物挡板，临时撤掉时应有相应措施。

（七）互感器外绝缘表面脏污、存在裂纹及放电痕迹

图 5-241　隐患示例

图 5-242　正确示例

隐患描述　互感器外绝缘表面脏污、存在裂纹及放电痕迹。

危害分析　造成互感器绝缘能力降低，寿命缩短。

整改要求　对互感器进行检修。

整改依据　DL/T 969—2005 《变电站运行导则》 6.10.2.1　外绝缘表面应清洁、无裂纹及放电痕迹。

（八）六氟化硫气体绝缘互感器压力异常

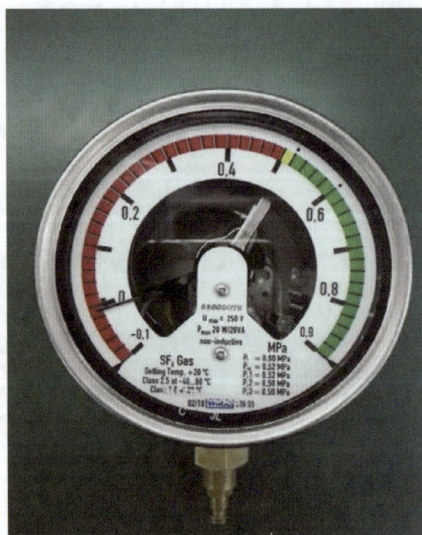

图 5-243　隐患示例

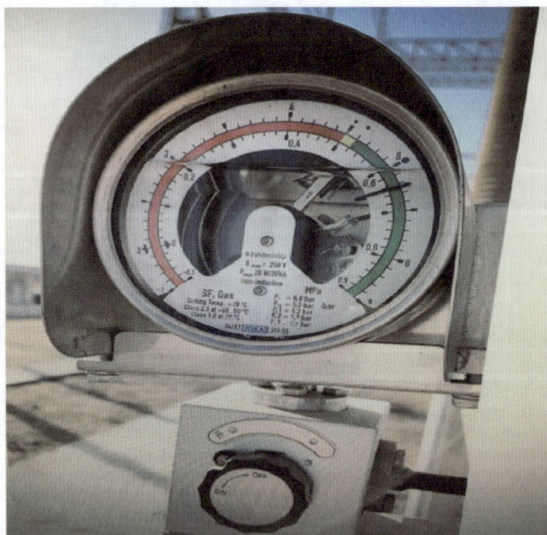

图 5-244　正确示例

隐患描述　六氟化硫气体绝缘互感器压力异常。

危害分析　造成气体绝缘性能降低，严重的导致内部绝缘被击穿。

整改要求　对六氟化硫气体绝缘互感器进行维修，提供补气。

整改依据　DL/T 969—2005 《变电站运行导则》 6.10.2.2　油位、油色、六氟化硫气体压力应正常，呼吸器应畅通，吸潮剂无潮解变色。

（九）互感器吸潮剂潮解变色

图 5-245　隐患示例

图 5-246　正确示例

隐患描述　互感器吸潮剂潮解变色。

危害分析　现场湿度超标，造成互感器受潮，严重的导致互感器使用寿命缩短，影响互感器的安全稳定运行。

整改要求　及时更换吸潮剂，定期检查吸潮剂状态。

整改依据　DL/T 969—2005《变电站运行导则》6.10.2.2　油位、油色、六氟化硫气体压力应正常，呼吸器应畅通，吸潮剂无潮解变色。

（十）互感器基础及支架变形、松动

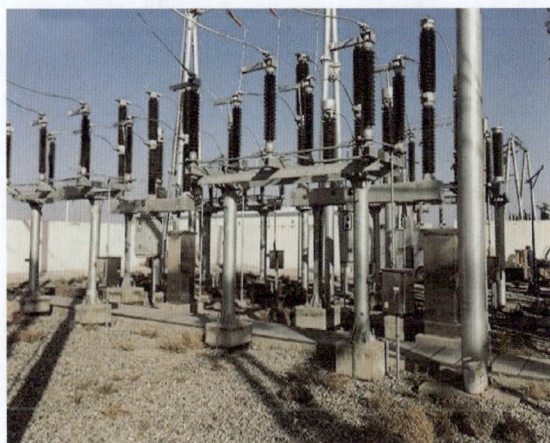

图 5-247　隐患示例

图 5-248　正确示例

隐患描述　互感器基础及支架变形、松动。

危害分析　互感器基础底座不稳，有倾斜晃动，严重的可能导致基础底座、支架倒塌，造成事故。

整改要求　及时对互感器基础支架进行检查维修，排除隐患。

整改依据　DL/T 969—2005《变电站运行导则》6.10.2.5　底座、支架牢固，无倾斜变形，金属部分无严重锈蚀。

四、高压开关室

（一）高压开关室未设置防鼠挡板

图 5-249　隐患示例

图 5-250　正确示例

隐患描述　高压开关室未设置防鼠挡板。

危害分析　老鼠等小动物进入到高压开关室内啃咬电气线路，造成短路故障事故。

整改要求　在高压开关室出入口设置防鼠挡板。

整改依据　DL/T 969—2005 《变电站运行导则》 8.7.1　配电室、电容器室出入口应有一定高度的防小动物挡板，临时撤掉时应有相应措施。

（二）开关柜屏上指示灯、带电显示器故障

图 5-251　隐患示例

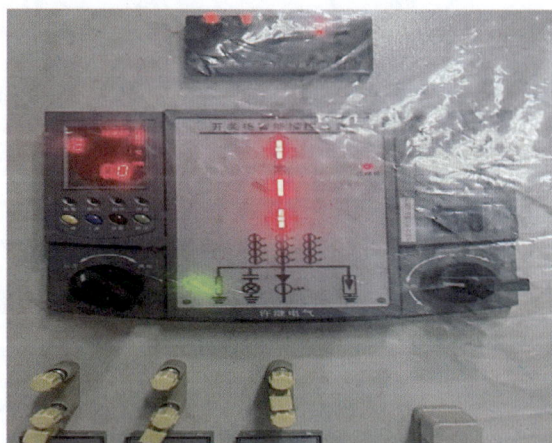

图 5-252　正确示例

隐患描述　开关柜屏上指示灯、带电显示器故障。

危害分析　无法正确判断开关柜是否带电运行，可能造成作业人员误操作。

整改要求　及时更换开关柜指示灯、带电显示屏。

整改依据　DL/T 969—2005 《变电站运行导则》 6.8.2.1　开关柜屏上指示灯、带电显示器指示应正常，操作方式选择开关、机械操作把手投切应正确，驱潮加热器工作应正常。

（三）高压开关柜电缆孔洞未封堵

图 5-253　隐患示例

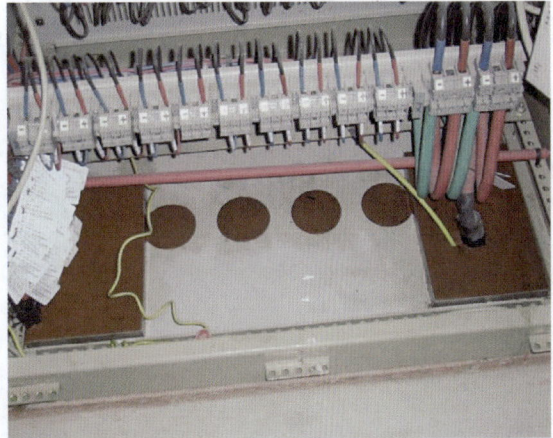

图 5-254　正确示例

隐患描述　高压开关柜电缆孔洞未封堵。

危害分析　小动物侵入柜内，导致放电和短路故障。

整改要求　将开关柜电缆孔洞进行封堵。

整改依据　DL/T 969—2005《变电站运行导则》6.8.1.2　柜体正面有主接线图，柜体前后标有设备名称和运行编号，柜内一次电气回路有相色标志，电缆孔洞封堵严密。

（四）高压开关柜柜体无接线图，缺少设备名称和一次电气回路标志

图 5-255　隐患示例

图 5-256　正确示例

隐患描述　高压开关柜无接线图，缺少设备名称和一次电气回路标志。

危害分析　造成作业人员误操作。

整改要求　高压开关柜增加接线图、设备名称和电气回路标志。

整改依据　DL/T 969—2005《变电站运行导则》6.8.1.2　柜体正面有主接线图，柜体前后标有设备名称和运行编号，柜内一次电气回路有相色标志，电缆孔洞封堵严密。

（五）高压开关柜前无绝缘地垫

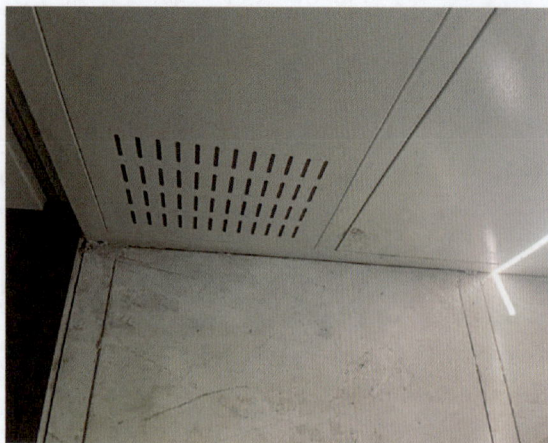

图 5-257　隐患示例

图 5-258　正确示例

隐患描述　高压开关柜前无绝缘地垫。

危害分析　造成人员触电事故。

整改要求　高压开关柜前增加绝缘地垫。

整改依据　AQ 2023—2008《耐火材料生产安全规程》8.1.2.2　配电屏周围地面应铺设绝缘板。

（六）高压开关柜安全警示标志不全

图 5-259　隐患示例

图 5-260　正确示例

隐患描述　高压开关柜安全警示标志不全。

危害分析　安全警示标志缺失，无法起到警示提示作用。

整改要求　增加"止步，高压危险"、"禁止合闸，有人工作"等警示标志。

整改依据　GB 26860—2011《电力安全工作规程　发电厂和变电站电气部分》6.5.9　在室内高压设备上工作，应在工作地点两旁及对侧运行设备间隔的遮拦上和禁止通行的过道遮拦上悬挂"止步，高压危险！"的标志牌。

第六章　风电运行典型隐患

第一节　基本要求

一、工作环境

（一）楼梯、平台工作安全护栏缺失

图 6-1　隐患示例

图 6-2　正确示例

隐患描述　楼梯、平台安全护栏缺失。

危害分析　人员意外跌落摔伤。

整改要求　楼梯和平台安装符合安全技术规范的围栏，防止人员意外跌落摔伤。

整改依据　GB 26164.1—2010《电业安全工作规程　第 1 部分：热力和机械》　3.2.10　所有楼梯、平台、通道、栏杆都应保持完整，铁板必须铺设牢固。铁板表面应有纹路以防滑跌。

（二）坑洞内作业盖板取下后，未设置遮挡和警示标志

图 6-3　隐患示例

图 6-4　正确示例

隐患描述　坑洞内作业盖板取下后，未设置遮挡和警示标志。

危害分析　人员意外跌入，造成人员伤亡事故。

整改要求　按照电业安全工作规程要求，在坑、洞内进行作业必须布置安全措施，在作业点设置遮挡和警示标志，施工结束后将盖板复原。

整改依据　GB 26164.1—2010《电业安全工作规程　第 1 部分：热力和机械》　3.2.12　工作场所的井、坑、孔、洞或沟道，必须覆以与地面齐平的坚固盖板。在检修工作中如需将盖板取下，必须设有牢固的临时围栏，并设有明显的警告标志。临时打的孔洞施工结束后，必须恢复原状。

（三）升压站内高压设备遮拦损坏，未封闭

图6-5　隐患示例

图6-6　正确示例

隐患描述　升压站内高压设备遮拦损坏或未封闭。

危害分析　遮拦功能失效，外来人员和动物进入，发生触电事故。

整改要求　在升压站内室外高压设备上工作时，四周必须设置遮拦，并在遮拦上悬挂警示标志牌，确保遮拦功能的有效性。

整改依据　GB 26860—2011《电力安全工作规程　发电厂和变电站电气部分》6.5.6　在室外高压设备上工作，应在工作地点四周装设遮拦，遮拦上悬挂适当数量朝向里面的"止步，高压危险"标志牌，遮拦出入口要围至临边道路旁边，并设有"从此进入！"的标志牌。

（四）升压站内无巡视路线标志

图6-7　隐患示例

图6-8　正确示例

隐患描述　升压站内无巡视路线标志。

危害分析　作业人员误接近高压设备，发生人员触电事故。

整改要求　在升压站内设置巡视路线标志，规范巡视路线。

整改依据　DL/T 969—2005《变电站运行导则》8.5.8　设备区应有明显的巡视路线标志。

（五）电缆孔、洞未用防火材料封堵

图 6-9　隐患示例

图 6-10　正确示例

隐患描述　电缆孔、洞未用防火材料封堵。

危害分析　电缆起火后无法阻止火焰蔓延，导致火灾事故影响扩大。

整改要求　严格执行消防规程有关孔、洞防火材料封堵规定，对电缆孔洞使用防火材料进行封堵。

整改依据　DL 5027—2015《电力设备典型消防规程》10.5.3　凡穿越墙壁、楼板和电缆沟进入控制室、电缆夹层、控制柜及仪表盘、保护盘等处的电缆孔、洞、竖井和进入油区的电缆入口处必须用防火堵料严密封堵。

（六）升压站、设备间内电缆沟盖板缺失

图 6-11　隐患示例

图 6-12　正确示例

隐患描述　升压站、设备间内电缆沟盖板缺失。

危害分析　电缆沟盖板缺失，易导致电缆被损坏或人员意外跌入摔伤。

整改要求　将升压站、设备间内管沟盖板复原或补充齐全。

整改依据　GB 26164.1—2010《电业安全工作规程　第 1 部分：热力和机械》3.2.12　工作场所的井、坑、孔、洞或沟道，必须覆以与地面齐平的坚固盖板。在检修工作中如需将盖板取下，必须设有牢固的临时围栏，并设有明显的警告标志。临时打的孔洞施工结束后，必须恢复原状。

（七）蓄电池室未使用防爆型照明灯

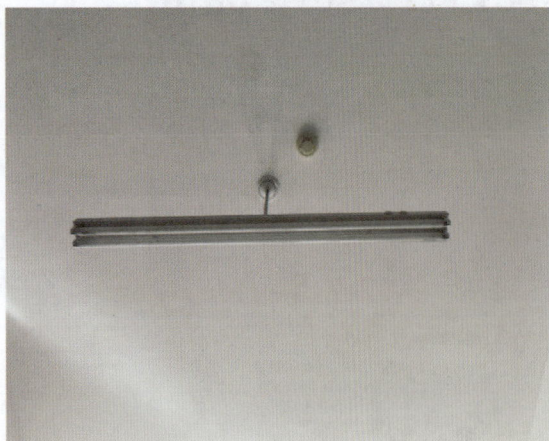

图 6-13　隐患示例

图 6-14　正确示例

隐患描述　蓄电池室未使用防爆型照明灯。

危害分析　产生的火花引燃蓄电池内易燃气体，发生火灾、其他爆炸事故。

整改要求　在蓄电池室内安装防爆型照明灯。

整改依据　DL 5027—2015《电力设备典型消防规程》10.6.1　蓄电池室应使用防爆型照明和防爆型排风机，开关、熔断器、插座等应装在蓄电池室的外面。

（八）蓄电池室温度超过限定温度要求

图 6-15　隐患示例

图 6-16　正确示例

隐患描述　蓄电池室温度超过限定温度要求。

危害分析　造成蓄电池起火，发生其他爆炸事故。

整改要求　设置降温措施，蓄电池室温度范围不应超过 5~30℃，宜保持在 25℃左右，并保持良好的通风和照明。

整改依据　DL/T 724—2021《电力系统用蓄电池直流电源装置运行与维护技术规程》4.2.3　蓄电池组安装处的温度范围不应超过 5℃~30℃，宜保持在 25℃左右。

（九）配电室出入口未设置防鼠板

图 6-17　隐患示例

图 6-18　正确示例

隐患描述　配电室出入口未设置防鼠板。

危害分析　老鼠等小动物进入到配电室内破坏电气线路，造成短路、电气设备故障事故。

整改要求　配电室出入口设置防鼠挡板，并定期检查巡视。

整改依据　DL/T 969—2005《变电站运行导则》 8.7.1　配电室、电容器室出入口应有一定高度的防小动物挡板，临时撤掉时应有相应措施。

（十）GIS 室内未安装通风排气设施

图 6-19　隐患示例

图 6-20　正确示例

隐患描述　GIS 室内未安装通风排气设施。

危害分析　无法对 GIS 室内气体进行置换，严重的可能导致人员中毒、窒息。

整改要求　GIS 室内装设通风排气设施。

整改依据　DL/T 603—2017《气体绝缘金属封闭开关设备运行维护规程》 4.1.1　室内通风排气和照明装置应满足设计要求，且排气出风口应设置在室内底部。通风设施和照明装置应定期检查。

（十一）风电场场区各主要路口及危险路段内缺乏交通安全标志和防护设施

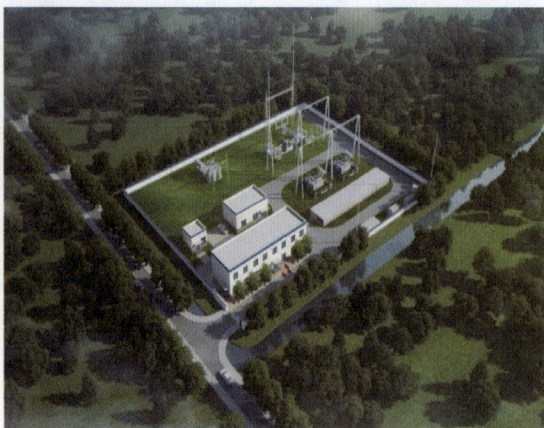

图 6-21 隐患示例

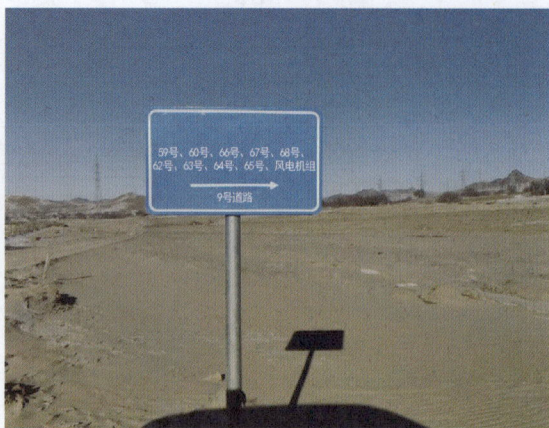

图 6-22 正确示例

隐患描述 风电场场区各主要路口及危险路段内缺乏交通安全标志和防护设施。

危害分析 易发生交通事故。

整改要求 风电场场区各主要路口及危险路段内应设立"交叉路口，减速慢行"、"危险路段，谨慎驾驶"等交通安全标志，并增设隔离带、防撞栏、防护栏杆、路墩等防护设施。

整改依据 DL/T 796—2012 《风力发电场安全规程》 5.2.4 风电场场区各主要路口及危险路段内应设立相应的交通安全标志和防护设施。

（十二）塔架内照明设施不满足现场工作需要

图 6-23 隐患示例

图 6-24 正确示例

隐患描述 塔架内照明设施不满足现场工作需要。

危害分析 照明度不满足作业现场要求，能见度低，对现场作业产生干扰，导致安全生产事故发生。

整改要求 塔架内照明设施应满足现场工作需要，照明灯具的选用和安装应符合国家标准要求。

整改依据 DL/T 796—2012 《风力发电场安全规程》 5.2.5 塔架内照明设施应满足现场工作需要，照明灯具选用应符合 GB 7000.1 的规定，灯具的安装应符合 GB 50016 的要求。

二、作业活动

（一）在高压区内竖立搬运梯子

图 6-25　隐患示例

图 6-26　正确示例

隐患描述　在高压区内竖立搬运梯子。

危害分析　安全距离不足，发生触电事故。

整改要求　对作业人员进行安全教育培训、安全技术交底。在电气高压区域内作业前必须办理工作票，作业过程中监护到位。搬运梯子等长物时应放倒后搬运，并与带电设备保持足够的安全距离。

整改依据　GB 26860—2011《电力安全工作规程　发电厂和变电站电气部分》16.2　在变电站户外和高压室内的搬运梯子、管子等长物，应放倒后搬运，并与带电部分保持足够的安全距离。

（二）线路作业中使用梯子时，无人扶梯

图 6-27　隐患示例

图 6-28　正确示例

隐患描述　线路作业中使用梯子时，无人扶梯。

危害分析　造成人员跌落伤害。

整改要求　严格执行工作票制度，作业过程中监护到位。加强作业人员安全教育培训，作业前进行安全技术交底。线路作业中使用梯子时，应安排专人扶梯。

整改依据　GB 26859—2011《电力安全工作规程　电力线路部分》9.2.3　在线路作业中使用梯子时，应采取防滑落措施并设专人扶梯。

（三）进入工作现场未佩戴安全帽

图 6-29　隐患示例

图 6-30　正确示例

　　隐患描述　进入工作现场未佩戴安全帽。

　　危害分析　发生意外伤害事故。

　　整改要求　加强作业人员安全教育培训，提升安全意识。作业前对作业人员进行安全技术交底。风电场作业人员、第三方检修人员、巡视检查人员，进入工作现场都必须规范佩戴安全帽。

　　整改依据　DL/T 796—2012《风力发电场安全规程》5.3.3　进入工作现场必须佩戴安全帽，登塔作业必须系安全带、穿防护鞋、戴防滑手套、使用防坠落保护装置，登塔人员体重及负重之和不宜超过100kg。身体不适、情绪不稳定，不应登塔作业。

（四）吊装作业时吊臂下站人

图 6-31　隐患示例

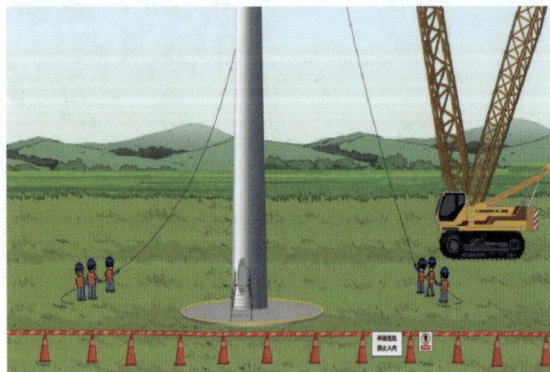

图 6-32　正确示例

　　隐患描述　吊装作业时吊臂下站人。

　　危害分析　吊物坠落，发生起重伤害事故，导致人身伤亡。

　　整改要求　吊装作业应严格执行安全操作规程，作业前进行安全技术交底。作业区域必须设置隔离围挡，禁止人员靠近。作业期间安排专人进行安全监护。

　　整改依据　GB 26859—2011《电力安全工作规程　电力线路部分》9.7.1　在起吊、牵引过程中，受力钢丝绳的周围、上下方、内角侧，以及起吊物和吊臂的下面，不应有人逗留和通过。

（五）单人进行倒闸作业，无人监护

图 6-33 隐患示例　　　　　　图 6-34 正确示例

隐患描述　单人进行倒闸作业，无人监护。

危害分析　人员操作不当时无人制止，发生事故时无法及时采取应急措施，导致事故损失扩大。

整改要求　严格执行操作票制度。倒闸操作必须填写操作票，经审批通过后，由两人进行作业，一人操作，一人监护。

整改依据　DL/T 969—2005《变电站运行导则》5.1.5 倒闸操作由两人进行，一人操作，一人监护。

（六）停电检修、维修作业时电气设备未经充分放电

图 6-35 隐患示例　　　　　　图 6-36 正确示例

隐患描述　停电检修、维修作业时电气设备未经充分放电。

危害分析　造成人员触电事故。

整改要求　在电气设备上工作时，严格执行电力安全工作规程要求。加强作业人员安全教育培训，作业前进行安全技术交底。停电检修、维修作业必须经放电、验电和临时短接后再作业。

整改依据　GB 26860—2011《电力安全工作规程 发电厂和变电站电气部分》6.1.1 在电气设备上工作，应有停电、验电、装设接地线、悬挂标志牌和装设遮拦等保证安全的技术措施。

（七）作业人员在检修、维修作业时擅自移除遮拦，扩大工作范围

图 6-37　隐患示例

图 6-38　正确示例

隐患描述　作业人员在检修、维修作业时擅自移除遮拦，扩大工作范围。

危害分析　发生人员触电安全事故。

整改要求　检修、维修作业必须严格执行工作票制度。加强作业人员安全教育培训，作业前进行安全技术交底。停电检修、维修作业必须办理停电检修票，经审批后在规定范围内进行作业，不允许擅自扩大作业范围。

整改依据　GB 26860—2011《电力安全工作规程　发电厂和变电站电气部分》6.5.10　工作人员不得擅自移除或拆除遮拦、标志牌。

（八）高压设备验电时，作业人员没有佩戴绝缘手套

图 6-39　隐患示例

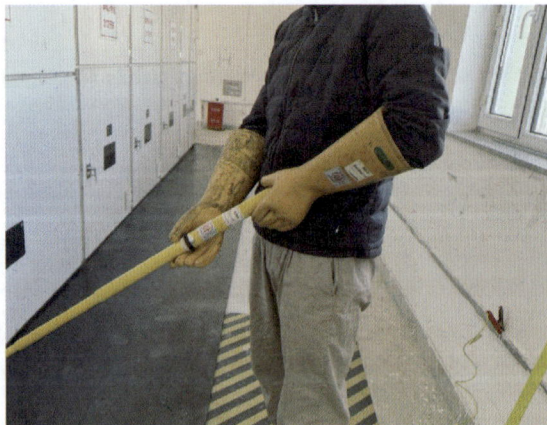

图 6-40　正确示例

隐患描述　高压设备验电时，作业人员没有佩戴绝缘手套。

危害分析　发生人员触电安全事故。

整改要求　在电气高压设备上工作时，必须严格执行电力安全工作规程要求。加强作业人员安全教育培训，作业前进行安全技术交底。高压设备验电时必须佩戴绝缘手套，并检查绝缘手套是否合格，作业过程中保持安全距离。

整改依据　GB 26860—2011《电力安全工作规程　发电厂和变电站电气部分》6.3.2　高压设备验电应戴绝缘手套，人体与被验电设备的距离应符合本标准表 1 的安全距离。

（九）操作隔离开关时未悬挂安全警示标志

图 6-41　隐患示例

图 6-42　正确示例

隐患描述　操作隔离开关时未悬挂安全警示标志。

危害分析　操作过程中，没有执行安全措施，缺少警示标志，造成误操作，导致设备损坏和触电事故。

整改要求　加强作业人员安全教育培训，作业前进行安全技术交底。在隔离开关操作把手上悬挂"禁止合闸、有人工作！"等警示标志牌。

整改依据　GB 26860—2011《电力安全工作规程　发电厂和变电站电气部分》6.5.9　在室内高压设备上工作，应在工作地点两旁及对侧运行设备间隔的遮拦上和禁止通行的过道遮拦上悬挂"止步，高压危险！"的标志牌。

（十）氧割作业使用的气瓶缺少保险帽等安全附件

气瓶无"安全帽"

图 6-43　隐患示例

气瓶的"安全帽"

图 6-44　正确示例

隐患描述　氧割作业使用的气瓶缺少保险帽等安全附件。

危害分析　发生火灾及其他爆炸事故。

整改要求　加强作业人员安全教育培训，作业前进行安全技术交底。严格执行动火作业规定。氧割作业时发现使用的气瓶无保险帽、防振胶圈，氧气瓶无减压阀，乙炔瓶无回火阀等情况时立即停止使用。

整改依据　GB 26164.1—2010《电业安全工作规程　第1部分：热力和机械》14.4.10　禁止使用没有防振胶圈和保险帽的气瓶。严禁使用没有减压器的氧气瓶和没有回火阀的溶解乙炔气瓶。

（十一）氧气瓶和乙炔瓶倒放在地面

图 6-45　隐患示例

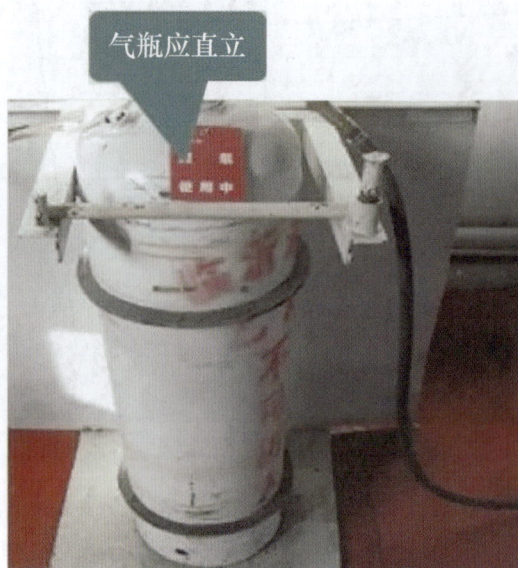

图 6-46　正确示例

隐患描述　氧气瓶和乙炔瓶倒放在地面。

危害分析　气瓶滚动，气体溢出，发生爆炸事故。

整改要求　加强作业人员安全教育培训，作业前进行安全技术交底。将氧气瓶和乙炔气瓶垂直固定放置。

整改依据　DL 5027—2015 《电力设备典型消防规程》 12.1.13　使用中的氧气瓶和乙炔瓶应垂直固定放置。

（十二）氧割作业时，氧气瓶与乙炔瓶之间的安全距离不足

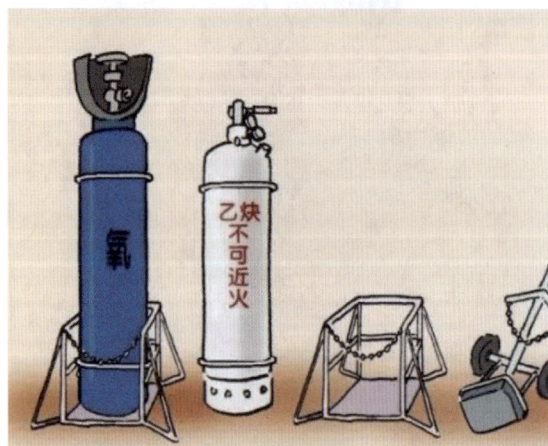

图 6-47　隐患示例

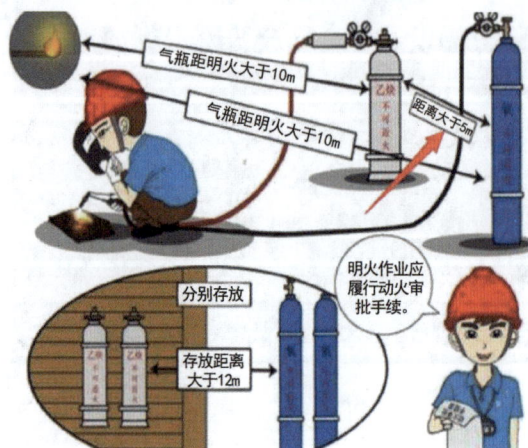

图 6-48　正确示例

隐患描述　氧割作业时，氧气瓶与乙炔瓶之间的安全距离不足。

危害分析　发生火灾、爆炸事故。

整改要求　加强作业人员安全教育培训，作业前进行安全技术交底。作业过程中进行巡视、监护，确保氧气瓶与乙炔瓶的距离至少保持 5m。

整改依据　DL 5027—2015 《电力设备典型消防规程》 12.1.14　乙炔气瓶禁止放在高温设备附近，应距离明火 10m，使用中应与氧气瓶保持 5m 以上距离。

（十三）焊接作业时，未清除作业部位的易燃易爆物

图 6-49　隐患示例

图 6-50　正确示例

　　隐患描述　焊接作业时，未清除作业部位的易燃易爆物。

　　危害分析　焊接产生的火星点燃周围的可燃物造成火灾。

　　整改要求　加强作业人员安全教育培训，作业前进行安全技术交底。严格执行动火作业规定。作业部位附近的可燃物或易燃物必须清理干净。

　　整改依据　DL 5027—2015《电力设备典型消防规程》12.1.6　焊接部位附近有易燃易爆物品，在未做清理或采取有效的安全措施前不能焊接。

（十四）高处作业时，作业人员未系安全带

图 6-51　隐患示例

图 6-52　正确示例

　　隐患描述　高处作业时，作业人员未系安全带。

　　危害分析　发生高处坠落事故，造成人员伤亡。

　　整改要求　加强作业人员安全教育培训，作业前进行安全技术交底、安全风险告知。作业时严格要求作业人员正确佩戴安全带。

　　整改依据　GB 26859—2011《电力安全工作规程　电力线路部分》9.2.1　高处作业应使用安全带，安全带应采用高挂低用的方式，不应系挂在移动或不牢靠的物件上。转移作业位置时不应失去安全带保护。

（十五）携带工具进行高处作业时未使用工具袋

图 6-53　隐患示例　　　　　　　　　　图 6-54　正确示例

隐患描述　携带工具进行高处作业时未使用工具袋。

危害分析　工具掉落，发生物体打击事故。

整改要求　加强作业人员安全教育培训，作业前进行安全技术交底、安全风险告知。高处作业时监护到位，所携带的工具应装入工具袋内，防止工具掉落。

整改依据　GB 26859—2011 《电力安全工作规程　电力线路部分》 9.2.2　高处作业应使用工具袋，较大的工具应予固定，上下传递物件应用绳索拴牢传递，不应上下投掷。

（十六）高处作业时，作业人员在空中抛接零部件或工器具

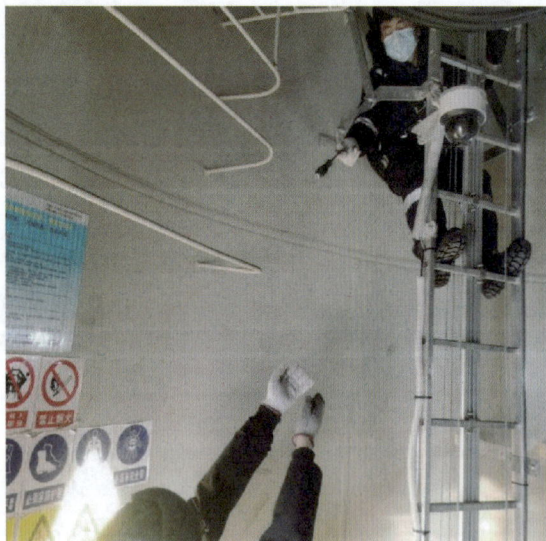

图 6-55　隐患示例　　　　　　　　　　图 6-56　正确示例

隐患描述　高处作业时，作业人员在空中抛接零部件或工器具。

危害分析　物体掉落，发生物体打击事故。

整改要求　加强作业人员安全教育培训，作业前进行安全技术交底、安全风险告知。高处作业时，工作中所需零部件、工器具必须传递，不应空中抛接。

整改依据　DL/T 796—2012 《风力发电场安全规程》 5.3.9　高处作业时，使用的工器具和其他物品应放入专用工具袋中，不应随手携带；工作中所需零部件、工器具必须传递，不应空中抛接；工器具使用完后应及时放回工具袋或箱中，工作结束后应清点。

（十七）攀爬机组时未停机

图 6-57　隐患示例

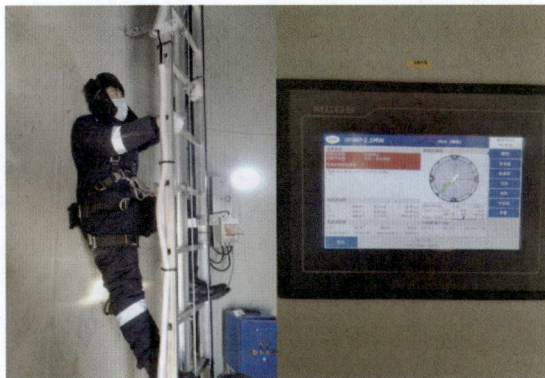

图 6-58　正确示例

隐患描述　攀爬机组时未停机。

危害分析　发生机械伤害、触电、高处坠落等事故。

整改要求　作业前进行安全技术交底、安全风险告知。攀爬机组前，应检查并确认机组处于停机状态。

整改依据　DL/T 796—2012《风力发电场安全规程》 5.3.7　攀爬机组前，应将机组置于停机状态，禁止两人在同一段塔架内同时攀爬；上下攀爬机组时，通过塔架平台盖板后，应立即随手关闭；随身携带工具人员应后上塔、先下塔；到达塔架顶部平台或工作位置，应先挂好安全绳，后解防坠器；在塔架爬梯上作业，应系好安全绳和定位绳，安全绳严禁低挂高用。

（十八）两人在同一段塔架内同时攀爬

图 6-59　隐患示例

图 6-60　正确示例

隐患描述　两人在同一段塔架内同时攀爬。

危害分析　人员碰撞导致高处坠落，或随身携带的工具意外掉落造成物体打击。

整改要求　加强作业人员安全教育培训，作业前进行安全技术交底、安全风险告知。作业时禁止两人在同一段塔架内同时攀爬。随身携带工具人员应后上塔、先下塔。

整改依据　DL/T 796—2012《风力发电场安全规程》 5.3.7　攀爬机组前，应将机组置于停机状态，禁止两人在同一段塔架内同时攀爬；上下攀爬机组时，通过塔架平台盖板后，应立即随手关闭；随身携带工具人员应后上塔、先下塔；到达塔架顶部平台或工作位置，应先挂好安全绳，后解防坠器；在塔架爬梯上作业，应系好安全绳和定位绳，安全绳严禁低挂高用。

（十九）上下攀爬机组时，塔架平台盖板未及时关闭

图 6-61　隐患示例

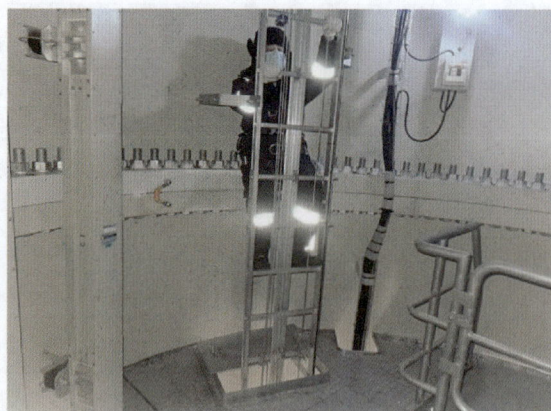

图 6-62　正确示例

隐患描述　上下攀爬机组时，塔架平台盖板未及时关闭。

危害分析　人员不慎踩空，发生高处坠落事故。

整改要求　作业前进行安全技术交底、安全风险告知。作业时严格遵守安全操作规程。上下攀爬机组时，通过塔架平台盖板后，应立即随手关闭盖板。

整改依据　DL/T 796—2012《风力发电场安全规程》5.3.7　攀爬机组前，应将机组置于停机状态，禁止两人在同一段塔架内同时攀爬；上下攀爬机组时，通过塔架平台盖板后，应立即随手关闭；随身携带工具人员应后上塔、先下塔；到达塔架顶部平台或工作位置，应先挂好安全绳，后解防坠器；在塔架爬梯上作业，应系好安全绳和定位绳，安全绳严禁低挂高用。

（二十）出舱工作时，安全带使用不规范，未挂两根安全绳

图 6-63　隐患示例

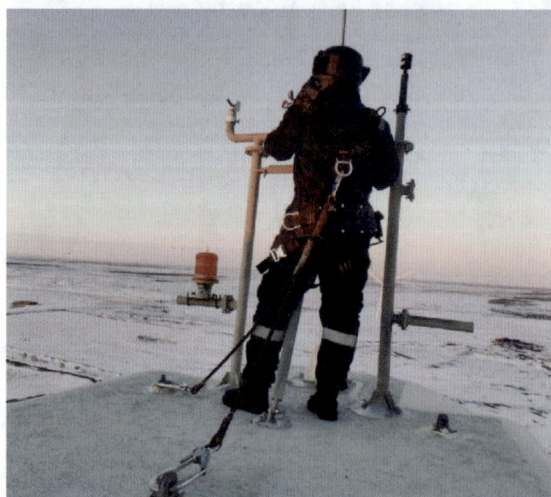

图 6-64　正确示例

隐患描述　出舱工作时，安全带使用不规范，未挂两根安全绳。

危害分析　个人防护用品不能发挥作用，发生高处坠落事故。

整改要求　作业前进行安全技术交底、安全风险告知。作业时严格遵守安全操作规程。出舱作业必须使用安全带，系两根安全绳。

整改依据　DL/T 796—2012《风力发电场安全规程》5.3.8　出舱工作必须使用安全带，系两根安全绳；在机舱顶部作业时，应站在防滑表面；安全绳应挂在安全绳定位点或牢固构件上，使用机舱顶部栏杆作为安全绳挂钩定位点时，每个栏杆最多悬挂两个。

（二十一）攀爬机组作业时防坠器使用不规范

图 6-65 隐患示例

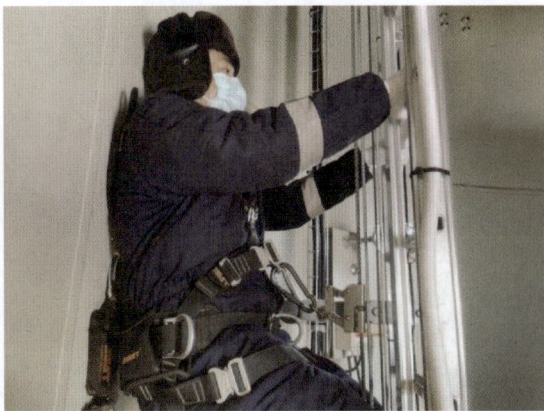

图 6-66 正确示例

隐患描述 攀爬机组作业时防坠器使用不规范。

危害分析 个人防护用品不能发挥作用，发生高处坠落事故。

整改要求 作业前进行安全技术交底、安全风险告知。作业时严格遵守安全操作规程。攀爬机组作业，到达塔架顶部平台或工作位置，应先挂好安全绳，后解防坠器。在塔架爬梯上作业，应系好安全绳和定位绳，安全绳严禁低挂高用。

整改依据 DL/T 796—2012《风力发电场安全规程》 5.3.7 攀爬机组前，应将机组置于停机状态，禁止两人在同一段塔架内同时攀爬；上下攀爬机组时，通过塔架平台盖板后，应立即随手关闭；随身携带工具人员应后上塔、先下塔；到达塔架顶部平台或工作位置，应先挂好安全绳，后解防坠器；在塔架爬梯上作业，应系好安全绳和定位绳，安全绳严禁低挂高用。

（二十二）在机组内作业时，机组未停止运行或未切断控制

图 6-67 隐患示例

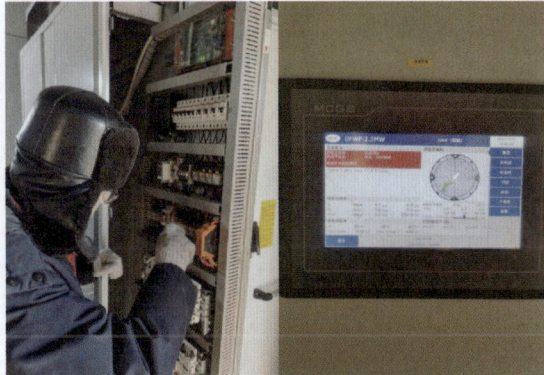

图 6-68 正确示例

隐患描述 在机组内作业时，机组未停止运行或未切断控制。

危害分析 造成设备损坏和人身伤亡事故。

整改要求 作业前进行安全技术交底、安全风险告知。作业时严格遵守安全操作规程。立即停止作业，切断机组的远程控制或切断就地控制。有人员在机舱内、塔架平台或塔架爬梯上时，禁止将机组启动并网运行。

整改依据 DL/T 796—2012《风力发电场安全规程》 5.3.10 现场作业时，必须保持可靠通信，随时保持作业点、监控中心之间的联络，禁止人员在机组内单独作业；作业前应切断机组的远程控制或切断就地控制；有人员在机舱内、塔架平台或塔架爬梯上时，禁止将机组启动并网运行。

（二十三）更换桨叶、主轴、齿轮箱、发电机等大部件作业时吊装场地不满足要求

图 6-69　隐患示例

图 6-70　正确示例

隐患描述　更换桨叶、主轴、齿轮箱、发电机等大部件作业时吊装场地不满足要求。

危害分析　发生车辆事故，或造成大部件损坏。

整改要求　吊装前编制吊装方案，并对吊装场地进行检查，确保吊装现场满足风力发电厂、起重机械安全规程要求，吊装场地满足作业需要，并有足够的零部件存放场地。

整改依据　DL/T 796—2012《风力发电场安全规程》 6.1.4　吊装场地应满足作业需要，并有足够的零部件存放场地。风电场道路应平整、通畅，所有桥涵、道路能够保证各种施工。

（二十四）使用机组升降机运送物件时，与带电设备及线路的安全距离不足

图 6-71　隐患示例

图 6-72　正确示例

隐患描述　使用机组升降机运送物件时，与带电设备及线路的安全距离不足。

危害分析　起吊物件与周围带电设备发生碰撞，发生物体损伤和触电事故。

整改要求　立即停止作业，使吊链和起吊物件与周围带电设备保持足够的安全距离，将机舱偏航至与带电设备最大安全距离后方可起吊。作业前进行安全技术交底、安全风险告知，作业时严格遵守安全操作规程。

整改依据　DL/T 796—2012《风力发电场安全规程》 5.3.12　使用机组升降机从塔底运送物件到机舱时，应使吊链和起吊物件与周围带电设备保持足够的安全距离，应将机舱偏航至与带电设备最大安全距离后方可起吊；物品起吊后，禁止人员在起吊物品下方逗留。

（二十五）经调试、检修和维护后的设备重新启动前，未办理工作票终结手续

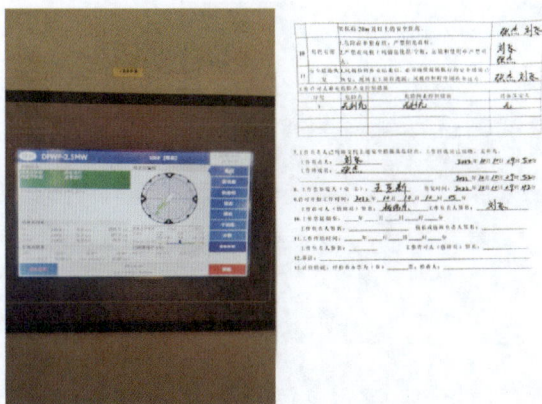

图 6-73　隐患示例

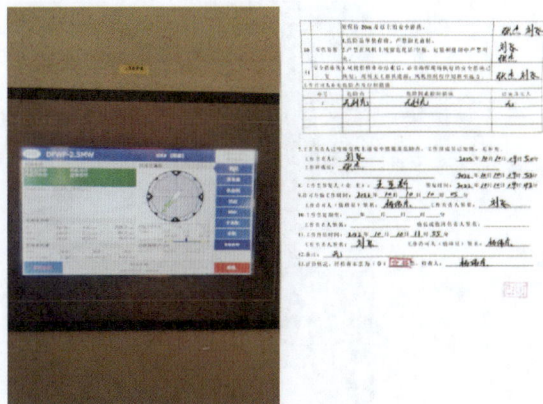

图 6-74　正确示例

隐患描述　经调试、检修和维护后的设备重新启动前，未办理工作票终结手续。

危害分析　造成设备损坏和人身伤亡事故。

整改要求　严格执行工作票制度、工作监护制度、工作许可制度、工作间断转移和终结制度。经调试、检修和维护后的风力发电机组，启动前应办理工作票终结手续。

整改依据　DL/T 796—2012《风力发电场安全规程》 7.1.1　风力发电机组调试、检修和维护工作均应参照 GB 26860 的规定执行工作票制度、工作监护制度和工作许可制度、工作间断转移和终结制度，动火作业必须开动火工作票。

8.1　经调试、检修和维护后的风力发电机组，启动前应办理工作票终结手续。

（二十六）机组内有人吸烟或燃烧物品

图 6-75　隐患示例

图 6-76　正确示例

隐患描述　机组内有人吸烟或燃烧物品。

危害分析　发生火灾事故。

整改要求　加强作业人员安全教育培训，作业前进行安全技术交底。立即熄灭火源，严禁在机组内吸烟和燃烧废物，工作中产生的废弃物品应统一收集和处理。

整改依据　DL/T 796—2012《风力发电场安全规程》 5.3.13　严禁在机组内吸烟和燃烧废弃物品，工作中产生的废弃物品应统一收集和处理。

（二十七）机舱转动时，人员在偏航齿轮附近逗留

图 6-77　隐患示例

图 6-78　正确示例

隐患描述　机舱转动时，人员在偏航齿轮附近逗留。

危害分析　发生机械伤害事故。

整改要求　作业前进行安全技术交底、安全风险告知，作业时严格遵守安全手册，监控、监护到位，督促作业人员与偏航齿轮保持安全距离。

整改依据　GB/T 35204—2017 《风力发电机组　安全手册》 8.6.4　当机舱转动时，偏航小齿轮与偏航齿圈啮合，禁止在偏航齿轮附近逗留，以免被偏航小齿夹伤。

（二十八）人员站在机舱爬梯和塔架顶部爬梯之间

图 6-79　隐患示例

图 6-80　正确示例

隐患描述　人员站在机舱爬梯和塔架顶部爬梯之间。

危害分析　发生机械伤害事故。

整改要求　作业前进行安全技术交底、安全风险告知，作业时严格遵守安全手册。禁止人员站在机舱爬梯和塔架顶部爬梯之间。

整改依据　GB/T 35204—2017 《风力发电机组　安全手册》 8.6.5　禁止站在机舱爬梯和塔架顶部爬梯之间，以免偏航时被夹伤。

（二十九）接触运行中的偏航刹车系统

图 6-81　隐患示例

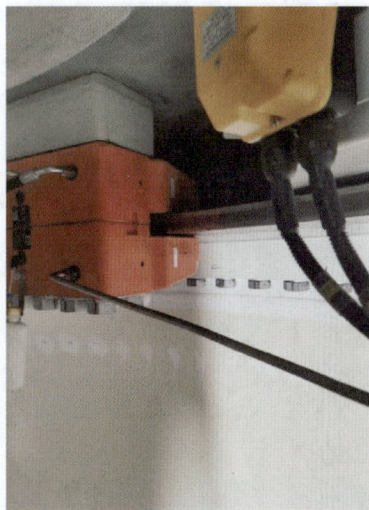

图 6-82　正确示例

隐患描述　接触运行中的偏航刹车系统。

危害分析　发生机械伤害事故。

整改要求　作业前进行安全技术交底、安全风险告知，作业时严格遵守安全手册。禁止接触运行中的偏航刹车系统，以免被偏航刹车夹伤。

整改依据　GB/T 35204—2017《风力发电机组　安全手册》8.6.6　禁止接触运行中的偏航刹车系统，以免被偏航刹车夹伤。

（三十）进入机组轮毂前，未确认叶片状态，未锁定叶轮

图 6-83　隐患示例

图 6-84　正确示例

隐患描述　进入机组轮毂前，未确认叶片状态，未锁定叶轮。

危害分析　发生机械伤害事故。

整改要求　作业前进行安全技术交底、安全风险告知，作业时严格遵守安全手册。工作人员进入机组轮毂前应确认叶片处于顺桨状态，并将叶轮机械锁定，方可进入轮毂。

整改依据　GB/T 35204—2017《风力发电机组　安全手册》8.6.8　工作人员进入机组轮毂前应确认叶片处于顺桨状态，工作人员进入轮毂前应进行叶轮机械锁定，方可进入轮毂，在轮毂内工作中远离运动中的变桨传动机构，防止机械伤害。

（三十一）维护旋转部件前未将其锁定

图 6-85　隐患示例

图 6-86　正确示例

隐患描述　维护旋转部件前未将其锁定。

危害分析　发生机械伤害事故。

整改要求　作业前进行安全技术交底、安全风险告知，作业时严格遵守安全手册。维护旋转部件时应将可能的旋转部件锁定。

整改依据　GB/T 35204—2017《风力发电机组　安全手册》8.6.9　维护旋转部件时应将可能的旋转部件锁定。

（三十二）使用提升机时，操作人员中途离开

图 6-87　隐患示例

图 6-88　正确示例

隐患描述　使用提升机时，操作人员中途离开。

危害分析　发生机械伤害事故。

整改要求　作业前进行安全技术交底、安全风险告知，作业时严格遵守安全手册。操作人员使用提升机时，人员必须坚守岗位，严禁离开。

整改依据　GB/T 35204—2017《风力发电机组　安全手册》8.7.18　操作人员使用提升机时，严禁人员离开，操作人员严禁触碰运行的链条。

三、设施及工具试验、检验

（一）绝缘工器具未进行试验

图 6-89　隐患示例

绝缘手套定检合格标志

图 6-90　正确示例

隐患描述　绝缘工器具未进行试验。

危害分析　因绝缘鞋、绝缘手套等绝缘工器具失效，造成触电事故。

整改要求　建立绝缘安全工器具管理制度和台账，根据电气安全工作规程要求，定期检查和测试，确保绝缘安全工器具合格。按照绝缘工具试验周期对绝缘工具（绝缘鞋、绝缘手套、绝缘垫、绝缘杆、绝缘夹钳、绝缘罩、绝缘隔板、验电器、携带式短路接地线等）进行检查、试验。

整改依据　GB 26860—2011《电力安全工作规程　发电厂和变电站电气部分》6.1.3　工作所使用的绝缘安全工器具应满足本标准附录 E 的要求。

（二）压力表未定期校验

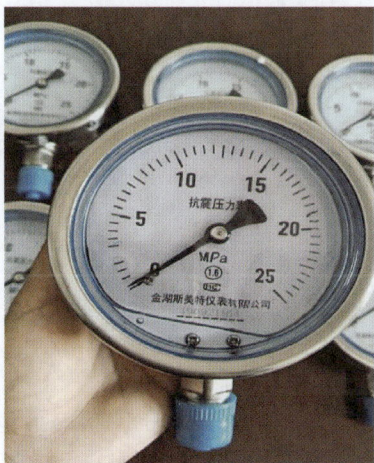

图 6-91　隐患示例

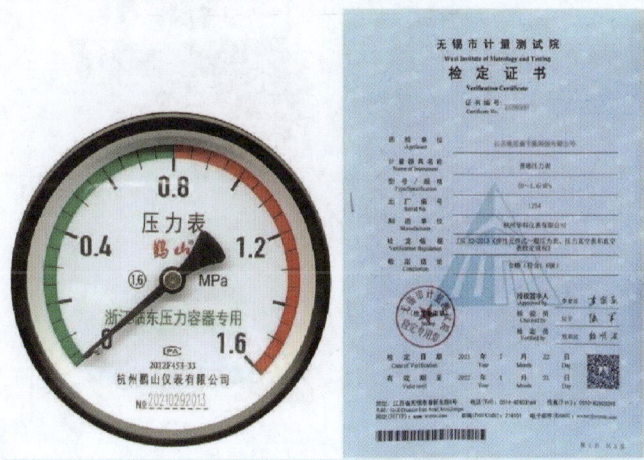

图 6-92　正确示例

隐患描述　压力表未定期校验。

危害分析　压力表失效，精度不准确，造成计量数据错误。

整改要求　定期对压力表进行检测、校验，确保计量工具的精准度。

整改依据　JJG 52—2013《弹性元件式一般压力表、压力真空表和真空表检定规程》7.5　压力表的检定周期可以根据使用环境频繁程度确定，一般不超过 6 个月。

（三）室内温湿度计未定期进行校验

图 6-93　隐患示例

图 6-94　正确示例

隐患描述　室内温湿度计未定期校验。

危害分析　温湿度计精度不准确，造成计量数据错误。

整改要求　定期对温湿度计进行检测、校验，确保计量工具的精准度。

整改依据　JJG 205—2005 《机械式温湿度计检定规程》 7.5　机械式温湿度计的检定周期一般不超过 1 年，凡在使用过程中经过修理或示值调整的，均需重新检定。

（四）六氟化硫气体泄漏报警装置未每年进行校验

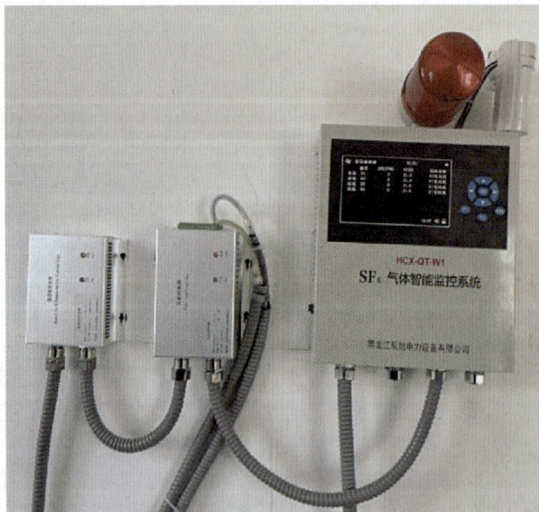

图 6-95　隐患示例

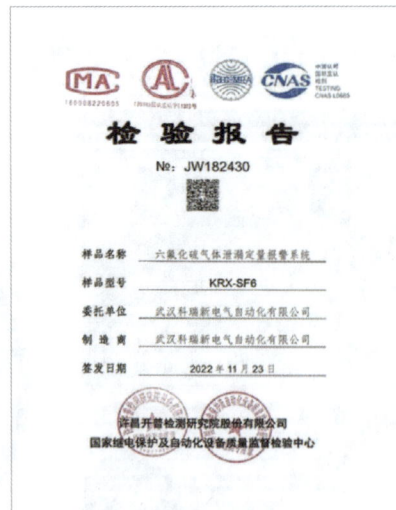

图 6-96　正确示例

隐患描述　六氟化硫气体泄漏报警装置未每年进行校验。

危害分析　气体探头精度不准确或失效，无法在气体泄漏时及时发出警报。

整改要求　每年对六氟化硫气体泄漏报警装置进行校验。

整改依据　DL/T 639—2016 《六氟化硫电气设备运行、试验及检修人员安全防护导则》 5.3.3　六氟化硫气体泄漏监控报警装置应每年校验一次。

（五）绝缘杆磨损严重、附着油污和水渍

图 6-97　隐患示例

图 6-98　正确示例

隐患描述　绝缘杆磨损严重、附着油污和水渍。

危害分析　绝缘杆失效，使用绝缘杆时发生触电事故。

整改要求　建立绝缘安全工器具管理制度和台账，根据电气安全工作规程要求，定期检查和测试，确保绝缘安全工器具合格。将不合格的绝缘杆进行淘汰，更换新的绝缘杆。

整改依据　GB 26860—2011《电力安全工作规程　发电厂和变电站电气部分》9.4.2　不应使用损坏、受潮、变形、失灵的带电作业工具。

四、个人防护装备

（一）安全带的卡钩无保险装置、绳索断股、带扣松动

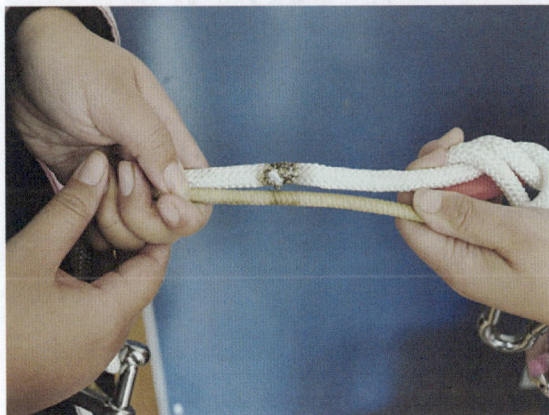

图 6-99　隐患示例

图 6-100　正确示例

隐患描述　安全带的卡钩无保险装置、绳索断股、带扣松动。

危害分析　高处作业时，安全带失效发生高处坠落事故。

整改要求　建立安全防护用品管理制度和台账，根据安全规程要求，定期检查和测试，确保安全防护用品合格。定期检查更换安全带。

整改依据　GB 6095—2021《坠落防护　安全带》5.4.3　带扣不应松脱，连接器不应打开，零部件不应断裂。

（二）安全帽帽顶存在裂纹

图 6-101　隐患示例

图 6-102　正确示例

隐患描述　安全帽帽顶存在裂纹。

危害分析　设施、工具掉落时安全帽无法起到头部防护作用。

整改要求　建立安全防护用品管理制度和台账，根据安全规程要求，定期检查和测试，确保防护用品合格。淘汰缺陷的安全帽，使用新的安全帽。

整改依据　GB 2811—2019《头部防护　安全帽》5.2.4　帽壳表面不能有气泡、缺损及其他有损性能的缺陷。

（三）绝缘手套存在老化、裂纹和漏气

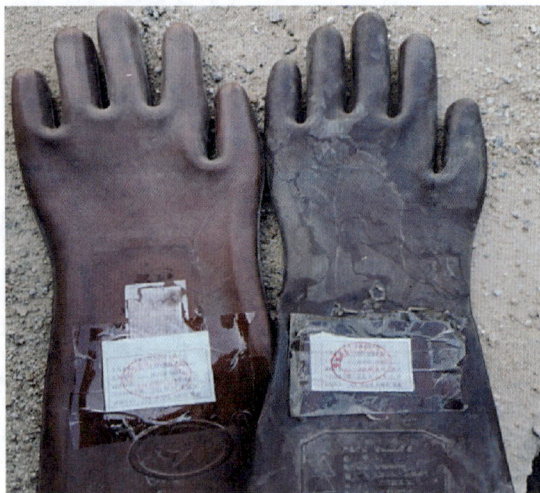

图 6-103　隐患示例

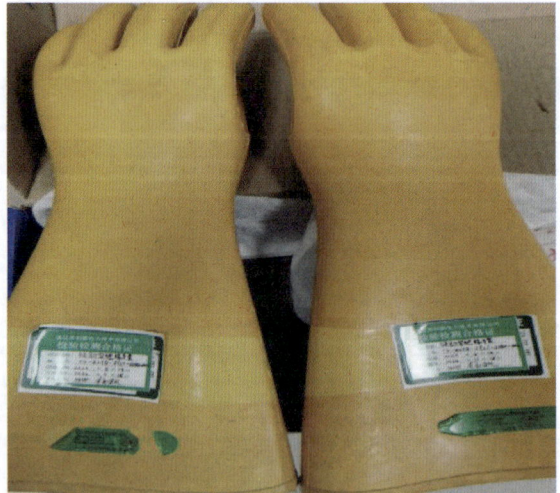

图 6-104　正确示例

隐患描述　绝缘手套存在老化、裂纹和漏气。

危害分析　带电作业时，操作不当、防护不到位发生触电事故。

整改要求　建立绝缘安全工器具管理制度和台账，根据电气安全工作规程要求，定期检查和测试，确保绝缘安全工器具合格。将破损的绝缘手套废弃，更换新的绝缘手套。

整改依据　GB/T 29512—2013《手部防护　防护手套的选择、使用和维护指南》7.2.1　使用前佩戴者应检查防护手套有无明显缺陷，损坏的防护手套不允许继续使用，防护手套出现渗透、裂痕、开裂、严重磨损、变形、洞眼等情形应更换新的防护手套。

（四）绝缘鞋绝缘层破损，有划痕和水渍

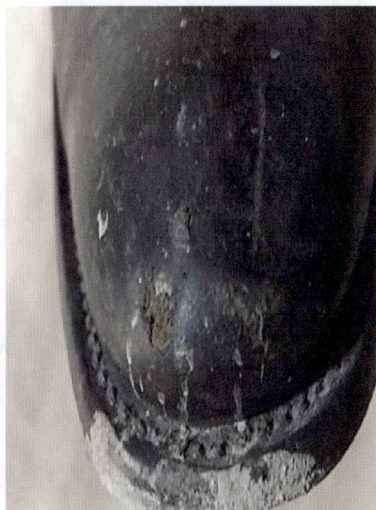

图 6-105　隐患示例

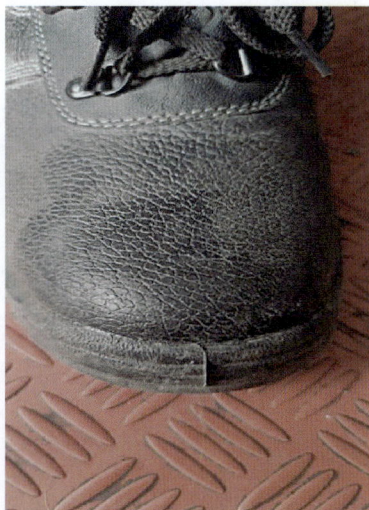

图 6-106　正确示例

　　隐患描述　绝缘鞋绝缘层破损，有划痕和水渍。

　　危害分析　带电作业时，操作不当、防护不到位发生触电事故。

　　整改要求　建立绝缘安全工器具管理制度和台账，根据电气安全工作规程要求，定期检查和测试，确保绝缘安全工器具合格。将破损的绝缘鞋废弃，更换新的绝缘鞋。

　　整改依据　GB 21148—2020 《足部防护　安全鞋》 9.2.3　每次使用前应仔细检查，如果发现机械或化学损伤，鞋不宜使用。如有疑问，鞋必须经过耐压测试。鞋帮必须干燥。

（五）防毒面具滤毒罐受潮、过期

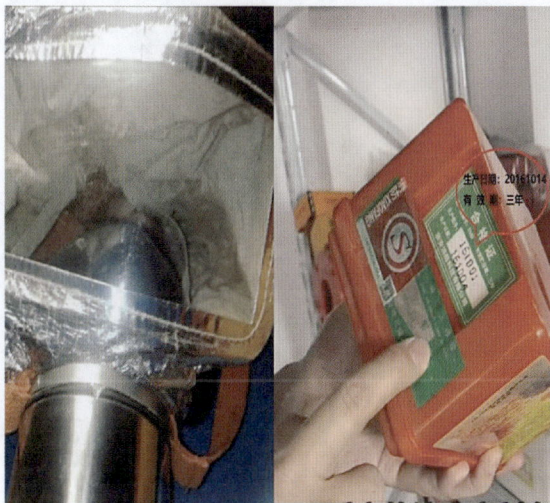

图 6-107　隐患示例

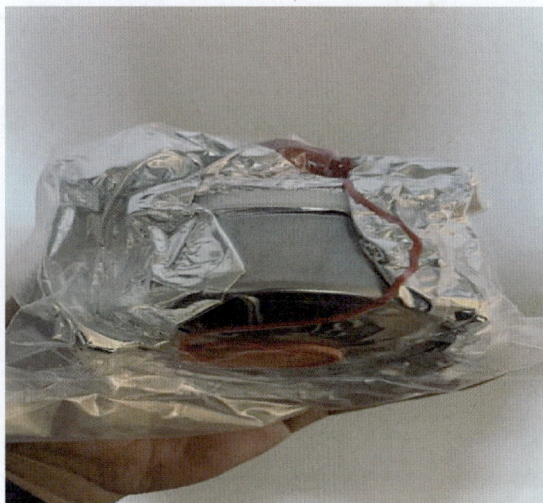

图 6-108　正确示例

　　隐患描述　防毒面具滤毒罐受潮、过期。

　　危害分析　防毒面具失效，进入有毒场所或有限空间时无法起到防护作用。

　　整改要求　更换新的防毒面具和滤毒罐。

　　整改依据　GB/T 18664—2002 《呼吸防护用品的选择、使用与维护》 6.3.1　呼吸防护用品应保存在清洁、干燥、无油污、无阳光直射和腐蚀性气体的地方。

　　6.3.3　防毒过滤元件不应敞口储存。

（六）SCBA 呼吸器气瓶压力不足

图 6-109　隐患示例

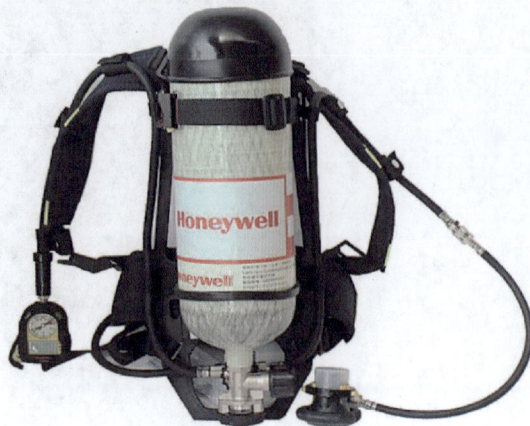

图 6-110　正确示例

隐患描述　SCBA 呼吸器气瓶压力不足。

危害分析　发生突发情况时，无法进行应急救援。

整改要求　对 SCBA 呼吸器钢瓶进行充气，保证钢瓶压力指针在绿色范围。

整改依据　GB/T 18664—2002 《呼吸防护用品的选择、使用与维护》 5.1.4　使用前应检查呼吸防护用品的完整性，过滤元件的适用性、电池电量、气瓶储气量等，消除不符合有关规定的现象后才允许使用。

（七）GIS 室内未配备应急防护器具

图 6-111　隐患示例

图 6-112　正确示例

隐患描述　GIS 室内未配备应急防护器具。

危害分析　发生气体泄漏时，无法迅速响应或佩戴防护器具进行救援逃生。

整改要求　在 GIS 室出入口配备防毒面具、防护服、塑料手套等应急防护器具。

整改依据　DL/T 603—2017 《气体绝缘金属封闭开关设备运行维护规程》 4.1.1　GIS 室进出处应备有防毒面具、防护服、塑料手套等防护用品。

五、消防器材、设施

（一）干粉灭火器失压

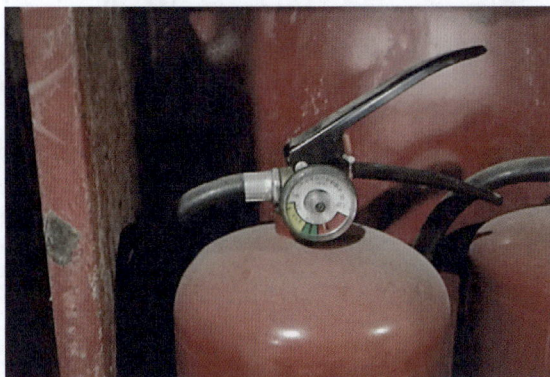

图 6-113　隐患示例

图 6-114　正确示例

隐患描述　干粉灭火器失压。

危害分析　灭火器失效，无法起到灭火作用。

整改要求　定期对灭火器进行检查，更换故障或失效的灭火器。

整改依据　GB 4351.1—2005《手提式灭火器　第 1 部分：性能和结构要求》6.13.2.2　指示器表盘上可工作的压力范围用绿色表示；从零位到可工作压力的下限的范围用红色表示，并在该范围的刻度线上标上"再充装"字样；从可工作压力的上限到指示器的最大量程的范围用黄色表示，并在该范围的刻度线上标上"超充装"字样。

（二）灭火器检验超期

图 6-115　隐患示例

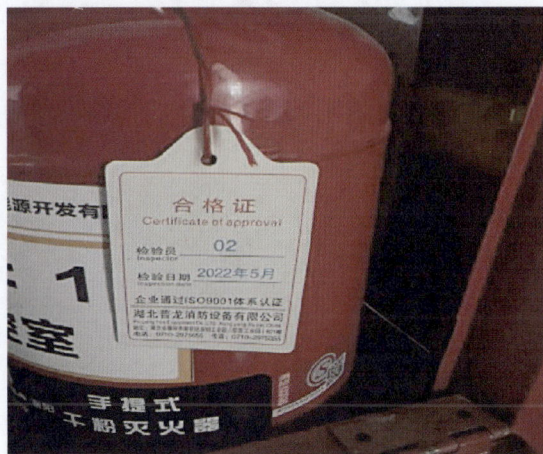

图 6-116　正确示例

隐患描述　灭火器检验超期。

危害分析　灭火器钢瓶内介质失效，灭火器无法使用。

整改要求　定期对灭火器进行检查、检验，将故障或失效的灭火器进行更换或维修。

整改依据　GB 50444—2008《建筑灭火器配置验收及检查规范》5.3.2　灭火器的维修期限应符合本标准表 5.3.2 的规定，干粉灭火器和二氧化碳灭火器出厂日期满 5 年进行首次维修，首次维修后每满 2 年进行维修。

5.4.3　灭火器出厂时间达到或超过本标准表 5.4. 规定的报废期限时应报废。从出厂日期算起，达到如下年限的必须报废：干粉灭火器报废期限为 10 年；二氧化碳灭火器报废期限为 12 年。

（三）疏散通道堵塞、封闭

图 6-117　隐患示例

图 6-118　正确示例

隐患描述　疏散通道堵塞、封闭。

危害分析　突发异常情况时，无法第一时间紧急疏散，造成人员伤亡。

整改要求　定期对疏散通道进行检查，保证疏散通道畅通。

整改依据　《中华人民共和国消防法》（中华人民共和国主席令第二十九号）第二十八条　任何单位、个人不得损坏、挪用或者擅自拆除、停用消防设施、器材，不得埋压、圈占、遮挡消火栓或者占用防火间距，不得占用、堵塞、封闭疏散通道、安全出口、消防车通道。

（四）应急照明灯故障

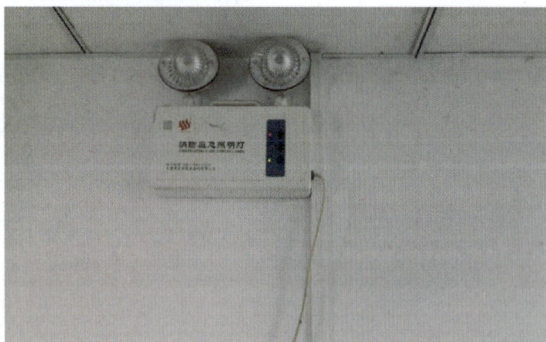

图 6-119　隐患示例

图 6-120　正确示例

隐患描述　应急照明灯故障。

危害分析　异常断电情况下无法起到应急照明的作用。

整改要求　检查并更换应急照明灯。

整改依据　DL 5027—2015《电力设备典型消防规程》6.1.6　疏散通道、安全出口应保持通畅，并设置符合规定的消防安全疏散指示标志和应急设施。保持防火门、防火卷帘、消防安全疏散指示标志、应急照明、机械排烟送风、火灾事故广播等设施处于正常状态。

（五）发光型安全出口指示牌损坏或缺失

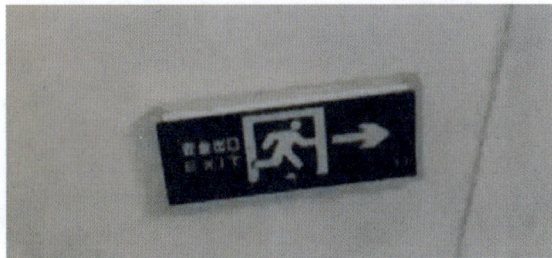

图 6-121 隐患示例

图 6-122 正确示例

隐患描述 发光型安全疏散指示牌损坏或缺失。

危害分析 突发停电时，无法指引作业人员疏散撤离，造成人员伤亡。

整改要求 按照消防规程要求，设置符合规定的消防安全疏散指示标志和应急设施。

整改依据 DL 5027—2015 《电力设备典型消防规程》 6.1.6 疏散通道、安全出口应保持通畅，并设置符合规定的消防安全疏散指示标志和应急设施。保持防火门、防火卷帘、消防安全疏散指示标志、应急照明、机械排烟送风、火灾事故广播等设施处于正常状态。

第二节 风力发电机组

一、轮毂

（一）叶片上结冰或有积雪

图 6-123 隐患示例

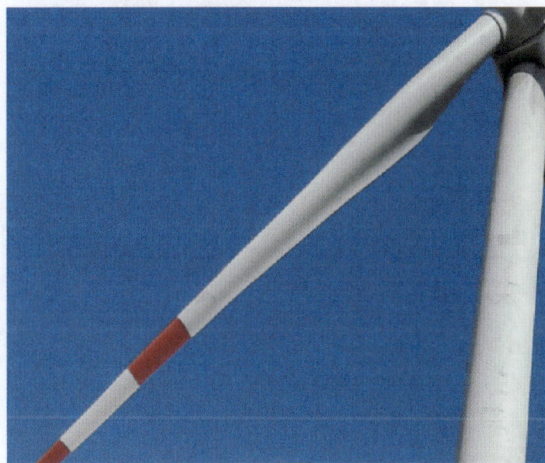

图 6-124 正确示例

隐患描述 叶片上结冰或有积雪。

危害分析 致使机组不平衡载荷增大，降低风机部件寿命，造成机械故障。

整改要求 定期巡视检查，发现叶片结冰时，严格按照运行规程操作。风电机组在投入运行前，叶轮表面应无覆冰、结霜现象。

整改依据 DL/T 666—2012 《风力发电场运行规程》 6.1.3 风电机组在投入运行前，叶轮表面应无覆冰、结霜现象。

（二）桨叶损坏、裂纹或腐蚀

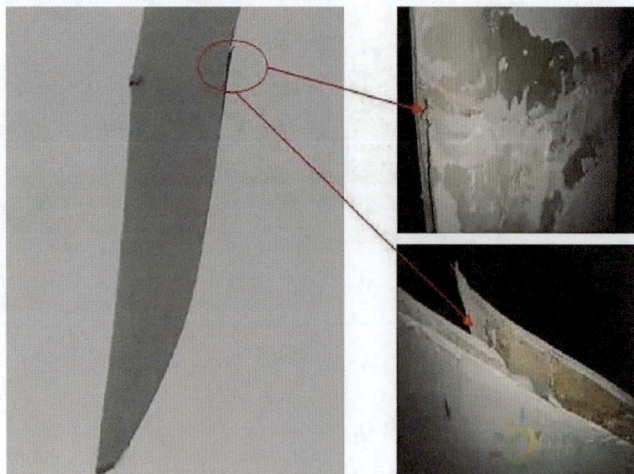

图 6-125　隐患示例　　　　　　　　　　图 6-126　正确示例

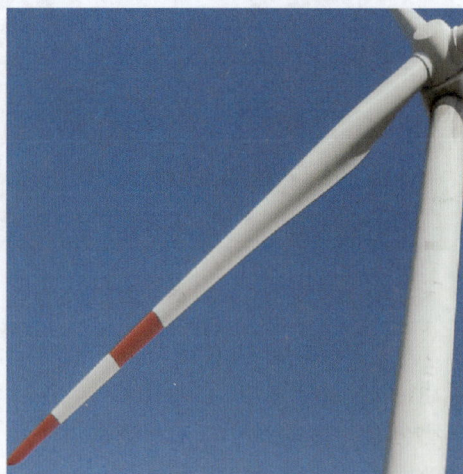

隐患描述　桨叶损坏、裂纹或腐蚀。

危害分析　造成设备损坏或发生物体打击事故。

整改要求　定期对桨叶进行巡视检查，发现缺陷及时进行检修维护处理。

整改依据　GB/T 20319—2017《风力发电机组　验收规范》B.3　最终验收分系统检查报告：叶片外部前缘及后缘无开裂、腐蚀、孔洞，叶片外部表面无横向、纵向裂纹及雷击损伤。

DL/T 797—2012《风力发电场检修规程》A.3.1　检查叶片的表面、根部和边缘有无损坏以及装配区有无裂缝。

（三）轮毂与桨叶连接螺栓松动、断裂

图 6-127　隐患示例　　　　　　　　　　图 6-128　正确示例

隐患描述　轮毂与桨叶连接螺栓松动、断裂。

危害分析　发生物体打击、人身伤害事故。

整改要求　定期对螺栓松动情况进行巡视检查，发现松动、断裂及时进行检修维护处理。

整改依据　GB/T 25385—2019《风力发电机组　运行及维护要求》表 C.1"首次维护项目及要求"序号 1　检查所有螺栓的紧固情况，是否松弛，要求目测防松标记线应无错误。

（四）桨叶旋转时与塔筒碰撞

图 6-129　隐患示例

图 6-130　正确示例

隐患描述　桨叶旋转时与塔筒碰撞。

危害分析　造成设备损坏，或发生物体打击、人身伤害事故。

整改要求　定期对设备进行巡视检查。

整改依据　GB/T 20319—2017《风力发电机组　验收规范》B.3　最终验收分系统检查报告：机组运行时无叶片拉哨声、撞击声等异响。

（五）叶片和风轮锁定故障

图 6-131　隐患示例

图 6-132　正确示例

隐患描述　叶片和风轮锁定故障。

危害分析　发生机械伤害事故。

整改要求　定期检查叶片和风轮的锁定系统，发现问题按照检修规程要求进行检修维护。

整改依据　DL/T 797—2012《风力发电场检修规程》A.4.6　检查叶片和风轮的锁定系统是否正常。

二、机舱

（一）机舱振动频繁超限

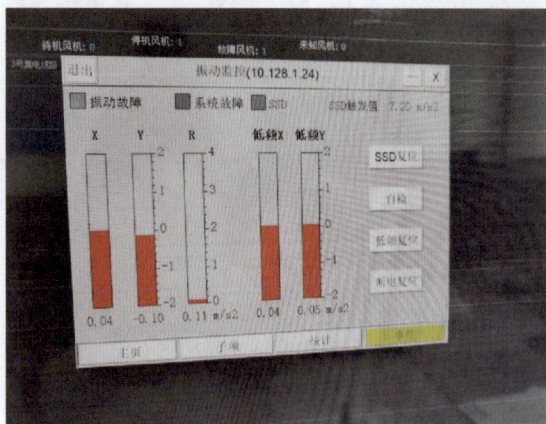

图 6-133　隐患示例

图 6-134　正确示例

隐患描述　机舱振动频繁超限。

危害分析　发生设备损坏事件。

整改要求　检查主轴的轴承支承有无异常，检查主轴润滑系统有无异常并按要求进行注油。

整改依据　DL/T 797—2012《风力发电场检修规程》A.6.2　检查主轴运转时有无异常声音及振动情况。

A.6.6　检查主轴润滑系统有无异常并按要求进行注油。

（二）机舱与塔筒的螺栓松动、断裂

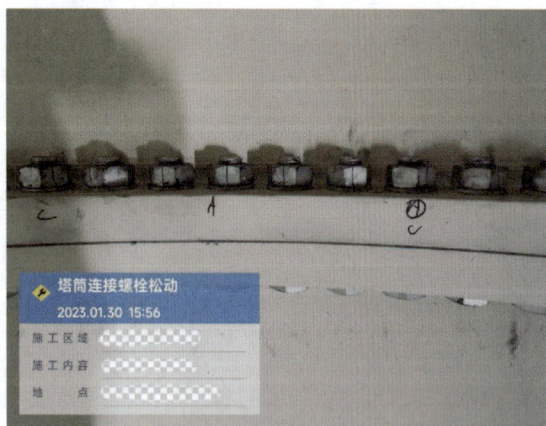

图 6-135　隐患示例

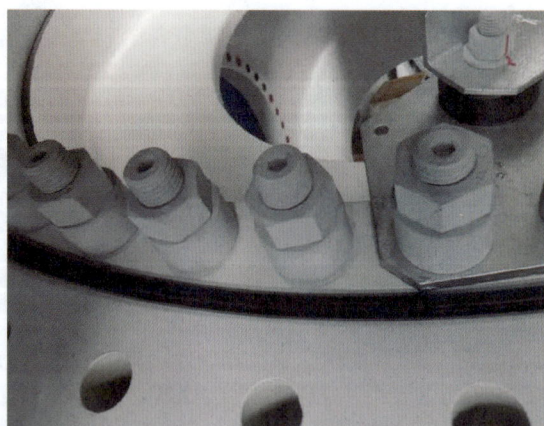

图 6-136　正确示例

隐患描述　机舱与塔筒的螺栓松动、断裂。

危害分析　发生设备损坏事件。

整改要求　定期对螺栓进行巡视检查，发现松动、断裂及时进行检修维护处理。定期目测防松标记线，应无错误。

整改依据　GB/T 25385—2019《风力发电机组　运行及维护要求》表 C.1"首次维护项目及要求"序号 1　检查所有螺栓的紧固情况，是否松弛，要求目测防松标记线应无错误。

（三）机舱内渗、漏油

图 6-137　隐患示例

图 6-138　正确示例

隐患描述　机舱内渗、漏油。

危害分析　发生火灾事故。

整改要求　及时清除机舱内部泄漏的齿轮油、液压油等。

整改依据　DL 5027—2015 《电力设备典型消防规程》 9.1.4　机组内部应保持整洁，无杂物。机舱内部泄漏的齿轮油、液压油等必须及时清除。

（四）机舱控制柜电缆磨损、老化

图 6-139　隐患示例

图 6-140　正确示例

隐患描述　机舱控制柜电缆磨损、老化。

危害分析　发生火灾、触电事故。

整改要求　定期巡视检查及电气绝缘测试，及时更换磨损、老化的电缆。

整改依据　GB/T 20319—2017 《风力发电机组　验收规范》 B.3　最终验收分系统检查报告：电缆无破损及明显老化现象。

（五）导流罩本体损坏

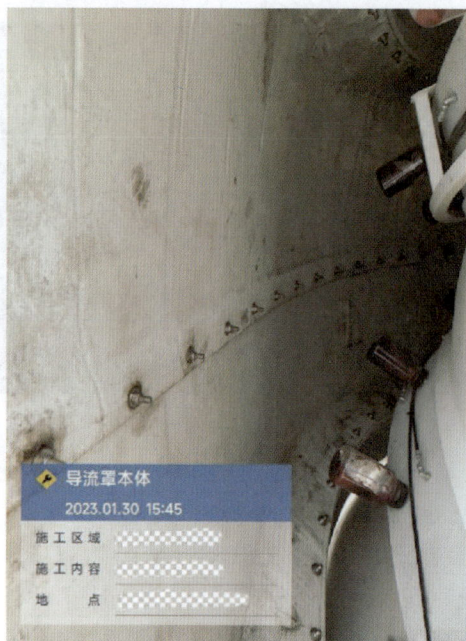

图 6-141　隐患示例

图 6-142　正确示例

隐患描述　导流罩本体损坏。

危害分析　发生机械伤害事故。

整改要求　定期巡视检查，及时更换损坏的导流罩本体。

整改依据　DL/T 797—2012 《风力发电场检修规程》 A.5.1　检查导流罩本体有无损坏。

（六）机舱壳体与主机基架连接不牢

图 6-143　隐患示例

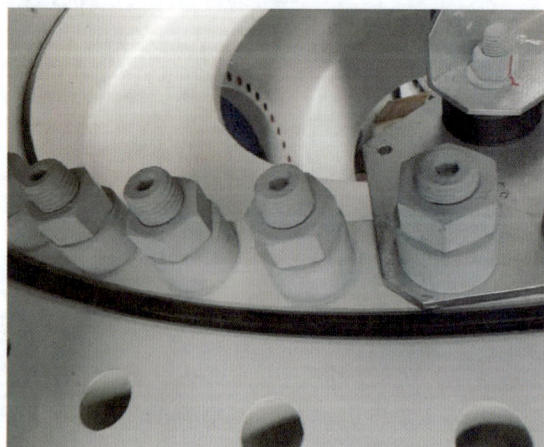

图 6-144　正确示例

隐患描述　机舱壳体与主机基架连接不牢。

危害分析　发生设备损坏事故。

整改要求　定期检查螺栓松动情况，按照检修规程进行维护。检查安装螺栓，按力矩表紧固螺栓。

整改依据　DL/T 797—2012 《风力发电场检修规程》 A.5.2　检查安装螺栓有无松动，按力矩表紧固螺栓。

三、塔筒

（一）未定期对塔筒内的安全钢丝绳、爬梯、工作平台、门防风挂钩等进行检查

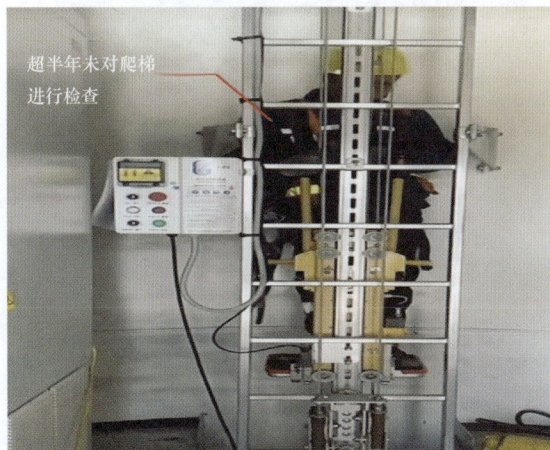

图 6-145　隐患示例

图 6-146　正确示例

隐患描述　未定期对塔筒内的安全钢丝绳、爬梯、工作平台、门防风挂钩等进行检查。

危害分析　钢丝绳、爬梯、工作平台、门防风挂钩等损坏，造成人身伤害。

整改要求　建立管理制度，要求作业人员每半年对塔筒内安全钢丝绳、爬梯、工作平台、门防风挂钩检查一次，并保留相关检查记录。

整改依据　DL/T 796—2012《风力发电场安全规程》7.3.6　每半年对塔架内安全钢丝绳、爬梯、工作平台、门防风挂钩检查一次。

（二）塔筒电缆磨损严重、积油过多

图 6-147　隐患示例

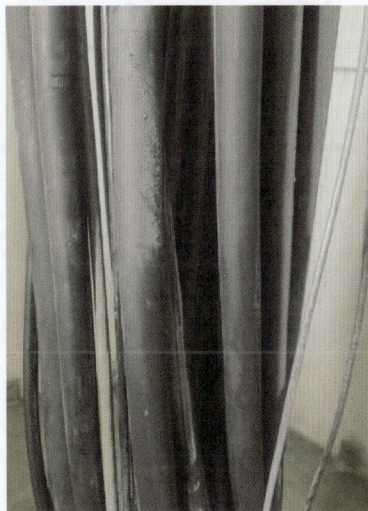

图 6-148　正确示例

隐患描述　塔筒电缆磨损严重、积油过多。

危害分析　发生火灾事故。

整改要求　定期巡视检查及电气绝缘测试，确保电缆无磨损、积油，发现问题及时更换。

整改依据　GB/T 25385—2019《风力发电机组　运行及维护要求》表 C.2"半年维护项目及要求"序号 18　检查电缆应无磨损，紧固夹板螺栓。

（三）未定期对机组进行接地电阻测试，或测试结果不符合要求

图 6-149　隐患示例

图 6-150　正确示例

隐患描述　未定期对机组进行接地电阻测试，或测试结果不符合要求。

危害分析　发生雷击事故。

整改要求　定期进行电气绝缘测试，应每年对机组的接地电阻进行测试一次，电阻值不高于 4Ω。每年对轮毂至塔架底部的引雷通道进行检查和测试一次，电阻值不高于 0.5Ω。

整改依据　DL/T 796—2012《风力发电场安全规程》8.6　应每年对机组的接地电阻进行测试一次，电阻值不高于 4Ω；每年对轮毂至塔架底部的引雷通道进行检查和测试一次，电阻值不高于 0.5Ω。

（四）塔架底部未设置防小动物板

图 6-151　隐患示例

图 6-152　正确示例

隐患描述　塔架底部未设置防小动物板。

危害分析　小动物进入，导致设备故障。

整改要求　塔架底部设置防小动物板。防小动物板用坚固、耐用、防火的材料制作，高度不小于 400mm。

整改依据　DL/T 796—2012《风力发电场安全规程》6.1.2　筒式塔架底部应有防止小动物进入的措施，塔式塔架底部独立安装的电气控制箱应满足防雨、防尘、防小动物进入的要求。

（五）塔门和塔壁焊接有裂纹

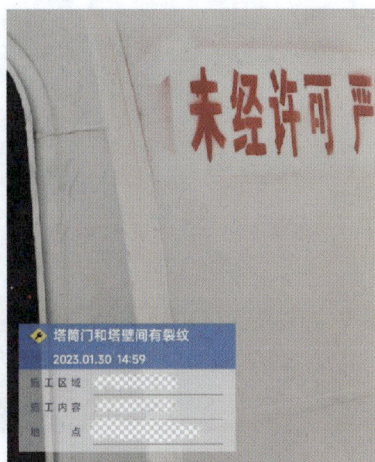

图 6-153　隐患示例

图 6-154　正确示例

隐患描述　塔门和塔壁焊接有裂纹。

危害分析　发生机械伤害事故。

整改要求　及时补焊。

整改依据　DL/T 797—2012 《风力发电场检修规程》 A.12.4　检查塔门和塔壁焊接有无裂纹。

四、主轴

（一）主轴部件有破损、磨损、腐蚀，螺栓有松动、腐蚀等现象

图 6-155　隐患示例

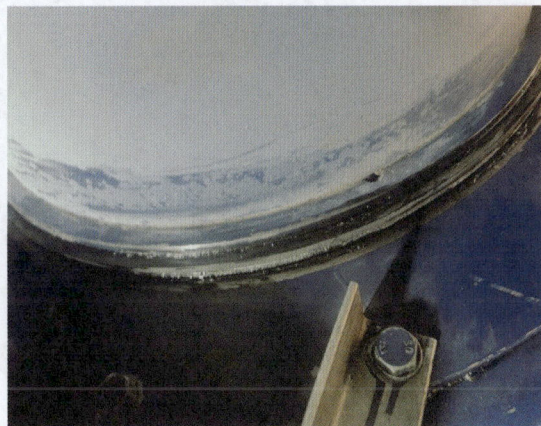

图 6-156　正确示例

隐患描述　主轴部件有破损、磨损、腐蚀，螺栓有松动、腐蚀等现象。

危害分析　发生设备损坏、发电故障。

整改要求　定期检查主轴部件有无破损、磨损、腐蚀，螺栓有无松动、裂纹等现象，发现故障按照检修规定进行维修。

整改依据　DL/T 797—2012 《风力发电场检修规程》 A.6.1　检查主轴部件有无破损、磨损、腐蚀，螺栓有无松动、裂纹等现象。

（二）主轴运行存在异常声响、振动

图 6-157　隐患示例

图 6-158　正确示例

隐患描述　主轴运行存在异常声响、振动。

危害分析　发生设备损坏、发电故障。

整改要求　定期检查主轴运转时有无异常声音及其振动情况，发现故障按照检修规定进行维修。

整改依据　DL/T 797—2012 《风力发电场检修规程》 A.6.2　检查主轴运转时有无异常声音及其振动情况。

（三）主轴轴封有泄漏，轴承两端轴封润滑不正常

图 6-159　隐患示例

图 6-160　正确示例

隐患描述　主轴轴封有泄漏，轴承两端轴封润滑不正常。

危害分析　发生设备损坏、发电故障。

整改要求　定期检查轴封有无泄漏及轴承两端轴封润滑情况，发现故障按照检修规定进行维修。

整改依据　DL/T 797—2012 《风力发电场检修规程》 A.6.3　检查轴封有无泄漏，轴承两端轴封润滑情况。

（四）主轴螺栓、轴承座与机舱底座、轴承端盖螺栓松动

图 6-161 隐患示例

图 6-162 正确示例

隐患描述 主轴螺栓、轴承座与机舱底座、轴承端盖螺栓松动。

危害分析 导致设备损坏。

整改要求 定期检查，并根据力矩表紧固主轴螺栓、轴套与机座螺栓，发现故障按照检修规定进行维修。

整改依据 DL/T 797—2012 《风力发电场检修规程》 A.6.4 根据力矩表紧固主轴螺栓、轴套与机座螺栓。

（五）主轴罩盖松动

图 6-163 隐患示例

图 6-164 正确示例

隐患描述 主轴罩盖松动。

危害分析 设备或零部件掉落，发生物体打击事故。

整改要求 检查主轴与齿轮箱间连接装置，并根据力矩表紧固螺栓力矩。

整改依据 DL/T 797—2012 《风力发电场检修规程》 A.6.8 检查主轴与齿轮箱间连接装置，根据力矩表紧固螺栓力矩。

五、齿轮箱系统

（一）齿轮箱齿轮、齿面磨损严重

图 6-165　隐患示例

图 6-166　正确示例

隐患描述　齿轮箱齿轮、齿面磨损严重。

危害分析　发生设备损坏、发电故障。

整改要求　定期检查检测，出现异常及时更换磨损的齿轮箱。

整改依据　DL/T 797—2012 《风力发电场检修规程》 A.2.10　检查齿轮箱的轮齿及齿面磨损损坏情况。

（二）齿轮箱渗、漏油

图 6-167　隐患示例

图 6-168　正确示例

隐患描述　齿轮箱渗、漏油。

危害分析　发生火灾事故。

整改要求　定期检查检测，发现故障按照检修规定进行维修。

整改依据　GB/T 35204—2017 《风力发电机组　安全手册》 8.15.5　对于机舱内部泄漏的齿轮油、液压油等应及时清理，以减少火险隐患，同时防止作业者鞋上沾上油品发生其他伤害。

（三）齿轮箱与主轴发生相对位移

图 6-169　隐患示例　　　　　　　　　图 6-170　正确示例

隐患描述　齿轮箱与主轴发生相对位移。

危害分析　导致设备损坏。

整改要求　定期检查齿轮箱与支座螺栓，并根据力矩表紧固。发现故障按照检修规定进行维修。

整改依据　DL/T 797—2012 《风力发电场检修规程》 A.2.9　根据力矩表紧固齿轮箱与支座螺栓。

（四）齿轮箱与发电机同心度不满足要求

图 6-171　隐患示例　　　　　　　　　图 6-172　正确示例

隐患描述　齿轮箱与发电机同心度不满足要求。

危害分析　导致设备损坏。

整改要求　定期检查检测，发现故障按照检修规定进行维修。齿轮箱与发电机同心度应满足设计要求。

整改依据　GB/T 20319—2017 《风力发电机组　验收规范》 B.3　最终验收分系统检查报告：轴联器与发电机、齿轮箱同心度满足设计要求。

（五）齿轮箱运行时有异常声音

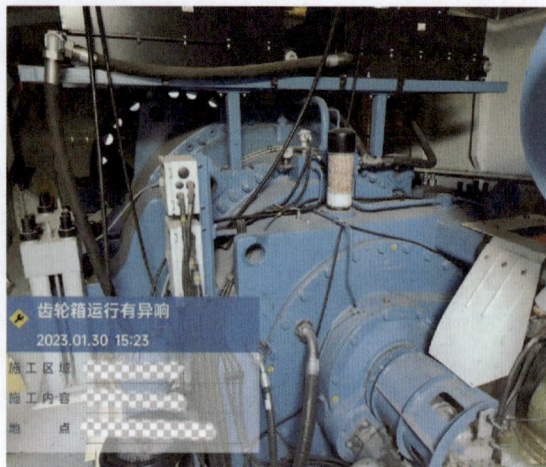

图 6-173　隐患示例

图 6-174　正确示例

隐患描述　齿轮箱运行时有异常声音。

危害分析　导致设备损坏。

整改要求　定期检查，发现异常按照检修规定进行维修或更换。

整改依据　DL/T 797—2012 《风力发电场检修规程》 A.2.1　检查齿轮箱运转时有无异常声音及其振动情况。

（六）联轴器刹车片、刹车盘磨损严重

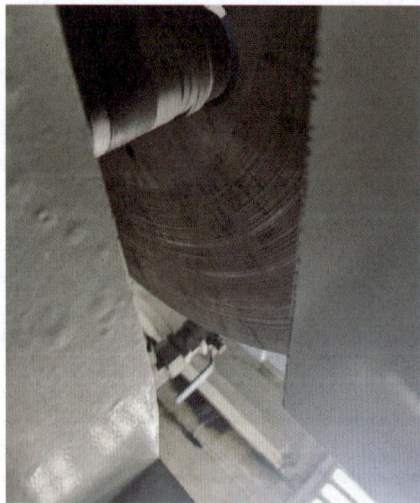

图 6-175　隐患示例

图 6-176　正确示例

隐患描述　联轴器刹车片、刹车盘磨损严重。

危害分析　发生火灾事故、设备损坏。

整改要求　建立定期检修和维护制度并严格执行，每半年至少对机组的变桨系统、液压系统、刹车机构、安全链等重要安全保护装置进行检测试验一次。发现联轴器刹车片、刹车盘磨损严重的，及时更换。

整改依据　DL/T 796—2012 《风力发电场安全规程》 7.3.1　每半年至少对机组的变桨系统、液压系统、刹车机构、安全链等重要安全保护装置进行检测试验一次。

（七）齿轮箱支座缓冲装置老化

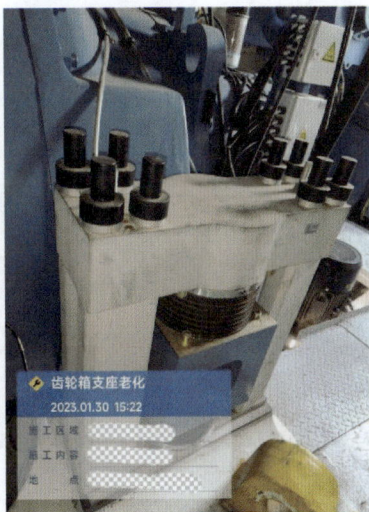

图 6-177　隐患示例

图 6-178　正确示例

隐患描述　齿轮箱支座缓冲装置老化。

危害分析　导致设备损坏。

整改要求　定期检查检测，发现问题及时更换齿轮箱支座缓冲装置。

整改依据　DL/T 797—2012《风力发电场检修规程》A.2.8　检查齿轮箱支座缓冲装置及其老化情况。

六、发电机系统

（一）发电机电刷磨损严重仍持续运行

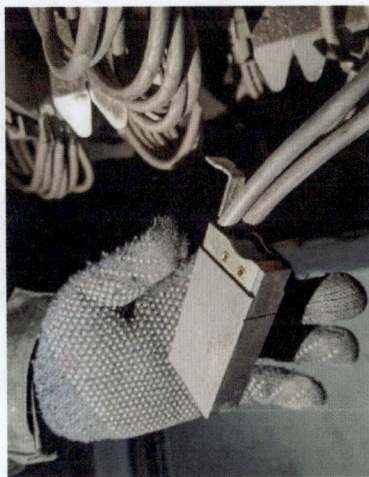

图 6-179　隐患示例

图 6-180　正确示例

隐患描述　发电机电刷磨损严重仍持续运行。

危害分析　导致设备损坏。

整改要求　及时停机，更换磨损严重的发电机电刷。

整改依据　GB/T 20319—2017《风力发电机组　验收规范》B.3　最终验收分系统检查报告：集电环电刷固定牢靠，摩擦面均匀无异常，电刷长度符合技术要求；发电机集电环各滑道无异常磨损。

DL/T 796—2012《风力发电场安全规程》7.3.7　进行清理集电环、更换电刷、维修打磨叶片等粉尘环境的作业时，应佩戴防毒防尘面具。

（二）发电机运行有异常声音

图 6-181　隐患示例

图 6-182　正确示例

隐患描述　发电机运行有异常声音。

危害分析　导致设备损坏。

整改要求　定期检查发电机消音、减振装置和发电机前后轴承的振动情况，发现问题按照检修规定进行维修。

整改依据　GB/T 20319—2017 《风力发电机组　验收规范》 B.3　最终验收分系统检查报告：发电机运行时无异常噪声，无油脂溢出或油液渗油情况。

（三）发电机绝缘损坏、绝缘电阻不合格、直流电阻不合格

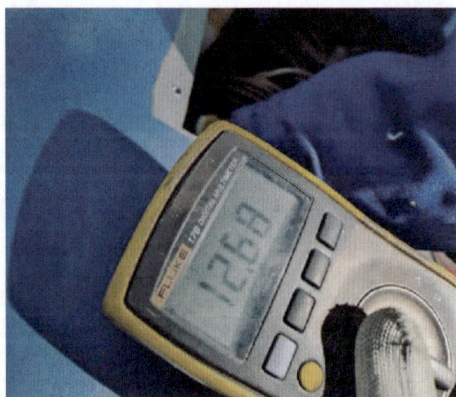

图 6-183　隐患示例

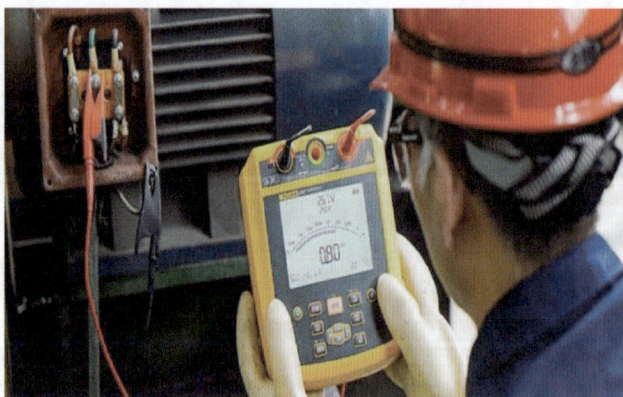

图 6-184　正确示例

隐患描述　发电机绝缘损坏、绝缘电阻不合格、直流电阻不合格。

危害分析　发生漏电、设备损坏。

整改要求　按照电气安全规定定期检查检测。电力线路、电气设备、控制柜外壳及次级回路之间的绝缘电阻值应不大于 1MΩ。

整改依据　GB/T 19960.1—2005 《风力发电机组　第 1 部分：通用技术条件》 4.8.3　电力线路、电气设备、控制柜外壳及次级回路之间的绝缘电阻值应不大于 1MΩ。

（四）空气过滤器积尘严重

图 6-185 隐患示例

图 6-186 正确示例

隐患描述 空气过滤器积尘严重。

危害分析 导致设备损坏。

整改要求 定期检查空气过滤器并清洗，发现问题按照检修规定进行维修。

整改依据 DL/T 797—2012 《风力发电场检修规程》 A.1.7 检查空气过滤器，检查并清洗。

（五）发电机转子的集电环磨损严重

图 6-187 隐患示例

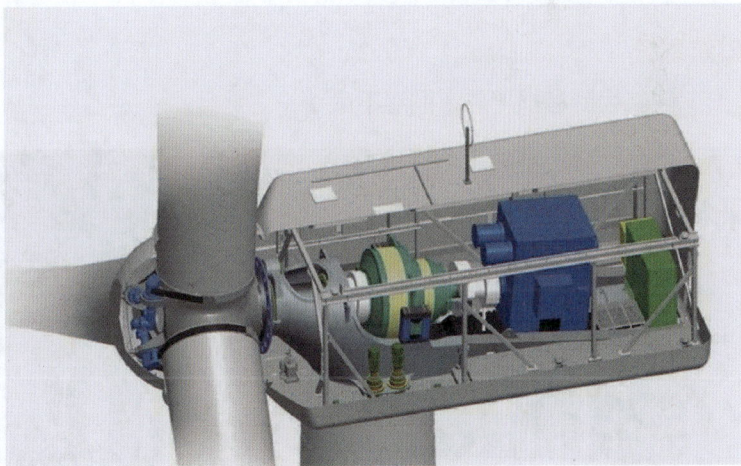

图 6-188 正确示例

隐患描述 发电机转子的集电环磨损严重。

危害分析 导致设备损坏。

整改要求 定期巡视检查，发现问题及时更换磨损的集电环。

整改依据 DL/T 797—2012 《风力发电场检修规程》 A.1.12 检查发电机转子的电刷和集电环的磨损情况，并清洗。

（六）发电机对中不良

图 6-189　隐患示例

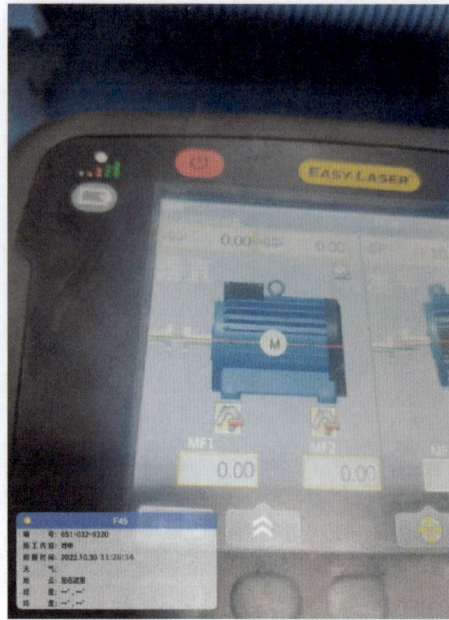

图 6-190　正确示例

隐患描述　发电机对中不良。

危害分析　导致设备损坏。

整改要求　定期检查检测，发现问题按照相应技术要求调整对中。

整改依据　DL/T 797—2012 《风力发电场检修规程》 A.1.10　检查发电机对中情况是否符合相应技术要求。

七、偏航系统

（一）偏航齿圈磨损严重、润滑不良

图 6-191　隐患示例

图 6-192　正确示例

隐患描述　偏航齿圈磨损严重、润滑不良。

危害分析　导致设备损坏。

整改要求　定期检查，出现异常情况立即做均衡调整。

整改依据　DL/T 797—2012 《风力发电场检修规程》 A.11.7　检查偏航齿圈，必要时需做均衡调整。

（二）偏航系统运行有异常声音

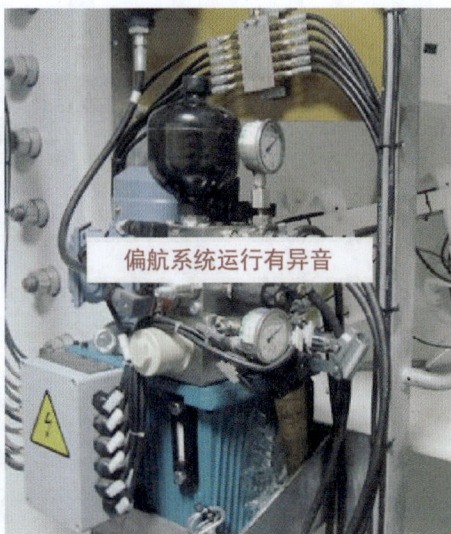

图 6-193 隐患示例

图 6-194 正确示例

隐患描述 偏航系统运行有异常声音。

危害分析 导致设备损坏。

整改要求 定期检查偏航电动机及传动系统、液压偏航系统是否正常，发现问题及时处理。

整改依据 DL/T 797—2012 《风力发电场检修规程》 A.11.8 检查偏航系统有无异音。

八、变桨系统

（一）安全链动作不正常

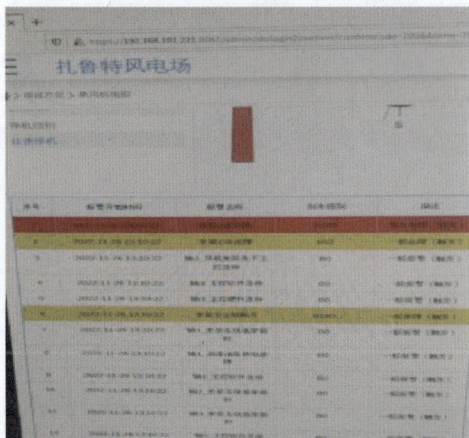

图 6-195 隐患示例

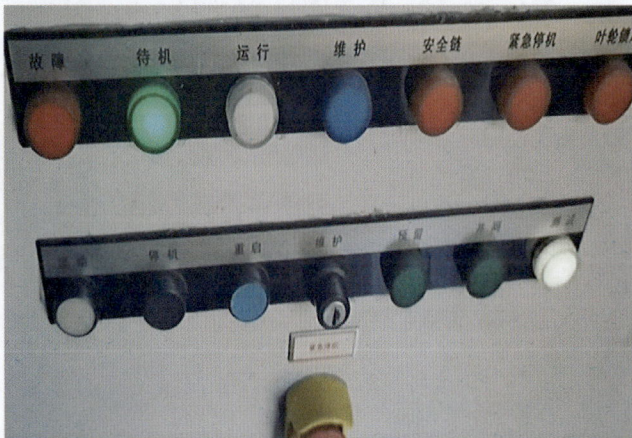

图 6-196 正确示例

隐患描述 安全链动作不正常。

危害分析 导致飞车、设备损坏。

整改要求 定期检查监测，出现异常及时排除故障及维修。

整改依据 GB/T 25385—2019 《风力发电机组 运行及维护要求》 表 C.2 "半年维护项目及要求" 测试安全链，应正常。

第三节　升压站及附属设施

一、变压器、电抗器

（一）室外变压器围栏入口缺少安全标志、安全风险告知等标志牌

隐患描述　室外变压器围栏入口缺少安全标志、安全风险告知等标志牌。

危害分析　缺少警示标志，无法对人员警示告知。

整改要求　在变压器围栏入口处安装"止步，高压危险"、"雷雨天气禁止操作"、"禁止带雨伞"、"未经许可不得入内"、"必须戴安全帽"、"必须穿工作服"等安全标志牌，并在变压器围栏入口处悬挂安全风险公告栏、"重点防火部位"标志牌及出入管理规定。

图 6-197　隐患示例

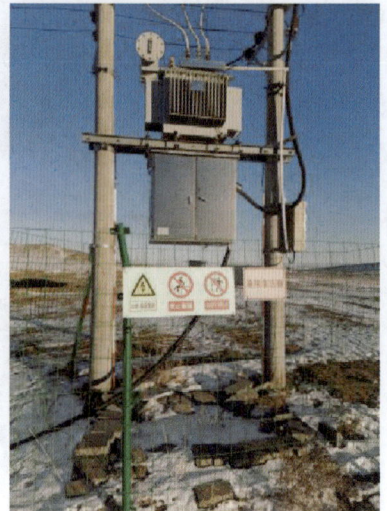
图 6-198　正确示例

整改依据　DL/T 572—2021 《电力变压器运行规程》 4.2.13　在室外变压器围栏入口处，应安装"止步，高压危险"，在变压器爬梯处安装"禁止攀登，高压危险"等安全警示标志牌。

（二）变压器储油柜、套管油位低于下限或见不到油位

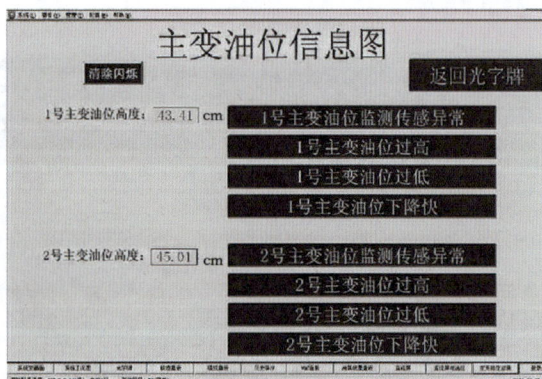
图 6-199　隐患示例

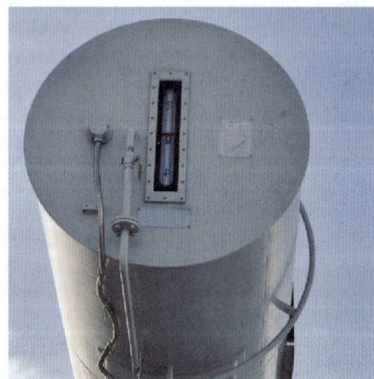
图 6-200　正确示例

隐患描述　变压器储油柜、套管油位低于下限或见不到油位。

危害分析　变压器存在严重渗、漏油会造成变压器绝缘下降，空气增加，瓦斯保护误动，导致变压器被击穿或烧毁，严重的导致爆炸起火。

整改要求　停止运行设备，对油箱的密封件等进行排查、维修，查明油位降低的原因，补充变压器油至正常油位，加强运行监视。

整改依据　DL/T 572—2021 《电力变压器运行规程》 6.1.4　变压器的油温和温度计应正常，储油柜的油位应与温度相对应，各部位无渗油、漏油，套管油位应正常，套管外部无破损裂纹、无严重油污、无放电痕迹及其他异常现象。

（三）变压器顶层油温超过限值，温度传感器发出异常报警

图 6-201　隐患示例

图 6-202　正确示例

隐患描述　变压器顶层油温超过限值，温度传感器发出异常报警。

危害分析　变压器油温超过限值，可能造成绝缘下降，导致变压器寿命缩短或损坏，严重的导致爆炸起火。

整改要求　停止运行设备，办理工作票及安全措施票，检查变压器负荷和冷却系统是否存在异常，冷却水是否压力不够或断水，风扇是否损坏。对温度传感器进行校验，检查温度传感器是否损坏、是否属于误发信。

整改依据　DL/T 572—2021《电力变压器运行规程》 6.1.4　变压器的油温和温度计应正常，储油柜的油位应与温度相对应，各部位无渗油、漏油，套管油位应正常。

（四）变压器呼吸器硅胶受潮

图 6-203　隐患示例

图 6-204　正确示例

隐患描述　变压器呼吸器硅胶受潮。

危害分析　导致变压器呼吸器堵塞、不畅通或变压器出现假油位。

整改要求　排查呼吸硅胶变色的原因，对发现的问题及时处理。

整改依据　DL/T 572—2021《电力变压器运行规程》 6.1.4　变压器吸湿器完好，吸附剂干燥。

（五）室外干式电抗器无防雨罩

图 6-205　隐患示例

图 6-206　正确示例

隐患描述　室外干式电抗器无防雨罩。

危害分析　造成电抗器绝缘受潮，匝间短路，烧毁干式电抗器。

整改要求　停止运行设备，对电抗器进行检查维修。

整改依据　DL/T 969—2005 《变电站运行导则》 6.5.2.8　防雨措施良好。

二、断路器、隔离开关

（一）机构箱、端子箱、操作箱电缆孔洞未封堵严密

图 6-207　隐患示例

图 6-208　正确示例

隐患描述　机构箱、端子箱、操作箱电缆孔洞未封堵严密。

危害分析　小动物进入或雨水、灰尘侵入，导致触电事故或设备损坏。

整改要求　使用防火材料将孔洞封堵严实，防止小动物进入或雨水、灰尘侵入。

整改依据　DL/T 969—2005 《变电站运行导则》 6.6.1.3　端子箱、机构箱箱内整洁、箱门平整，开启灵活，关闭严密，有防雨、防尘、防潮、防小动物措施。电缆孔洞封堵严密，箱内电气元件标志清晰、正确，螺栓无锈蚀、松动。

（二）端子箱、机构箱、操作箱铭牌缺失或老化

图 6-209 隐患示例

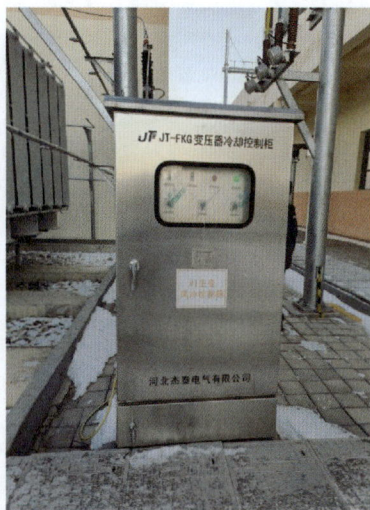

图 6-210 正确示例

隐患描述 端子箱、机构箱、操作箱铭牌缺失或老化。

危害分析 箱体无标志或标志模糊，造成错误操作。

整改要求 在箱体内外部张贴铭牌和标志。

整改依据 DL/T 969—2005 《变电站运行导则》 6.6.1.3 端子箱、机构箱箱内整洁、箱门平整，开启灵活，关闭严密，有防雨、防尘、防潮、防小动物措施。电缆孔洞封堵严密，箱内电气元件标志清晰、正确，螺栓无锈蚀、松动。

（三）六氟化硫断路器压力急剧下降，有漏气声

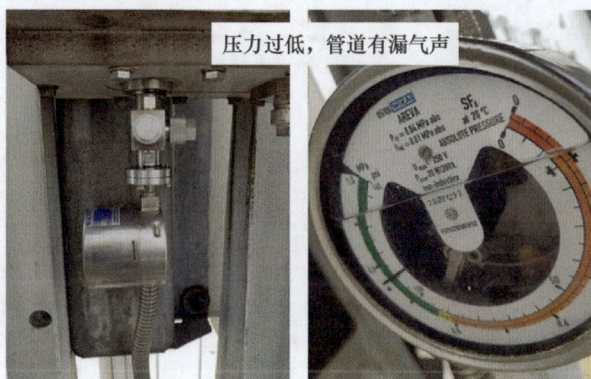

图 6-211 隐患示例

图 6-212 正确示例

隐患描述 六氟化硫断路器压力急剧下降，有漏气声。

危害分析 六氟化硫气体泄漏，造成断路器绝缘能力下降，严重的可能导致人员窒息。六氟化硫气体压力低于最低值时，无灭弧能力，总闭锁动作后造成断路器不能操作。

整改要求 办理工作票及安全风险预控措施票，立即停止断路器的运行（当总闭锁动作后不能操作该断路器时，应当立即取下断路器的操作保险，禁止操作该断路器采用旁路的方法停止设备运行）。对六氟化硫断路器进行全面检查，查明漏气原因，需要处理时回收六氟化硫气体，更换密封后再充气，并观察一段时间，发现不再漏气时恢复六氟化硫断路器的运行。

整改依据 DL/T 969—2005 《变电站运行导则》 6.6.2.1 六氟化硫断路器气体压力应正常，管道无漏气声，安装在室内的六氟化硫断路器通风设施完好。

（四）断路器套管、绝缘子存在裂纹

图 6-213　隐患示例

图 6-214　正确示例

隐患描述　断路器套管、绝缘子存在裂纹。

危害分析　造成绝缘强度降低。

整改要求　停止设备运行，检测绝缘子的绝缘电阻值，找出零值绝缘子，并更换套管和绝缘子。

整改依据　DL/T 969—2005 《变电站运行导则》 6.6.2.1　断路器套管、绝缘子无裂纹、无闪络痕迹。

三、气体绝缘金属封闭电器（GIS）

（一）GIS 室未安装氧气或六氟化硫气体监测报警装置

图 6-215　隐患示例

图 6-216　正确示例

隐患描述　GIS 室未安装氧气或六氟化硫气体监测报警装置。

危害分析　发生六氟化硫气体泄漏时，无法有效监控场所的氧含量和六氟化硫浓度。

整改要求　在 GIS 室内六氟化硫设备安装场所安装气体监测报警装置。未安装的，人员进入前先通风 15min，进入后打开窗户通风。

整改依据　DL/T 639—2016 《六氟化硫电气设备运行、试验及检修人员安全防护导则》 5.3.3　设备室应安装六氟化硫气体泄漏监控报警装置，应定期检测空气中的六氟化硫浓度和氧含量，采样口应安装位置宜离地 20~50cm。

（二）进入 GIS 室前未开启通风换气设施

图 6-217　隐患示例

图 6-218　正确示例

隐患描述　进入 GIS 室前未开启通风换气设施。

危害分析　GIS 室内六氟化硫设备存在气体泄漏时，人员进入前未通风可能发生中毒和窒息事故。

整改要求　进入 GIS 室前应开启通风换气设施，通风至少 15min 后方可进入。

整改依据　DL/T 639—2016《六氟化硫电气设备运行、试验及检修人员安全防护导则》5.3.4　工作人员不应单独和随意进入设备室，进入设备室前，应先通风 15min。

（三）GIS 设备存在异常声响和异味

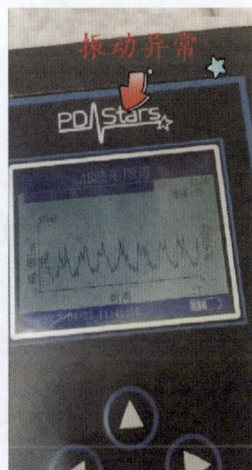

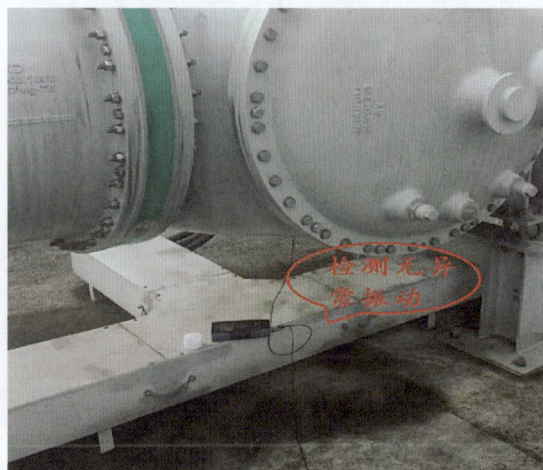

图 6-219　隐患示例

图 6-220　正确示例

隐患描述　GIS 设备存在异常声响和异味。

危害分析　GIS 异常运行，严重的可能导致设备故障。

整改要求　对 GIS 基础进行检查，检查连接部位是否松动、螺栓是否紧固、是否是环境温度较高造成波纹管伸缩、是否存在局部放电现象。发现故障时，停止 GIS 运行，办理电气工作票及安全风险预控票，对 GIS 进行检查维修。

整改依据　DL/T 969—2005《变电站运行导则》6.7.2.4　无异常声响或异味。

（四）六氟化硫气瓶放在阳光下暴晒

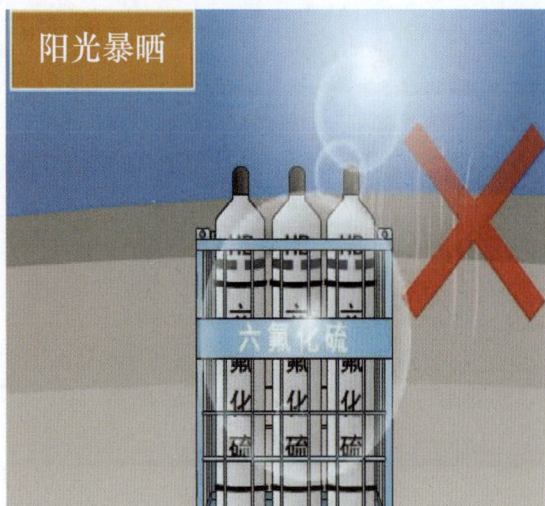

图 6-221　隐患示例

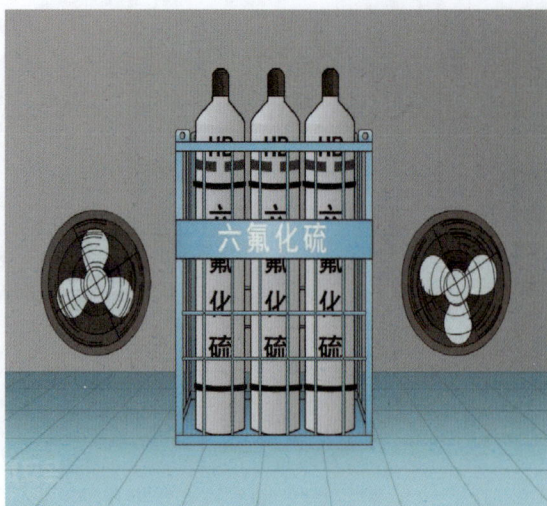

图 6-222　正确示例

隐患描述　六氟化硫气瓶放在阳光下暴晒。

危害分析　六氟化硫气瓶内部压力变大，导致爆炸事故。

整改要求　将六氟化硫气瓶贮存在阴凉、通风良好的库房内。

整改依据　DL/T 603—2017《气体绝缘金属封闭开关设备运行维护规程》 4.2.1　六氟化硫气瓶应储存在阴凉、通风良好的库房中，直立放置。气瓶严禁靠近易燃、油污地点。

（五）六氟化硫气瓶无定期检验标志或检验超期

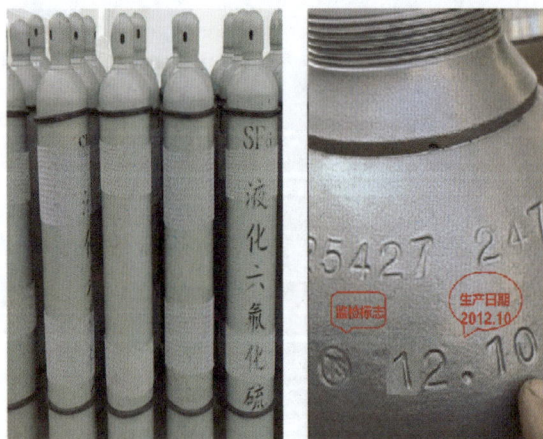

图 6-223　隐患示例

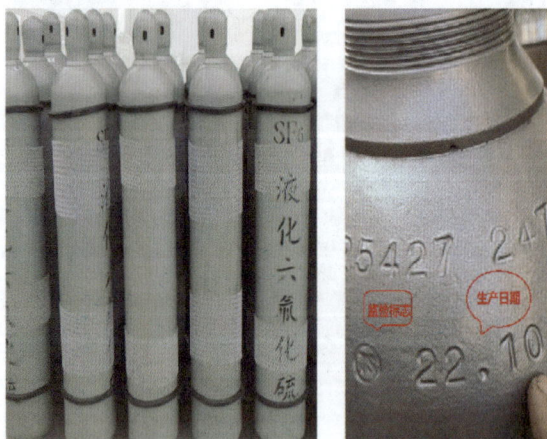

图 6-224　正确示例

隐患描述　六氟化硫气瓶无定期检验标志或检验超期。

危害分析　无法确定气瓶结构的稳定性，气瓶结构存在隐患导致气瓶爆炸事故。

整改要求　委托具备检验资格的机构对六氟化硫气瓶进行检验，保证气瓶的有效性。

整改依据　DL/T 603—2017《气体绝缘金属封闭开关设备运行维护规程》 4.2.1　充装六氟化硫气体的钢瓶应按压力容器标准、周期进行检验，严禁使用无安全合格证钢瓶。

四、高压开关柜

（一）开关柜屏上指示灯、带电显示器故障

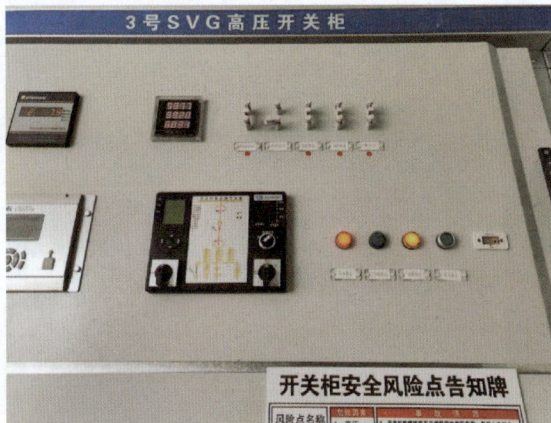

图 6-225　隐患示例

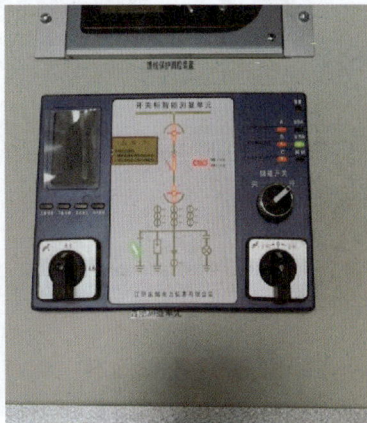

图 6-226　正确示例

隐患描述　开关柜屏上指示灯、带电显示器故障。

危害分析　无法正确判断开关柜是否运行带电，可能造成作业人员的误操作，严重时影响开关的正常操作，发生拒动及拒合现象。

整改要求　办理电气工作票及安全风险预控措施票，检查是指示灯本身的问题还是回路的问题，及时更换开关柜指示灯、带电显示屏。

整改依据　DL/T 969—2005《变电站运行导则》6.8.2.1　开关柜屏上指示灯、带电显示器指示应正常，操作方式选择开关、机械操作把手投切应正确，驱潮加热器工作应正常。

（二）高压开关柜电缆孔洞未封堵

图 6-227　隐患示例

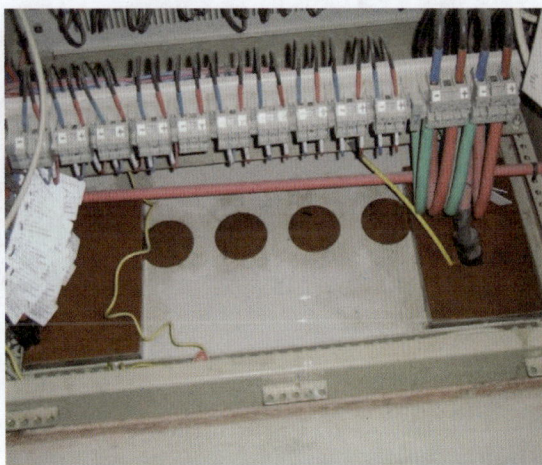

图 6-228　正确示例

隐患描述　高压开关柜电缆孔洞未封堵。

危害分析　小动物侵入柜内，导致放电和短路故障。

整改要求　使用防火材料将开关柜电缆孔洞进行封堵。

整改依据　DL/T 969—2005《变电站运行导则》6.8.1.2　柜体正面有主接线图，柜体前后标有设备名称和运行编号，柜内一次电气回路有相色标志，电缆孔洞封堵严密。

（三）高压开关柜无接线图，缺少设备名称和一次电气回路标志

图 6-229　隐患示例

图 6-230　正确示例

隐患描述　高压开关柜无接线图，缺少设备名称和一次电气回路标志。

危害分析　造成作业人员误操作。

整改要求　高压开关柜增加接线图、设备名称和电气回路标志。

整改依据　DL/T 969—2005《变电站运行导则》6.8.1.2　柜体正面有主接线图，柜体前后标有设备名称和运行编号，柜内一次电气回路有相色标志，电缆孔洞封堵严密。

（四）高压开关柜无防误闭锁装置

图 6-231　隐患示例

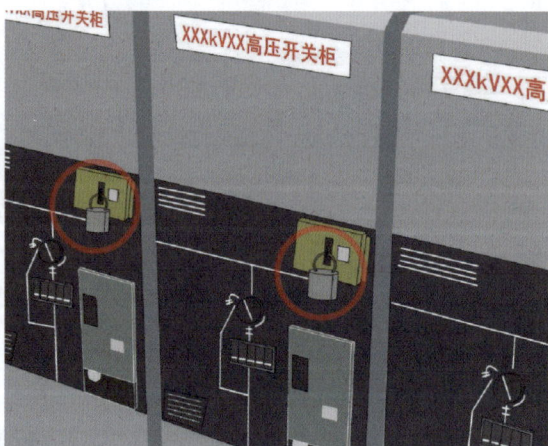

图 6-232　正确示例

隐患描述　高压开关柜无防误闭锁装置。

危害分析　造成误动作，导致电气事故。

整改要求　高压开关柜装设完善的防误闭锁装置。

整改依据　GB 50060—2008《3~110kV 高压配电装置设计规范》2.0.10　屋内、屋外配电装置的隔离开关与相应的断路器和接地刀闸之间应装设闭锁装置。

（五）高压开关柜前无绝缘地垫

图 6-233　隐患示例

图 6-234　正确示例

隐患描述　高压开关柜无绝缘地垫。

危害分析　发生触电事故。

整改要求　高压开关柜前增加绝缘地垫，并定期检验，确保其完好、有效。

整改依据　AQ 2023—2008《耐火材料生产安全规程》8.1.2.2　配电屏周围地面应铺设绝缘板。配电室和控制室站应配有绝缘手套、绝缘笔和绝缘杆，应保持良好并定期检验，同时还应按规定配置消防器材。

（六）高压开关柜安全警示标志不全

图 6-235　隐患示例

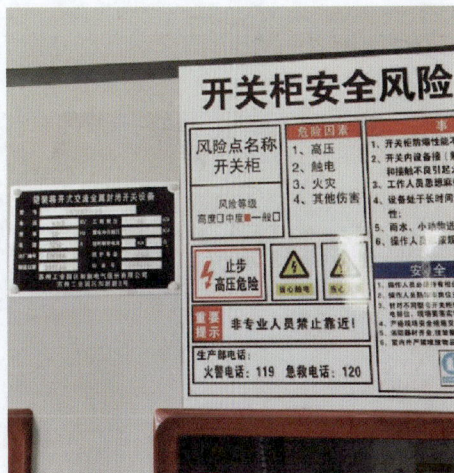

图 6-236　正确示例

隐患描述　高压开关柜安全警示标志不全。

危害分析　安全警示标志缺失，无法起到警示提示作用。

整改要求　增加"止步、高压危险"等警示标志。

整改依据　GB 26860—2011《电力安全工作规程　发电厂和变电站电气部分》6.5.9　在室内高压设备上工作，应在工作地点两旁及对侧运行设备间隔的遮拦上和禁止通行的过道遮拦上悬挂"止步，高压危险！"的标志牌。

五、其他附属设施

（一）设备接地扁铁锈蚀或断裂、接地螺栓松动、焊接连接处开焊

图 6-237　隐患示例

图 6-238　正确示例

隐患描述　设备接地扁铁锈蚀或断裂、接地螺栓松动、焊接连接处开焊。

危害分析　造成设备接地失效，影响设备正常运行，严重的可能导致设备带电和人员触电。

整改要求　定期对接地引下线进行导通试验，对大接地电网的接地电阻进行测试，对设备接地装置进行检查维修，5 年一次对接地网进行开挖检查，确保设备接地连接可靠。

整改依据　DL/T 969—2005 《变电站运行导则》 6.11.2.1　接地引下线无锈蚀、无脱焊。

（二）继电保护室出入口未设置防老鼠等小动物进入的挡板

图 6-239　隐患示例

图 6-240　正确示例

隐患描述　继电保护室出入口未设置防老鼠等小动物进入的挡板。

危害分析　老鼠等小动物进入到室内啃咬电气线路，造成短路故障事故。

整改要求　在继电保护室出入口设置防鼠挡板。

整改依据　DL/T 969—2005 《变电站运行导则》 8.7.1　配电室、电容器室出入口应有一定高度的防小动物挡板，临时撤掉时应有相应措施。

（三）蓄电池漏液

图 6-241 隐患示例

图 6-242 正确示例

隐患描述 蓄电池漏液。

危害分析 造成电池端子腐蚀，影响蓄电池组正常运行，严重的可能造成火灾爆炸事故。

整改要求 定期对直流蓄电池进行检查、巡视、维护，发现漏液及时进行更换。

整改依据 DL/T 969—2005《变电站运行导则》8.1.2.5 蓄电池接头无腐蚀、过热，有防止接头氧化措施。蓄电池应清洁无漏液，电解液液面位置正常，蓄电池外壳无变形。

（四）蓄电池变形、断裂

图 6-243 隐患示例

图 6-244 正确示例

隐患描述 蓄电池变形、断裂。

危害分析 蓄电池损坏，严重的可能造成火灾爆炸事故。

整改要求 更换损坏的蓄电池，对蓄电池进行检查维护。

整改依据 DL/T 969—2005《变电站运行导则》8.1.2.6 铅酸电池极板无弯曲、变形、断裂，极板间隔离物无脱落，无爬碱现象。

第四节　输变电线路及附属设施

一、集电线路和送出线路

（一）杆塔或铁塔存在明显倾斜

图 6-245　隐患示例

图 6-246　正确示例

隐患描述　杆塔或铁塔存在明显倾斜。

危害分析　造成杆塔或铁塔不牢靠，出现晃动，严重的可能导致倒塔事故。

整改要求　对铁塔或杆塔进行维修，修正倾斜角度。

整改依据　DL/T 741—2019《架空输电线路运行规程》 5.1.4　角钢塔：50m 以上高度铁塔，倾斜度最大允许值为 0.5%，50m 以下高度铁塔倾斜度最大允许值为 1.0%。

（二）拉线镀锌钢绞线断股

图 6-247　隐患示例

图 6-248　正确示例

隐患描述　拉线镀锌钢绞线断股。

危害分析　无法平衡杆塔各方向的拉力，造成铁塔或杆塔倾斜，严重的可能导致倒塔事故。

整改要求　对断股的拉线进行更换。

整改依据　DL/T 741—2019《架空输电线路运行规程》 5.1.12　拉线镀锌钢绞线不应断股，镀锌层不应锈蚀、脱落。

（三）架空线路导、地线出现损伤、断股

图 6-249　隐患示例

图 6-250　正确示例

隐患描述　架空线路导、地线出现损伤、断股。

危害分析　影响线路载流量，降低线路机械强度，严重的可能导致导线断线掉落，造成跨步电压触电。

整改要求　对导、地线断股或损伤处进行钢预绞丝补强等补修措施。

整改依据　DL/T 741—2019《架空输电线路运行规程》5.2.2　导、地线不应出现损伤、断股、严重腐蚀等现象。

（四）架空线路金具严重锈蚀、松动

图 6-251　隐患示例

图 6-252　正确示例

隐患描述　架空线路金具严重锈蚀、松动。

危害分析　造成连接螺栓发热烧断，影响线路正常运行。

整改要求　对架空线路金具严重锈蚀、松动的螺栓进行紧固、维修、更换。

整改依据　DL/T 741—2019《架空输电线路运行规程》5.4.1　金具本体不应出现变形、锈蚀、磨损、烧伤、裂纹，连接处转动应灵活，强度不应低于原值的 80%。

（五）铁塔接地引下线锈蚀严重

图 6-253　隐患示例

图 6-254　正确示例

隐患描述　铁塔接地引下线锈蚀严重。

危害分析　可能导致引下线失效，严重时可能导致雷电能量无法通过引下线引到大地。

整改要求　对引下线进行除锈防腐。锈蚀严重时更换接地引下线。

整改依据　DL/T 741—2019 《架空输电线路运行规程》 5.5.3　接地引下线不应断开、锈蚀或与接地体接触不良。

二、箱式变压器

（一）箱式变压器外壳存在锈蚀和破损

图 6-255　隐患示例

图 6-256　正确示例

隐患描述　箱式变压器外壳存在锈蚀和破损。

危害分析　加速箱式变压器外壳的老化，导致雨水和灰尘侵入，造成箱式变压器短路或接地。

整改要求　对箱式变压器外壳进行维修更换。

整改依据　DL/T 572—2021 《电力变压器运行规程》 6.1.4　变压器的门、窗、照明应完好，房屋不漏水、温度正常。

（二）箱式变压器周围未设置围栏和安全警示标志

图 6-257　隐患示例

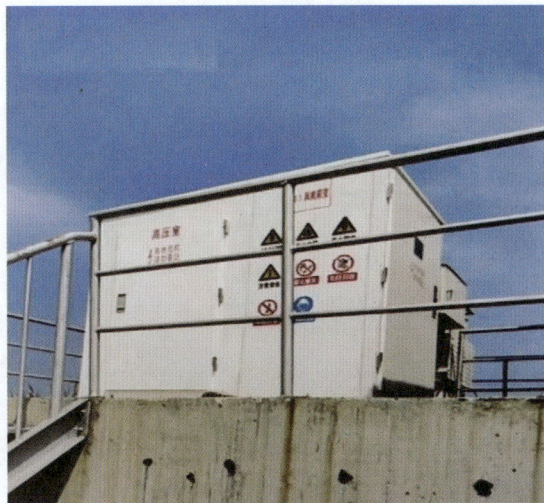

图 6-258　正确示例

隐患描述　箱式变压器周围未设置围栏和安全警示标志。

危害分析　人员及牲畜意外靠近造成触电事故。

整改要求　在箱式变压器围栏悬挂"止步，高压危险"等标志牌。

整改依据　DL/T 572—2021《电力变压器运行规程》4.2.13　在室外变压器围栏入口处，应安装"止步，高压危险"，在变压器爬梯处安装"禁止攀登"等安全警示标志牌。

三、直埋电缆

（一）电缆沟内电缆绝缘老化严重、铠甲严重腐蚀

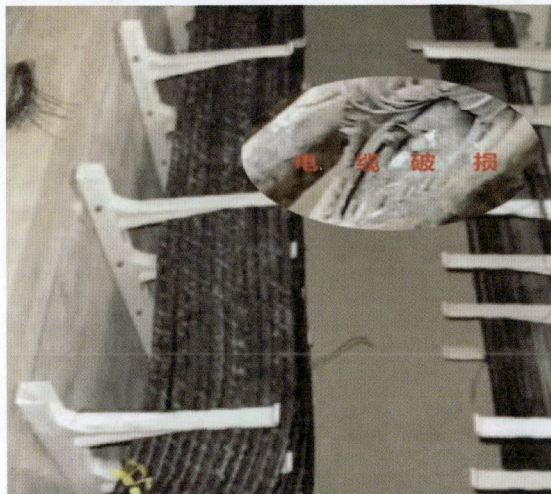

图 6-259　隐患示例

图 6-260　正确示例

隐患描述　电缆沟内电缆绝缘老化严重、铠甲严重腐蚀。

危害分析　造成电缆线损坏，导致爆炸及着火。

整改要求　安装集电线路监测装置，对集电线路及地埋电缆实时监测。定期对地埋电缆进行检查试验，尤其是对电缆中间接头进行定期检查。

整改依据　DL/T 969—2005《变电站运行导则》6.17.2.1　电缆外护套无破损，电缆金属护套接地良好，接地无过热，电缆外表无过热，电缆无渗油。

（二）敷设在地下的电缆线路的电缆井盖缺损

图 6-261　隐患示例

图 6-262　正确示例

隐患描述　敷设在地下的电缆线路的电缆井盖缺损。

危害分析　导致人员踩空，或其他物体掉入电缆井，扎伤电缆。

整改要求　将电缆井盖板复原。

整改依据　DL/T 1253—2013 《电力电缆线路运行规程》 7.2.4　对于敷设于地下的电缆线路，应查看路面是否正常，有无开挖痕迹，沟盖、井盖有无缺损，线路标志是否完整无缺等。

（三）电缆沟、夹层内孔洞未封堵

图 6-263　隐患示例

图 6-264　正确示例

隐患描述　电缆沟、夹层内孔洞未封堵。

危害分析　无法做到防水和防鼠，突发电缆火灾事故时无法进行防火封堵，无法防止火势蔓延。

整改要求　将电缆沟、电缆夹层孔洞进行封堵。

整改依据　DL/T 1253—2013 《电力电缆线路运行规程》 7.2.4　检查电缆隧道、竖井、电缆夹层、电缆沟内孔洞是否封堵完好，通风、排水及照明设施是否完整，防火装置是否完好；监控系统是否运行正常。

（四）电缆终端杆塔有树木遮挡

图 6-265　隐患示例

图 6-266　正确示例

隐患描述　电缆终端杆塔有树木遮挡。

危害分析　造成电缆终端处接地或短路，影响电缆安全运行。

整改要求　及时清除电缆终端杆塔周围的树木。

整改依据　DL/T 1253—2013《电力电缆线路运行规程》7.2.4　检查电缆终端杆塔周围有无影响电缆安全运行的树木、爬藤、堆物及违章建筑等。

（五）电缆试验前后未对电缆进行充分放电

图 6-267　隐患示例

图 6-268　正确示例

隐患描述　电缆试验前后未对电缆进行充分放电。

危害分析　电缆未经彻底放电，仍带有电荷造成触电事故。

整改要求　电缆试验前后要对电缆进行充分放电。

整改依据　GB 26859—2011《电力安全工作规程　电力线路部分》12.2.1　电缆试验前后以及更换试验引线时，应对被试电缆（或试验设备）充分放电。

［1］《电力安全隐患治理监督管理规定》（国能发安全规［2022］116号）

［2］《房屋市政工程生产安全重大事故隐患判定标准（2022版）》（建质规［2022］2号）

［3］《进一步加强电力安全风险分级管控和隐患排查治理工作的通知》（发改办能源［2021］641号）

［4］《防止电力生产事故的二十五项重点要求》（国能发安全［2023］22号）

［5］《光伏发电站施工规范》（GB 50794—2012）

［6］《光伏发电站安全规程》（GB/T 35694—2017）

［7］《风力发电机组　安全手册》（GB/T 35204—2017）

［8］《风力发电机组　运行及维护要求》（GB/T 25385—2019）

［9］《风力发电场运行规程》（DL/T 666—2012）

［10］《风力发电场安全规程》（DL/T 796—2012）

［11］《风力发电场检修规程》（DL/T 797—2012）

［12］《风力发电场重大危险源辨识规程》（NB/T 10575—2021）

［13］《陆上风电场工程安全文明施工规范》（NB/T 31106—2016）